"国家级一流本科课程"配套教材系列
教育部高等学校计算机类专业教学指导委员会推荐教材

程序设计基础

卢 玲 曹 琼 黄继平 刘亚辉 / 编著

清华大学出版社
北京

内 容 简 介

本书分上、中、下三篇，共 14 章。上篇是程序与结构，共 7 章，内容包括绪论、编程初步、简单的 C 程序、顺序结构、选择结构、循环结构、函数；中篇是程序与数据，共 5 章，内容包括数组、字符串、指针、更多指针、结构类型；下篇是应用及相关主题，共 2 章，内容包括数据的组织及应用、相关主题。附录包括 ASCII 码表、C 语言的关键字、运算符表、标准 C 语言库等。上篇和中篇的每章均有案例研究。

本书系统地介绍 C 语言的知识和编程技术，同时介绍软件开发流程、问题求解的方法、自顶向下的算法设计方法、结构化程序设计方法，以及一系列典型案例。本书从程序与结构、程序与数据两方面呈现程序设计的原理和方法，使读者在全面掌握 C 语言的同时，形成对程序设计方法的整体认知。阅读完本书后，读者会全面了解结构化编程方法，了解用计算机求解问题的方法，并能运用 C 语言的知识、技术进行编程。

本书适合作为各类大专院校"程序设计基础"和"C 语言程序设计"类课程的教材，特别适合希望系统地学习程序设计方法、技术，以及系统学习 C 语言的读者使用，也可作为广大从事计算机、自动化和相关领域的科研人员、参加自学考试的人员以及计算机爱好者的参考用书。

本书封面贴有清华大学出版社防伪标签，无标签者不得销售。
版权所有，侵权必究。举报：010-62782989，beiqinquan@tup.tsinghua.edu.cn。

图书在版编目(CIP)数据

程序设计基础/卢玲等编著. —北京：清华大学出版社，2022.2
"国家级一流本科课程"配套教材系列
ISBN 978-7-302-59819-0

Ⅰ.①程… Ⅱ.①卢… Ⅲ.①程序设计－高等学校－教材 Ⅳ.①TP311.1

中国版本图书馆 CIP 数据核字(2022)第 003397 号

责任编辑：龙启铭
封面设计：刘　乾
责任校对：胡伟民
责任印制：沈　露

出版发行：清华大学出版社
　　网　　址：http://www.tup.com.cn，http://www.wqbook.com
　　地　　址：北京清华大学学研大厦 A 座　　邮　编：100084
　　社 总 机：010-83470000　　邮　购：010-62786544
　　投稿与读者服务：010-62776969，c-service@tup.tsinghua.edu.cn
　　质量反馈：010-62772015，zhiliang@tup.tsinghua.edu.cn
　　课件下载：http://www.tup.com.cn,010-83470236
印 装 者：三河市天利华印刷装订有限公司
经　　销：全国新华书店
开　　本：185mm×260mm　　印　张：24.5　　字　数：615 千字
版　　次：2022 年 4 月第 1 版　　印　次：2022 年 4 月第 1 次印刷
定　　价：69.00 元

产品编号：091953-01

致 谢

  在长期的"程序设计基础"课程教学,以及本书成文的过程中,我的同事杨武、李梁、黄贤英为课程的建设起了很大作用,陈媛、成卫、罗颂为本书案例的推敲、形成提出了很好的建议。参加本书撰写工作的还有曹琼(参加撰写第 10 和 11 章)、黄继平(参加撰写第 2～4 章)、刘亚辉(参加撰写第 13、14 章及附录),他们一直是我教学的伙伴。此外,瞿春霞、罗辉、段志丽、王景慧、王玉柯、张亮同学阅读了本书稿,为书稿的整理做出了大量工作。在此一并感谢我的同事和同学们所付出的劳动。

前 言

"国家级一流本科课程"配套教材系列

欢迎使用本书。

研读和使用本书,将让你理解程序设计方法,掌握C语言编程技术,跨过程序设计的入门关,成为一名能熟练使用程序设计方法和技术、能编写C语言程序的程序员。

多年以来,我们一直把C语言作为学习程序设计的起步语言。一方面是由于C语言本身功能强大,被专业人士广泛应用于各类开发中,从设备驱动程序和操作系统组件,到大规模应用程序,它都可以胜任;另一方面,C语言是结构化程序设计语言。用C语言编写程序,既简洁灵活,又要求程序员从数据类型到算法逻辑,都必须做充分的分析、设计,并在编码时高度遵循数据类型的操作规范。如果是一名程序设计初学者,在学习C语言时必须应对来自问题分析、数据分析到算法设计、代码逻辑等各方面的问题,这种压力和挑战可以使学习者迅速成长。

本书作者希望读者通过本书,能够系统地学习到C语言的语法知识和用C语言编程的技术。同时,本书不仅限于陈述C语言的知识体系,而是力图从程序设计方法的角度,向读者展现程序设计这片森林。因此,本书内容编排不以C语言的知识体系为脉络展开,而是按照"程序的结构→程序中的数据→应用"的思路规划内容:上篇为计算机解题的一般性方法、结构化编程方法及C语言程序设计技术;中篇为问题中的复杂数据类型,包括其应用场景,以及如何用C语言存储和操作复杂数据类型;下篇为应用案例,讨论编程方法、技术在具体问题中的应用。

本书既系统地介绍C语言的知识,又全面呈现结构化程序设计原理和方法,使读者能够"既见树木,又见森林",形成对计算机解题方法的整体认知。此外,本书还在每部分知识后设置有案例分析。这些案例都是从实际问题抽象出来的典型案例,其目的是向读者呈现从问题分析到编码实现、测试,再到最后的结果分析这一计算机解题的全过程。

如何学习程序设计

为了能熟练掌握和应用程序设计方法与技术,必须善于运用自己热爱思考的大脑和灵巧的双手,同时,还应该有十分严谨的学习态度。如果你觉得有些知识和技术的运用难度较大,没有关系,程序设计能力的形成肯定不是一蹴而就的,你可以通过反复练习来打磨自己的技术。

另外,程序设计不等同于编码,需要读者从程序设计原理、方法、技术三方面去思考和学习。学习时,追求掌握 C 语言是第一步,但这并不是程序设计的目标。事实上,运用程序设计方法和技术解决问题才是真正的目标,用 C 语言编程只是达到目标的一种手段和一个环节。正如我们学习拿筷子一样,其实拿起筷子并不是目标,而只是为了达到目标的一种手段。因此,学习者虽然走在汲取知识的道路上,但其目标却远超过掌握知识本身。本书作者希望读者能对此有充分的理解和认知。

如何使用本书

本书内容主要为直线式编排,各章前后的内容一般不重复,且保持知识的连贯性,以使学习曲线平滑、连贯。为便于读者前后贯通,对个别知识采用螺旋式编排,这些知识在前后章节中略有重复。对此,本书在相应位置都进行了标识和说明,以便读者对照阅读。读者在使用本书时,只需按章节的编排顺序阅读和学习,即可循序渐进地掌握相关知识和方法。

为了展现知识的来龙去脉,跌宕起伏,本书各章均有导读,介绍该章主要内容、与本书其他内容的承接关系等。建议读者在学习每章时,不要急于走进技术的森林,而是先阅读导读,理解将要学习的内容与全书其余各部分的关联关系,从而更好地规划和开展学习。

本书采用的约定

本书介绍的语言遵循 ANSI C 标准,所有示例程序都能在支持 ANSI C 标准的编译器中编译运行。有个别涉及 C99、C11 标准处,本书都进行了说明。

本书的文本和布局采用了许多不同的样式,以便区分各种不同的信息。大多数样式的含义都很明显。其中,示例程序的样式如下:

```c
#include <stdio.h>
int main()
{
    printf("Hello world!\n");
    return 0;
}
```

如果是程序中的代码片段,或者单独的示例语句、规则说明等,其样式如下:

```c
int x,y;                     //说明部分
```

在伪代码描述的算法中,凡是变量均为斜体,其关键字则加粗显示,其样式如下:

1: **function** changeCF($temperature$, $type$)
2:     **if** $type$ == 'C' **then**
3:         $temp \leftarrow 5 * (temperature - 32)/9$

4： **else if** $type == 'F\,'$ **then**
5： $temp \leftarrow 9 * temperature/5 + 32$
6： **else**
7： $temp = 10000.0$
8： **end if**
9： **return** $temp$
10：**end function**

卢玲

2022 年 2 月

目 录

"国家级一流本科课程" 配套教材系列

上篇　程序与结构 ································· 1

第1章　绪论 ································· 3

1.1　计算机的发展史 ····················· 3

1.2　计算机的基本结构 ················· 5

    1.2.1　计算机硬件 ··············· 6

    1.2.2　计算机软件 ··············· 9

    1.2.3　按层次的观点看到的计算机 ·· 10

1.3　程序及编程语言 ··················· 11

    1.3.1　程序 ····················· 11

    1.3.2　编程语言 ················· 11

    1.3.3　程序是怎样运行的 ········· 12

1.4　算法 ····························· 13

    1.4.1　什么是算法 ··············· 13

    1.4.2　描述算法的方法 ··········· 14

1.5　软件开发流程 ····················· 17

1.6　创建 C 程序 ······················ 20

    1.6.1　编辑 ····················· 20

    1.6.2　编译 ····················· 21

    1.6.3　链接 ····················· 21

    1.6.4　执行 ····················· 21

1.7　案例研究 ························· 21

1.8　本章小结 ························· 22

1.9　习题 ····························· 23

第2章　编程初步 ··························· 24

2.1　C 语言的发展 ····················· 24

2.2　C 程序的基本结构 ················· 26

    2.2.1　第一个 C 程序 ············· 26

程序设计基础

	2.2.2	第二个 C 程序	29
	2.2.3	C 程序结构的特点	32
2.3	编程风格		32
	2.3.1	源程序文档化	32
	2.3.2	数据声明原则	33
	2.3.3	语句构造原则	34
	2.3.4	输入与输出原则	34
	2.3.5	追求效率原则	34
2.4	用计算机解题的方法		35
	2.4.1	分析问题	35
	2.4.2	算法设计	36
	2.4.3	编程实现	36
	2.4.4	测试及调试	36
2.5	案例研究		37
2.6	本章小结		40
2.7	习题		40

第 3 章　简单的 C 程序 ··································· 41

3.1	标识符		41
3.2	变量		42
3.3	数据类型		44
	3.3.1	整型	44
	3.3.2	浮点型	48
	3.3.3	字符型	49
3.4	运算符		52
	3.4.1	算术运算符	54
	3.4.2	赋值运算符	55
	3.4.3	强制类型转换	57
	3.4.4	关系运算符	57
	3.4.5	逻辑运算符	59
	3.4.6	自增/自减运算符	61
	3.4.7	逗号运算符	63
3.5	符号常量		64
3.6	标准输入输出		65
	3.6.1	格式化输出	65
	3.6.2	格式化输入	68
3.7	案例研究		72
3.8	本章小结		74

| 3.9 | 习题 | 75 |

第4章　顺序结构 **76**

4.1	结构化程序设计	76
4.2	顺序结构	77
4.3	案例研究	78
4.4	本章小结	80
4.5	习题	81

第5章　选择结构 **82**

5.1	选择的过程	82
5.2	if-else 控制结构	83
	5.2.1　if 语句的两种形式	83
	5.2.2　if 语句嵌套	87
5.3	switch	89
5.4	案例研究	92
5.5	本章小结	94
5.6	习题	94

第6章　循环结构 **96**

6.1	循环结构简介	96
6.2	循环控制语句	97
	6.2.1　while 语句	97
	6.2.2　for 语句	100
	6.2.3　do-while 语句	102
	6.2.4　三种循环控制语句的比较	104
	6.2.5　再论 for 语句	104
6.3	break 和 continue 语句	105
6.4	案例研究	107
6.5	本章小结	113
6.6	习题	114

第7章　函数 **116**

7.1	模块化程序设计	116
7.2	C 语言的函数	118
	7.2.1　函数的概念	118
	7.2.2　函数的分类	118
7.3	函数的定义	119

7.3.1	无参函数的定义	119
7.3.2	有参函数的定义	120

7.4	函数的调用	121
7.4.1	函数调用的一般形式	121
7.4.2	函数嵌套调用及分析	123

7.5	形参与实参的关系	125
7.5.1	函数为什么有参数	125
7.5.2	值传递机制	126

7.6	函数的返回值	129

7.7	局部变量与全局变量	130
7.7.1	局部变量	130
7.7.2	黑盒的观点	132
7.7.3	全局变量	133

7.8	变量的存储类型	135
7.9	函数原型	140
7.10	案例研究	142
7.11	本章小结	145
7.12	习题	145

中篇　程序与数据　147

第 8 章　数组　149

8.1	什么是数组	149

8.2	一维数组	151
8.2.1	一维数组的定义	151
8.2.2	一维数组元素的引用	152
8.2.3	一维数组的存储	153
8.2.4	一维数组的初始化	155

8.3	多维数组	156
8.3.1	双下标变量	156
8.3.2	二维数组的定义	157
8.3.3	二维数组元素的引用	158
8.2.4	二维数组的存储	159
8.2.5	二维数组的初始化	161

8.4	案例研究	162
8.5	本章小结	172
8.6	习题	172

目录 XI

第 9 章	字符串	175
9.1	什么是字符串	175
9.2	字符串的存储	176
	9.2.1 一维字符数组的定义和初始化	176
	9.2.2 二维字符数组的定义和初始化	178
	9.2.3 字符数组的引用	178
9.3	字符串处理函数	182
9.4	案例研究	187
9.5	本章小结	196
9.6	习题	197

第 10 章	指针	199
10.1	为什么使用指针	199
10.2	什么是指针	201
10.3	指针变量的定义和引用	202
	10.3.1 指针变量的定义	202
	10.3.2 指针变量的引用	202
	10.3.3 间接运算符(＊)	203
	10.3.4 指针变量的更多运算方法	208
10.4	指针与一维数组	210
	10.4.1 定义访问一维数组的指针	210
	10.4.2 用指针引用一维数组元素	211
10.5	指针与字符串	214
10.6	内存的使用	216
	10.6.1 动态内存分配:malloc()函数	217
	10.6.2 释放动态分配的内存	218
10.7	指针函数	219
10.8	案例研究	220
10.9	本章小结	234
10.10	习题	235

第 11 章	指针进阶	236
11.1	指针与多维数组	236
11.2	指针数组	240
	11.2.1 指针数组的定义及操作	240
	11.2.2 在受限的内存中运行程序	242
11.3	指向指针的指针	243
11.4	函数指针	245

程序设计基础

11.5	案例研究	247
11.6	本章小结	257
11.7	习题	258

第 12 章　结构类型 ········ **260**

12.1	什么是结构类型	260
12.2	定义结构类型	261
12.3	结构变量的定义和初始化	263
12.4	结构变量的引用方法	265
12.5	使用 typedef 为已有类型定义别名	268
12.6	结构数组	269
12.7	结构指针	272
12.8	结构数组与指针	274
12.9	案例研究	276
12.10	本章小结	281
12.11	习题	281

下篇　应用及相关主题 ········ **283**

第 13 章　数据的组织及应用 ········ **285**

13.1	顺序表	285
	13.1.1 顺序表的操作案例	285
	13.1.2 顺序表的特点	295
13.2	链表	295
	13.2.1 单链表	295
	13.2.2 单链表的操作案例	297
	13.2.3 链表的存储特点	310
13.3	贪心算法	310
13.4	递归算法	314
13.5	回溯算法	317
13.6	本章小结	322
13.7	习题	323

第 14 章　相关主题 ········ **324**

14.1	文件	324
	14.1.1 什么是文件	325
	14.1.2 文件流	326
	14.1.3 文件指针	326

目录 XIII

14.1.4	文件的基本操作	327
14.1.5	文件小结	341
14.2	编译预处理	341
14.2.1	宏定义	341
14.2.2	文件包含	345
14.2.3	条件编译	346
14.2.4	编译预处理小结	350
14.3	位运算	351
14.3.1	按位与运算	351
14.3.2	按位或运算	352
14.3.3	按位异或运算	352
14.3.4	按位取反运算	353
14.3.5	按位左移运算	353
14.3.6	按位右移运算	353
14.3.7	按位复合赋值运算符	353
14.3.8	位域(位段)	354
14.3.9	案例研究	357
14.3.10	位运算小结	359
14.4	枚举类型	359
14.4.1	枚举类型的定义	360
14.4.2	枚举变量的定义和使用	360
14.5	本章小结	363
14.6	习题	363

附录 A ASCII 码表 **365**

附录 B C 语言的关键字 **367**

附录 C 运算符表 **369**

附录 D 标准 C 语言库 **371**

D.1	C 语言的头文件	371
D.2	C 语言的函数库	372
D.2.1	输入输出函数	372
D.2.2	数学函数	373
D.2.3	动态分配函数和随机函数	374
D.2.4	字符串函数	374
D.2.5	字符函数	375

上 篇

程序与结构

第1章 绪　论

本章导读

计算机程序运行于计算机系统之上。在学习程序设计之前,了解计算机系统的前世今生、硬件、软件体系结构,有利于我们理解计算机程序与计算机系统的关系。另外,计算机程序经历了从低级语言到高级语言的发展,是什么驱动它在短暂的几十年中蓬勃发展? 了解这些相关知识,可以让我们以满含热情且科学严谨的眼光,去认知计算机程序。

程序指令既驱动计算机硬件工作,又受限于计算机硬件。我们在设计计算机程序时,既要精心设计、准确编码,以让硬件能够完成指定的任务,同时又必须深刻理解计算机程序是在存储受限的空间中工作这一事实。因此,算法虽然闪耀着设计者思想的火花,但在编写程序代码时却不能随心所欲,而必须根据存储程序的硬件要求,遵循必要的规范。

本章主要内容

- 计算机的发展史。
- 计算机的基本结构。
- 程序及程序设计语言的发展。
- 程序是怎样运行的。
- 算法及其描述方法。
- 计算机软件的开发流程。
- 如何创建一个 C 程序。

1.1　计算机的发展史

计算机是一种能够自动对数字化信息进行算术和逻辑运算的高速处理装置。也就是说,计算机处理的对象是数字化信息,处理的手段是算术和逻辑运算,处理的方式是自动的。作为一种计算工具,计算机的诞生和发展也是人类社会文明发展的缩影。

古代人们结绳记事。其后,在我国的商周时期出现了著名的算筹。算筹是一根根长短、粗细均等的小棍子,多用竹子、木头、兽骨等制成。祖冲之[①]计算圆周率时使用的工具就是算筹。在阿拉伯数字出现之前,我国的算盘也是一种被广为使用的计算工具。

15世纪,随着天文和航海的发展,计算工作越来越繁重,计算工具急需改进。及至1642年,法国数学家帕斯卡发明了历史上第一台机械计算机——帕斯卡加法器。它是由一系列齿轮组成的长方形装置,用儿童玩具那种钥匙旋紧发条后才能转动,只能做加法和减法。1674年,德国数学家莱布尼茨制造了一台能进行加减乘除四则运算的机械计算机。其时,计算机还无法进行人机对话,人们不能把自己的思想告诉计算机,让机器按照人的想法去自动执行。

1725年,法国纺织机械师布乔受提花编织机[②]的启发,发明了穿孔纸带。布乔根据提花的图案在纸带上打出一排排小孔,把它压在编织针上。启动机器后,正对着小孔的编织针能穿过小孔去钩起经线,其他则被纸带挡住不动,这样,编织针就能够按照纸带上的小孔去挑选经线,织出预设的图案。这些纸带上的小孔就是编织图案的"程序"。

1822年,英国发明家查尔斯·巴贝奇设计完成了第一台差分机,它可以同时处理三个不同的五位数,计算精度达到六位小数。巴贝奇设计的第二台大型差分机大约有25000个零件,主要零件的误差不得超过每英寸千分之一,这一精度要求成为制造第二台差分机的巨大障碍。其后,巴贝奇又提出了一种通用的数学计算机——分析机,它能够自动计算100个变量的复杂算题,每个数字可以达25位,速度为每秒1次。虽然最终分析机没有被制造出来,但分析机的设想超出了其所处时代至少一个世纪。

值得一提的是,查尔斯·巴贝奇的夫人本名叫阿达·奥古斯塔,是英国诗人拜伦之女。阿达为分析机编制了一批函数计算程序,其中包括计算三角函数的程序、级数相乘程序等。人们公认阿达是世界上第一位软件工程师。1981年,美国国防部以阿达命名了ADA语言。

1906年,美国人德福雷斯特发明了电子管,为计算机的飞速发展奠定了基础。

1946年2月14日,世界上第二台电子计算机[③],也是世界上第一台通用计算机ENIAC诞生于宾夕法尼亚大学。ENIAC占地面积约$170m^2$,重达30cwt(1cwt = 50.8023kg),耗电量150kW,每秒能进行5000次加法运算,还能进行平方、立方运算,计算正弦、余弦三角函数值等其他更复杂的运算。虽然ENIAC威力强大,但它耗电多、费用高。另外,ENIAC是程序与计算分离的。指挥ENIAC工作的程序指令被存放在机器

---

① 祖冲之是我国南北朝时期杰出的数学家、天文学家。其一生钻研自然科学,主要贡献在数学、天文历法和机械制造三方面。他在刘徽开创的探索圆周率的精确方法的基础上,首次将圆周率精算到小数点后七位,即在3.1415926和3.1415927之间。他提出的"祖率"对数学的研究有重大贡献。直到16世纪,阿拉伯数学家阿尔·卡西才打破了这一纪录。

② 一种能使绸布编织出图案花纹的织布机器。所有绸布用经线(纵向线)和纬线(横向线)编织而成。若要织出花样,织工们必须按照预先设计的图案,在适当位置提起一部分经线,以便让滑梭牵引着不同颜色的纬线通过。这一操作只能靠人工不断重复地提起经线来完成。

③ 阿塔纳索夫-贝瑞计算机(Atanasoff - Berry Computer,通常简称ABC计算机)是世界上第一台电子数字计算机。这台计算机在1937年设计,在1942年成功进行了测试,它是不可编程的。虽然ENIAC被普遍认为是第一台现代意义上的计算机,但在1973年,美国联邦地方法院注销了ENIAC的专利,并得出结论:ENIAC的发明者从阿塔纳索夫那里继承了电子数字计算机的主要构件思想。因此,ABC被认定为世界上第一台电子计算机。

的外部电路里,计算前,必须由多人把数百条线路手动接通才能进行运算。

1945年6月,美籍匈牙利数学家冯·诺依曼等发表了计算机史上著名的"101页报告"[①],提出了EDVAC计算机设计方案。该报告明确规定出计算机的五大部件(输入系统、输出系统、存储器、运算器、控制器),并用二进制替代十进制运算,大大方便了机器的电路设计。EDVAC的重要意义在于提出了存储程序的概念,也就是说,程序也被当作数据存进了机器内,以便计算机能自动依次执行程序指令。这份报告被认为是现代计算机科学发展里程碑式的文献。

现在,当人们回顾现代电子计算机的发展历程时,一般根据计算机使用的主要电子元器件的变迁,将其划分为四大发展阶段。

第一代: 电子管计算机(1946—1958)

使用真空电子管和磁鼓储存数据,操作指令是为特定任务而编制的,每种机器有各自不同的机器语言,因此不仅程序功能受限,而且指令几乎不可移植,程序开发效率低。

第二代: 晶体管计算机(1958—1963)

以晶体管代替体积庞大的电子管,使用磁芯存储器,因此体积小、速度快、功耗低、性能更稳定。这一时期出现了COBOL、FORTRAN等更高级的编程语言,使计算机编程更容易,由此诞生了程序员、计算机系统专家等新的职业和整个软件产业。

第三代: 集成电路计算机(1964—1971)

以中小规模集成电路来构成计算机的主要功能部件,主存储器采用半导体存储器,每秒可完成几十万次至几百万次的基本运算。在软件方面,操作系统日趋完善。

第四代: 大规模集成电路计算机(1971—至今)

以大规模集成电路(Large Scale Integration Circuit,LSIC)和超大规模集成电路(Very Large Scale Integration Circuit,VLSIC)作为计算机的主要电子元器件,其中一个重要的分支是以LSIC、VLSIC为基础发展起来的微处理器和微型计算机。

1.2 计算机的基本结构

一个完整的计算机系统包含硬件和软件两大部分。硬件通常指一切看得见、摸得到的设备实体,软件则是计算机系统中的程序及其相关文档的总称,包含系统软件和应用软件两大类。硬件是计算机系统的物质基础,是软件赖以生存的空间和活动场所。缺少赖以存在的硬件系统,软件的功能就无从谈起。相对地,计算机软件工作于硬件系统之上,其中,如果没有系统软件,计算机硬件就无法正常、有效地运行;如果没有应用软件,计算机系统就无法真正发挥其效能。

---

① *First Draft of a Report on the EDVAC*,发表于1945年6月。

1.2.1　计算机硬件

1. 冯·诺依曼体系结构

硬件系统是指构成计算机系统的物理实体或物理装置。目前,个人计算机主要基于冯·诺依曼[①]结构(图 1.1),它由控制器、运算器、存储器、输入设备和输出设备五大部件组成。

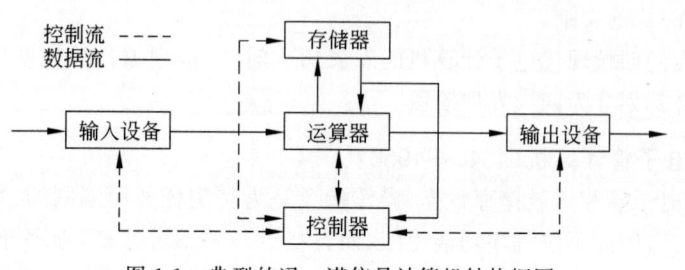

图 1.1　典型的冯·诺依曼计算机结构框图

(1) 存储器。

存储器是计算机的存储和记忆装置,分为内存储器和外存储两类。内存储器简称内存,主要采用半导体存储器,用于存储正在运行的程序和这些程序正要访问的数据。外存储器简称外存,用于存储那些暂时不用的信息,磁盘、磁带机、光盘等都是外存。

图 1.2 是一个内存的示意图(本书在后面的章节中,都用这样的方式来示意内存)。

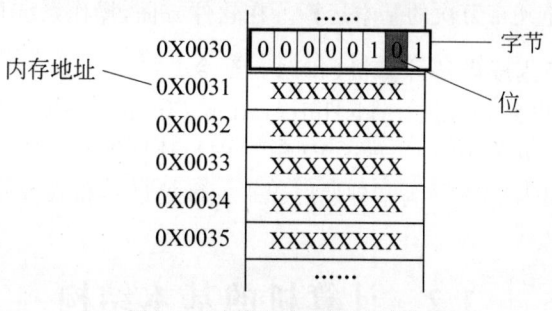

图 1.2　计算机内存的示意图

我们可以将内存看成是一栋房子,这栋房子的每层楼只有一个房间,称为一个内存单元,通常是一字节(byte),每字节拥有唯一的门牌号,称为内存地址(address),每字节包含 8 个二进制位(比特,bit)。内存的最小物理单位是比特。

对内存的操作有两种,即读操作和写操作。读操作是将内存单元中存储的信息读出来,写操作是将信息送到内存单元中保存起来。显然,读操作是非破坏性的,一个内存单元的信息被读之后,其原信息仍保持不变;但写操作是破坏性的,它将改变被写内存单元

[①]　约翰·冯诺依曼(John von Neumann),美籍匈牙利数学家、计算机科学家、物理学家,20 世纪最重要的数学家之一。冯·诺依曼体系结构也称普林斯顿结构,它是将程序指令存储和数据存储合并在一起的存储结构;另一种是哈佛结构,它是将程序指令存储和数据存储分开的存储结构。

第1章 绪论 7

的内容,相当于覆盖。

(2) 运算器。

运算器是对数据进行处理和运算的部件,可以实现各种算术运算和逻辑运算。运算器由执行算术及逻辑运算的算术逻辑单元(Arithmetic and Logic Unit,ALU)和用于暂存数据的寄存器两部分组成,是计算机实现高速运算的核心。它在控制器的控制下,对数据进行算术运算、逻辑运算、移位运算等操作。

(3) 控制器。

控制器的功能是识别和翻译指令代码,并向计算机各部件发出控制信息,使计算机的各部件协调一致工作,从而完成指令的功能。

执行程序时,存储在内存中的程序指令将按一定的顺序被逐条取出并送往控制器,控制器逐条分析指令,根据指令的功能向各部件发出控制信号,控制各部件完成指令的功能。

(4) 输入设备和输出设备。

计算机的输入/输出设备也称 I/O 设备或外设。外设用于实现计算机与外部设备或计算机与人进行信息互换。

其中,输入设备用于将程序、数据、文字、图形、语音等信息转换为二进制编码后输入主机中。常用的输入设备有键盘、鼠标扫描仪等。

输出设备用于输出计算机的处理结果,可以是数字、字母、表格、图形等。常用的输出设备有打印机、显示器、绘图仪等。

现在的计算机系统通常将运算器和控制器集成在一块超大规模集成电路中,称为中央处理器(Central Processing Unit,CPU),这样,现代电子计算机可以认为由两大部分组成: CPU 与存储器称为主机;I/O 设备称为外设。

2. 冯·诺依曼体系结构的工作原理

冯·诺依曼体系结构是以运算器为中心的,输入/输出设备和存储器的数据传送都通过运算器进行。计算机中有两类信息流动,其一是数据流,包括数据和程序指令;其二是控制流,也就是控制机器各部件执行指令规定操作的控制信号。

(1) 从数据流的角度。

所有程序指令和指令要处理的数据,首先通过输入设备、运算器,送往计算机的内存中存储起来,因此,计算机的内存中实际上存储着两类信息:一是当前正在执行的程序指令;二是指令将要处理的数据。指令和数据均以二进制表示。

在程序执行时,从内存中逐条取出程序指令送往控制器,控制器负责分析和解释机器中所有指令,并根据指令的功能,向不同的部件发出控制信号,"指挥"这些部件完成相应动作。

所有从内存中读取的需要计算的数据,将被送往运算器,运算器在控制器的控制信号的作用下,对数据执行相应的运算。运算的结果可能写回内存,也可能通过输出设备进行输出。

(2) 从控制流的角度。

控制流以控制器为中心。控制器对接收到的每条指令进行分析和解释,并发出控制信号,各硬部件根据接收的控制信号执行操作,从而实现指令的功能。在这一过程中,各硬部件也会向控制器发出中断请求等控制信号,需要控制器进行响应,因此控制流是双向的。

(3) 指令的执行过程。

冯·诺依曼体系结构提出了存储程序的思想,也就是说,在执行程序前,必须把程序的指令序列和程序需要处理的数据预先装入计算机的内存中,才能被 CPU 执行或处理。指令在内存中按顺序存放,通常指令是按顺序执行的。

执行程序时,从程序的第一条指令开始,逐条执行"取指令→分析指令→执行指令"操作,直到遇到停止指令为止。在这一过程中,运算器、控制器分别承担不同的职能。控制器负责所有对指令的分析工作,运算器则负责所有的计算工作,它们协同完成程序的功能。

下面用一个例子来描述这一协同关系。

假设从内存中读取并执行一条加法指令:

```
ADD ax bx;
```

该指令的功能是将运算器中的寄存器 ax 和 bx 的值相加,并将结果保存在寄存器 ax 中,其操作的示意图如图 1.3 所示。

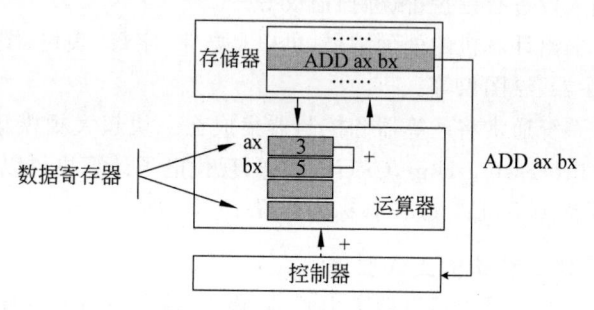

图 1.3　ADD 指令执行的示意图

概要流程如下:

在执行 ADD 操作前,将整数 3、5 分别存放[①]在数据寄存器[②] ax、bx 中。此时,运算器并不会对寄存器 ax 和 bx 做任何运算,它将根据来自指令的控制信号来进行计算。

步骤 1:取指令。从内存读取 ADD ax bx;指令送往控制器。

步骤 2:分析指令。控制器对该指令进行译码和解释,然后向运算器发出"＋"控制信号。

步骤 3:执行指令。运算器接收到"＋"控制信号后,对寄存器 ax 和 bx 中的值求和,

---

① 为了完成这个操作,我们需要使用几条传送指令,这些指令也是程序指令序列的一部分。我们先从内存中读取这些传送指令送往控制器,由控制器来解释这些指令,并"指挥"内存完成数据从内存向寄存器的传送。本例省略了对这一过程的描述。

② 寄存器是位于 CPU 内部的存储部件,容量非常有限。数据寄存器用来存放数据。一个 32 位的寄存器能存储 4 字节的数据,64 位的寄存器能存储 8 字节的数据。通常我们说 CPU 是 64 位的,是由运算器一次能处理的数据位数决定的。运算器作为 CPU 的计算核心,其主要任务是处理寄存器中的数据。运算器不能直接操作内存中的数据,只能对寄存器中存放的数据进行操作。

第1章 绪论 9

并将结果写入寄存器 ax 中。

从指令执行过程看,运算器与控制器分工明确。运算器的所有计算工作,都在控制信号作用下完成,而控制信号的产生,都是源于控制器对接收到的指令进行译码和解释的结果。也就是说,我们看到计算机在连续不断地工作、产生运行结果,其本质是因为有程序指令在不断被执行,从而驱动计算机的硬件执行相应的操作。因此,如果说硬件是计算机系统的实体,软件则是计算机系统的灵魂,两者相互依存,缺一不可。

1.2.2 计算机软件

计算机软件(software)是计算机系统中的程序及其相关文档的总称。计算机软件不仅包括程序,还包括开发、使用、维护程序所需要的一切相关文档。

计算机软件按其功能可分为系统软件和应用软件两大类。

1. 系统软件

系统软件是指管理、控制和维护计算机及其外部设备,提供用户与计算机之间操作界面等的软件,它并不专门针对具体的应用问题。代表性的系统软件有操作系统、语言处理程序、数据库软件体系和实用程序等。

(1) 操作系统。

操作系统(Operating System,OS)是最基本的系统软件,它是用于管理和控制计算机所有软件和硬件资源的一组程序。操作系统直接运行在裸机上,是计算机硬件与其他软件的接口,也是用户和计算机之间的接口。其他软件(包括其他系统软件和应用软件)都运行在操作系统之上,由操作系统支持并取得操作系统的服务。操作系统的性能很大程度决定了整个计算机系统的性能。

(2) 语言处理程序。

计算机在执行程序时,首先要将存储器中的程序指令逐条取出,经过译码后向计算机的各部件发出控制信号,使其执行规定的操作。在这一过程中,计算机能够识别的指令是二进制的机器语言指令,显然,用机器语言编程并非易事。目前,绝大多数开发者都用某种高级程序设计语言,如 C、C++、Python 来编写程序,但是用高级语言编写的程序必须进行翻译,变成机器指令后才能被计算机执行。语言处理程序[①]就承担着这一重要的翻译或解释功能。

编译程序(compiling program,compiler)是一种语言处理程序,也称编译器,它用于把高级程序设计语言书写的程序翻译成等价的机器语言程序。为了能在计算机上执行由某种高级语言编写的程序,必须配置有该种语言的编译器。

(3) 数据库软件体系。

数据库软件体系包括数据库、数据库管理系统和数据库系统三个层面。建立数据库软件体系的目的是有组织地、动态地存储大量数据信息,使用户能方便、高效地使用这些

---

① 语言处理程序一般分为汇编程序、解释程序、编译程序三种。汇编程序用于将汇编语言的源程序翻译成机器语言程序;解释程序有的直接解释执行源程序,也有的将源程序翻译成某种中间代码再执行,编译程序用于将高级语言的程序翻译成机器语言程序。

数据信息。

数据库(DataBase,DB)是为了满足特定需求在计算机中建立的一组互相关联的数据集合。

数据库管理系统(DataBase Management Systems,DBMS)是对数据库进行组织、管理、查询并提供一定处理能力的系统软件。DBMS位于用户(或应用程序)和操作系统之间,在操作系统的支持下运行,借助操作系统实现数据存储和管理,使数据能被各类用户所共享,并保证用户得到的数据完整、可靠。DBMS提供给用户或应用程序可使用的数据库语言,对数据库的一切操作都是通过DBMS进行的。

数据库系统(DataBase System,DBS)是由数据库、数据库管理系统、应用程序、数据库管理员、用户等构成的人机系统。数据库管理员是专门从事数据库建立、使用和维护的工作人员。

(4) 实用程序。

实用程序完成一些与管理计算机系统资源及文件有关的任务,包括诊断程序、反病毒程序、卸载程序、备份程序、文件解压缩程序等工具类软件。

2. 应用软件

应用软件是指专门为解决某个应用领域内的具体问题而编制的软件。应用软件一般不能独立地在计算机上运行,必须有系统软件的支持。常见的应用软件有:

(1) 文字处理软件:用于输入、编辑、打印文件、稿件等,常用的有 WPS、Word 等。

(2) 信息管理软件:用于输入、存储、修改、检索各种信息,如工资管理系统、人事管理系统等。这种软件发展到一定水平后,可以将各个单项软件连接起来,构成一个完整的管理信息系统(Management Information System,MIS)。

(3) 计算机辅助设计软件:用于绘制、修改工程图纸,进行设计和计算,帮助用户寻求较优的设计方案等,常用的有 AutoCAD 等。

(4) 实时控制软件:用于随时收集生产装置、飞行器等的运行状态信息,并以此为依据实施自动或半自动控制,从而安全、准确地完成任务或实现预定目标。

1.2.3 按层次的观点看到的计算机

一个计算机系统是由多个相互依存、又相互协同的系统共同构建而成的。从层次的观点看,计算机系统的组成如图1.4所示。其中内层的裸机是指没有任何软件的(纯硬件)机器,其余各层的关系是:内层支撑外层,外层可以不必了解内层的细节,只需按约定使用内层提供的服务。

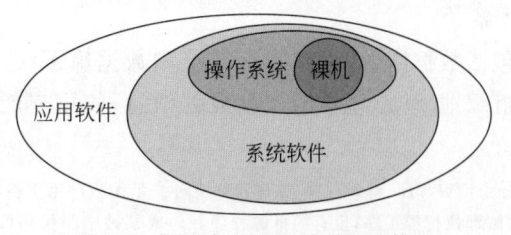

图1.4 按层次的观点看到的计算机

第 1 章 绪论

1.3 程序及编程语言

1.3.1 程序

计算机程序(program)是一组计算机能识别和执行的指令序列,它用程序设计语言编写,运行于计算机上,指挥计算机执行我们想要它做的动作,从而满足特定应用的需求。其中,程序是指令的序列,这一点尤为重要,这意味着程序指令并非简单地罗列和堆积,而是按特定的顺序编排,以实现特定的功能。

编写好的程序通常储存在磁盘上,在执行时从磁盘读取到内存,最后被 CPU 执行。

1.3.2 编程语言

计算机编程语言是一种用于人与计算机之间通信的语言。由于编程语言是人机之间传递信息的媒介,因此需要人和计算机都能读懂。一方面,人们要使用编程语言指挥计算机完成某种操作,就必须描述操作流程,所以编程语言应该能够被人们读懂。另一方面,计算机必须按编程语言的描述来执行相应的动作,所以编程语言也应该能被计算机读懂。

从汉字书体的角度看,汉字的发展从甲骨文、金文、大篆、小篆、隶书,及至草书、楷书,经历了由繁到简、由难到易[①]的演变,折射了人类社会的进步和发展。与此类似,从计算机诞生至今,短短几十年间,编程语言也历经了机器语言、汇编语言、高级语言,形成一个从低到高的演变过程。

1. 机器语言

机器语言是第一代计算机语言。它是用二进制代码表示的、计算机能直接识别和执行的机器指令序列。

计算机使用的是由"0"和"1"组成的二进制编码。在计算机诞生之初,人们只能用计算机的语言对计算机发出指令,即写出一组由"0"和"1"构成的指令序列交给计算机执行,这种计算机认识的语言,就是机器语言。用机器语言编写程序,程序员不仅需要熟记所用计算机的指令代码,还需要自己处理每条指令以及每个数据的存储分配、输入输出等,是一件十分烦琐的工作。另外,由于编写的程序是二进制代码,直观性差,其编写和维护都相当费时费力。此外,不同型号的计算机的机器语言是不相通的,按一种计算机的机器指令编制的程序,不能直接移植到另一种计算机上执行,必须重新编写程序,造成重复劳动。但是,在所有的程序设计语言中,只有机器语言编写的程序能够被计算机直接识别,不需要进行任何翻译,因此其运行效率却是所有语言中最高的。

2. 汇编语言

为了克服机器语言难读、难编、难记和易出错的缺点,人们用与代码指令实际含义相

---

① 唐代书法家张怀瓘在《六体书论》中说:"字皆真正,曰真书,大率真书如立,行书如行,草书如走,其于举趣盖有殊焉。"

近的英文缩写词、字母和数字等符号来取代二进制的指令(如用 ADD 表示运算符"+"的机器代码),于是产生了汇编语言。汇编语言是一种用助记符表示的仍然面向机器的编程语言,也称符号语言。用汇编语言编写的程序不是二进制指令,而是符号程序。符号程序是按照一定的程序设计语言规范书写的代码,是一系列人们可读的计算机指令,又被称为源程序,或称源代码。

源程序不能被计算机直接识别和执行,必须将其翻译成计算机能够识别的机器语言程序,又称目标程序,才能被 CPU 处理和执行。将汇编语言源程序翻译成目标程序的工具称为编程序,翻译的过程称为汇编。

汇编语言的特点是它采用助记符来编写程序,比用机器语言的二进制编程更为方便,一定程度简化了编程过程,且汇编语言程序的目标程序占用的内存空间少,运行速度快。但汇编语言是面向机器的低级语言,其源程序的直观性、通用性都不强。

3. 高级语言

无论是机器语言还是汇编语言,都是面向具体硬件的,对机器过分依赖,要求使用者必须对硬件结构及其工作原理都十分熟悉,这对非计算机专业人员是难以做到的,因此不利于计算机的应用,尤其是不利于计算机软件的发展。为此,人们进一步提出了与自然语言接近、语义确定、规则明确的编程语言,也就是高级语言。

高级语言是面向用户的语言。例如,以下是一条 C 语言程序的语句:

```
a=b+c;
```

它的功能是将变量 b 和 c 的值相加,然后将结果赋给变量 a。这样的一条语句对编程者是非常直观的,即使从未学习过 C 语言的读者,也能根据其运算符"+"和"=",初步理解和判断语句的功能。这体现了高级语言在编程方面的优势,也就是直观、易编程,出错时也容易维护,便于设计者掌握。

但它与汇编语言一样,计算机也不能直接理解和执行高级语言的源程序,因为计算机只能读懂 0、1 的指令。因此,在执行高级语言的源程序之前,必须将源程序翻译成机器语言的目标程序,计算机才能识别和执行。这种翻译通常有编译和解释两种方式。

编译方式是指用编译程序把源程序中的所有语句翻译成用机器语言表示的目标程序,然后再执行该目标程序。C、C++、PASCAL 等都是编译型语言。

解释方式是指用一个解释程序,以逐句输入、逐句翻译的形式,一边扫描源程序一边解释的方法执行。解释方式不会将整个源程序全部翻译产生目标程序。JavaScript、Python、BASIC 等都是解释型语言。

无论何种机型的计算机,只要配备上相应高级语言的编译或解释程序,则用该语言编写的源程序就可以运行在该计算机上,这使得高级语言程序具有良好的通用性、兼容性和可移植性。

1.3.3 程序是怎样运行的

在开始学习程序设计之前,先讨论一下高级语言程序与计算机系统的关系。一个 C

语言的源程序的执行流程如图 1.5 所示。

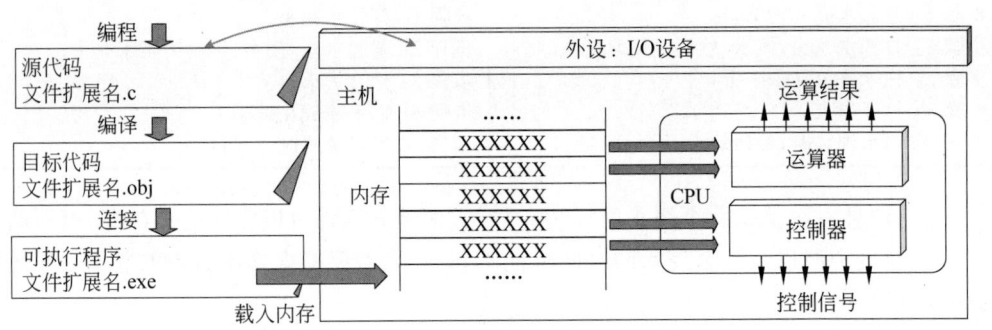

图 1.5 C 语言程序的执行流程

(1) 编程：首先根据问题用高级语言编程，编好的程序称为源程序。源程序可以保存在硬盘等 I/O 设备中。例如，C 语言的源程序文件扩展名为.c。

(2) 编译：源程序必须经过编译才能被机器所识别。读取保存在硬盘中的源程序，调用编译程序，将源程序翻译成目标程序，目标程序可以保存在硬盘等 I/O 设备中。通常，C 语言的目标程序文件扩展名为.obj[①]。

(3) 链接：目标程序还不能直接执行，它需要与程序运行所必需的系统组件（例如标准库）结合起来。例如，C 程序要在屏幕上输出字符，就必须调用系统提供的库函数才能实现。链接就是用链接程序(linker)将分别位于不同的目标程序中的代码、系统组件收集到一个文件中，经过链接后生成可执行文件。通常，可执行文件的扩展名为.exe。

(4) 载入内存：将可执行文件的指令序列加载到计算机的内存中。

(5) 执行程序：从内存中存放的程序的第一条指令开始执行。指令被逐条送往控制器，产生控制信号，数据则送往运算器，用于计算并产生计算结果。不断重复这一过程，直至遇到停止指令为止。在程序执行过程中，主机将根据情况与 I/O 设备进行交互，以进行数据的输入和输出。

1.4 算   法

1.4.1 什么是算法

算法(algorithm)是指为解决一个问题而采取的方法和步骤，也就是说，能够对一定规范的输入，在有限时间内得到所要求的输出。日常生活中，许多任务的完成都依赖于其"算法"设计。例如，有一个水壶、一个水龙头、一个炉子，怎样才能烧出一壶开水呢？在烧水之前，我们先设计一个合理的烧水方案。可能的烧水方案有多种，例如：

---

① 通常，目标代码文件扩展名在 Linux 操作系统中是.o，在 Windows 操作系统中是.obj。

方案一：	方案二：
步骤 1：拿起水壶；	步骤 1：打开水龙头；
步骤 2：打开水龙头，接水，然后关闭水龙头；	步骤 2：拿起水壶，接水，然后关闭水龙头；
步骤 3：把水壶放在炉子上；	步骤 3：打开炉火；
步骤 4：打开炉火；	步骤 4：把水壶放在炉子上；
步骤 5：当水沸腾时，关闭炉火。	步骤 5：当水沸腾时，关闭炉火。

以上两种方案就是两个烧水的算法。显然，两种方案都可以完成烧水任务，但它们消耗的水、燃气资源以及整个烧水的时间可能不同，我们需要根据具体的需求选择一种合理的烧水算法。

同理，对于用计算机求解的任何问题，都必须先设计并描述其解题思路。由于一个问题的算法可能有多种，设计者应该首先设计出正确的算法，然后再尽可能优化算法，完成任务。

1.4.2 描述算法的方法

算法只是对解题步骤的一种描述，它并不是程序。通常用于算法描述的方法有自然语言、流程图、N-S 图、伪代码、程序设计语言[①]。

1. 用自然语言描述算法

自然语言就是日常使用的各种语言，可以是汉语、英语等。用自然语言描述算法的优点是直观、通俗易懂；缺点是容易产生歧义，并且如果算法中包含判断结构和循环结构，且操作步骤较多时，就显得不那么直观了。

例如，算法 1.1 的功能是交换两个变量的值，它是用自然语言描述的。

算法 1.1　交换两个变量的值

输入：变量 $n1$，$n2$
输出：变量 $n1$，$n2$

begin
1：将 $n1$ 的值赋给变量 $temp$
2：将 $n2$ 的值赋给 $n1$
3：将 $temp$ 的值赋给 $n2$
end

算法 1.1 用标识符 $n1$、$n2$、$temp$ 来表示所操作的数据，可以令自然语言描述的算法更加简洁，减少歧义的发生。

2. 用流程图描述算法

流程图（flowchart）是指用规定的图形符号来描述算法。用流程图描述的算法直观形象，易于理解，其常用的图形符号见表 1.1。

---

① 如果用程序设计语言来描述一个算法，则这个算法描述就是程序。

第 1 章　绪论　15

表 1.1　流程图常用的图形符号

图形符号	名　称	含　义
	起止框	算法的开始或结束
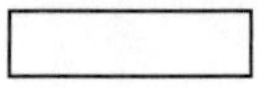	处理框	对数据的各种处理和运算操作
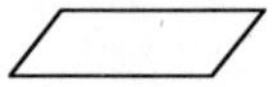	输入/输出框	数据的输入或输出操作
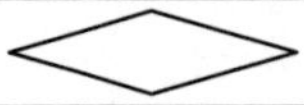	判断框	根据判断框中条件的结果,选择不同的操作执行
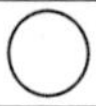	连接点	从连接点转向流程图的其他处,或者从其他处转入
	流程线	连接流程图符号,指示逻辑流动的方向

算法 1.2 是用流程图(图 1.6)描述算法的例子,该算法交换了两个变量的值。

算法 1.2　交换两个变量的值

输入:变量 $n1, n2$
输出:变量 $n1, n2$

算法 1.3 也是一个流程图的例子,其功能是输出 n 个学生成绩中 80 分以上的分数(图 1.7)。

算法 1.3　有 n 个学生成绩,输出 80 分以上的分数

输入:数组 $score$,数组长度 n
输出:80 以上的分数

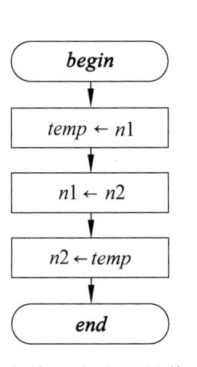

图 1.6　交换两个变量的值流程图

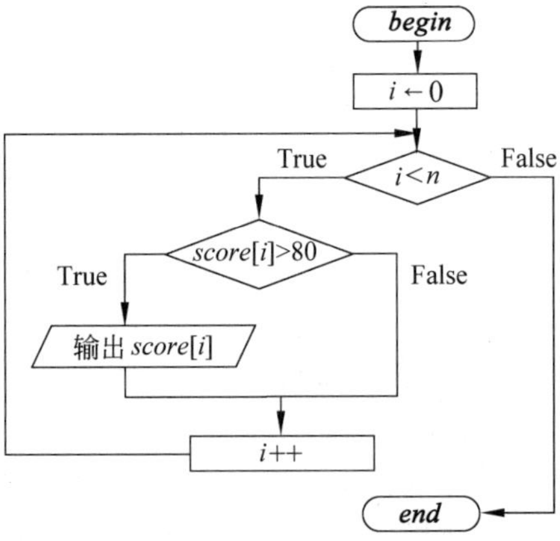

图 1.7　输出 80 分以上分数的流程图

3. 用 N-S 图描述算法

虽然用流程图描述的算法条理清晰、易读,但是在描述大型复杂算法时,流程图的流程线较多,影响对算法的阅读和理解。1973 年,美国学者 Ike Nassi 和 Ben Shneiderman

提出了一种新的流程图形式,这种流程图去掉了流程线,算法的每步都用一个矩形框来描述,把一个个矩形框按执行的次序连接起来,形成一个完整的算法描述。这种流程图以两位学者名字的首字母命名,称为 N-S 图。N-S 图有 5 种基本结构(图 1.8),分别对应结构化程序设计中的三种基本结构,即顺序结构、选择结构、循环结构。

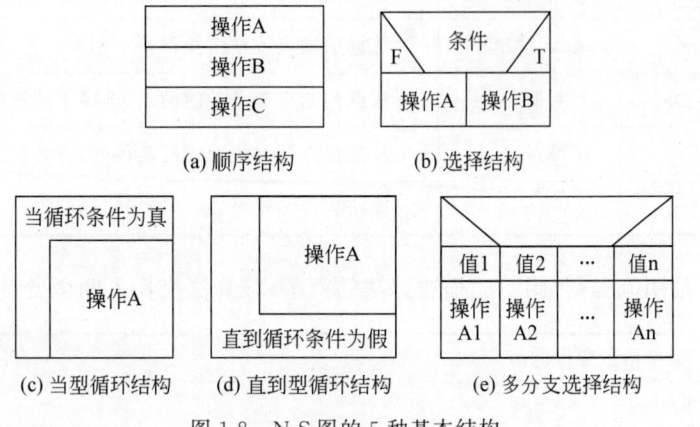

图 1.8　N-S 图的 5 种基本结构

算法 1.4 用 N-S 图(图 1.9)重新描述了算法 1.3。

算法 1.4　有 n 个学生成绩,输出 80 分以上的分数

输入:数组 $score$,数组长度 n
输出:80 以上的分数

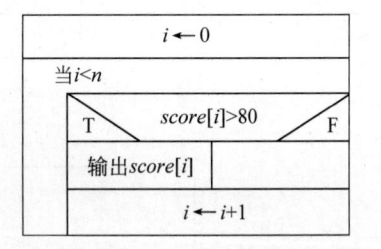

图 1.9　输出 80 分以上分数的 N-S 图

4. 用伪代码描述算法

伪代码(pseudocode)是介于程序代码和自然语言之间的一种算法描述方法。它用程序设计语言的流程控制结构来表示算法的执行流程,用自然语言和各种符号来表示所进行的操作以及所操作的数据。用伪代码描述的算法书写比较紧凑,也更有利于将算法转化为程序。

算法 1.5 用伪代码重新描述了算法 1.3。

算法 1.5　有 n 个学生成绩,输出 80 分以上的分数
输入:数组 $score$,数组长度 n
输出:80 以上的分数

```
begin
1:  i←0
2:  while i < n do
3:      if score[i] > 80 then
4:          输出 score[i]
5:      end if
6:      i ← i + 1
7:  end while
end
```

5. 用程序设计语言描述算法

算法也可以用程序设计语言来描述。如果用程序设计语言来描述算法,则这种算法描述就是程序。以下算法 1.6 与算法 1.7 分别用伪代码和 C 语言描述了同一个算法。

算法 1.6　计算并输出 $1+2+3+\cdots+100$ 输出:累加和 sum	算法 1.7　计算并输出 $1+2+3+\cdots+100$ 输出:累加和 sum

`begin`
`1:  sum←0, i←1`
`2:      while i <= 100 do`
`3:          sum ← sum + i`
`4:          i ← i + 1`
`5:  end while`
`6:  输出 sum`
`end`
	`void main()`
	`{`
	`    int i = 1, sum = 0;`
	`    while(i <= 100)`
	`    {`
	`        sum = sum + i;`
	`        i = i + 1;`
	`    }`
	`    printf("%d",sum);`
	`}`

1.5　软件开发流程

本节介绍软件开发的一般流程,读者将看到,软件不等同于程序,软件开发不等同于程序设计,程序编码只是软件开发中的一个环节。

软件开发流程包括软件需求分析、概要设计、详细设计、编码、测试、软件交付以及验收、运行和维护等一系列任务。在软件生命周期(Software Life Cycle,SLC)[①]中,还包括对软件维护、升级、废弃处理等。软件开发的基本流程如图 1.10 所示。

1. 需求分析

项目开发前必须先进行需求分析,其主要工作包括如下步骤:

步骤 1:系统分析员向用户初步了解需求,然后用相关的工具软件列出要开发的系统

---

① 软件生命周期是隶属于软件工程(Software Engineering,SE)的概念,指软件从产生到最终被废弃的生命周期,通常将其分为定义问题、软件开发和软件维护三大阶段。

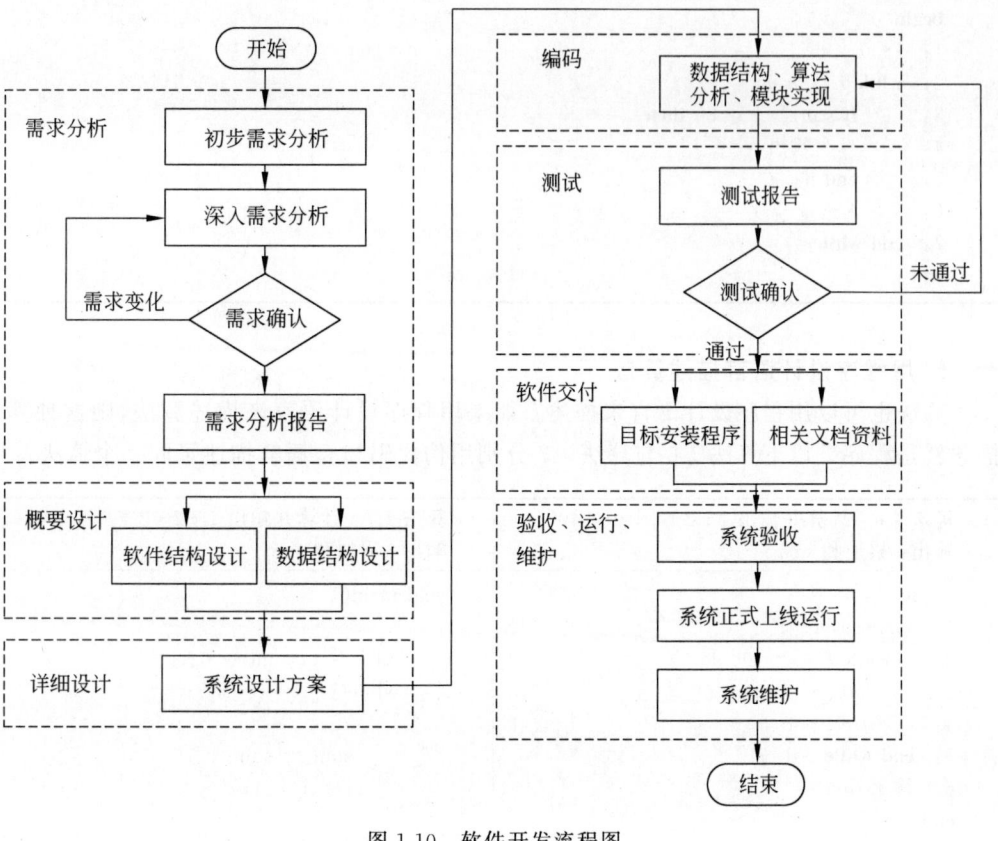

图 1.10　软件开发流程图

的大功能模块,每个大功能模块有哪些小功能模块。另外,在这一步中可以初步定义好需求确定的界面。

步骤 2:系统分析员深入了解和分析需求,用相关工具做出系统的功能需求文档。文档清楚列出系统大致的大功能模块,大功能模块含哪些小功能模块,并且列出相关的界面和界面功能。

步骤 3:系统分析员向用户再次确认需求。

2. 概要设计

概要设计是软件详细设计的基础,这一阶段的任务是根据需求分析的结果,进行软件结构和数据结构设计。软件结构设计是将系统进行功能分配、模块划分、接口设计、人机界面设计等。数据结构设计的主要任务是进行数据特征的描述、确定数据的结构特性、数据库设计等。

3. 详细设计

在概要设计的基础上,需要进行软件系统的详细设计。这一阶段的任务是描述实现具体模块的数据结构、算法、类的层次结构及调用关系等,需要详细地说明软件系统的每个模块(或子程序)的设计,以作为编码和测试的依据。

第 1 章　绪论　19

4. 编码

编码阶段主要是根据详细设计阶段对数据结构、算法分析和模块实现等方面的设计要求,进行具体的程序编写工作,分别实现各模块的功能,从而实现对目标系统的功能、性能、接口、界面等方面的要求。

5. 测试

软件测试的目的是发现软件的缺陷(defect)[①],以此衡量软件的质量,对软件是否符合需求做出判断。软件测试有很多种,按照测试执行方,可分为内部测试和外部测试;按照测试范围,可分为模块测试和整体联调;按照测试条件,可分为正常操作情况测试和异常情况测试;按照测试的输入范围,可分为全覆盖测试和抽样测试。测试是软件研发中十分重要的步骤,一个大型软件可能经历 3 个月到 1 年的外部测试。

6. 软件交付

在软件测试证明软件达到要求后进入软件交付阶段,应向用户提交开发的目标安装程序、数据库的数据字典、需求报告、设计报告、测试报告、用户安装手册、用户使用指南等双方约定的产品。其中,用户安装手册应详细介绍安装软件对运行环境的要求、安装步骤、安装后的系统配置等;用户使用指南应包括软件各功能的使用流程、操作步骤、相应业务介绍、特殊提示和注意事项等。

7. 验收、运行和维护

用户验收软件后,软件即进入了其生命周期中最长的一个阶段,即软件运行和维护阶段。

软件维护一般包括纠错性维护和改进性维护两方面。纠错性维护是指根据软件运行的情况,纠正软件运行中发现的错误;改进性维护则是对软件进行适当修改,使其适应新的要求。

【例 1.1】　软件开发流程分析。

实例分析:软件开发公司 B(乙方)为某公司 A(甲方)定制开发一套人事信息管理软件。

开发该软件的流程如下:

步骤 1:乙方派软件工程师到甲方去了解其需求,然后做需求方案给甲方,需求方案内容包括:开发的软件大概的界面是怎样;方便什么人使用;什么人可以使用什么功能;方便到什么程度;大概的硬件要求是怎样等。

步骤 2:甲方确认需求后,乙方进入软件设计、编码、测试流程。

步骤 3:乙方将软件交付甲方使用。使用过程中,如果软件的功能达不到要求,由乙方进行修改,直到完全达到甲方要求的所有功能。如果甲方因公司扩展等原因需要将软

---

①　软件缺陷又被称为 Bug,IEEE729—1983 对其定义为:从产品内部看,缺陷是软件产品开发或维护过程中存在的错误、毛病等各种问题;从产品外部看,缺陷是系统所需实现的某种功能的失效或违背。可以说,软件缺陷是指计算机软件或程序中存在的某种破坏正常运行能力的问题、错误或隐藏的功能缺陷等,它可能令软件产品在某种程度上不能满足设计需求。

件升级,由乙方进行功能拓展。

从本例可见,在一个规范化的软件开发流程中,编程并非工作的全部。事实上,编程通常仅为整个项目开发时间的 $1/3 \sim 1/2$,其余时间则是沟通及确定需求、软件设计、软件测试等,这样做的目的是因为"磨刀不误砍柴工",设计过程完成得好,编码、维护的效率就会极大提高。

1.6 创建 C 程序

现在来讨论创建一个 C 程序的具体操作方法,为下一章开始编写 C 程序做准备。

C 程序的创建过程包括 4 个基本步骤:编辑→编译→链接→执行。其流程如图 1.11所示。

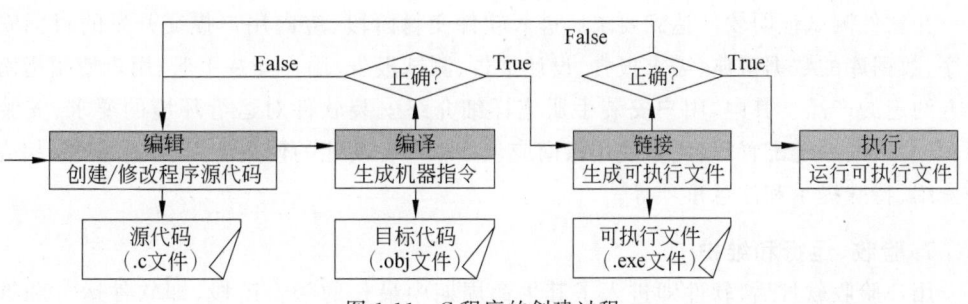

图 1.11 C 程序的创建过程

下面介绍每个过程及其对创建 C 程序的作用。

1.6.1 编辑

编辑是指创建和修改 C 程序的源代码。有些 C 语言的编译器带一个编辑器,提供编写、管理、开发与测试程序的环境,这种开发工具也称集成开发环境(Integrated Development Environment,IDE)。图 1.12 是 Dev C++ 的集成开发环境。

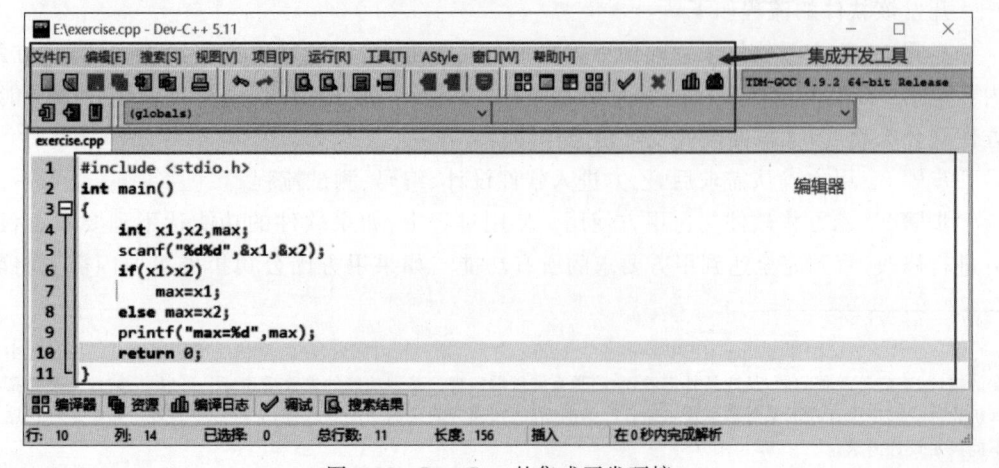

图 1.12 Dev C++ 的集成开发环境

第 1 章 绪论 21

通常,IDE会提供很多便于编写及组织程序的功能,例如自动编排程序代码的格式,将重要的语言元素以高亮颜色显示等,这样不仅增加程序的可读性,也便于编辑和程序调试时排查错误。当然,也可以用一般的文本编辑器,例如用 Windows 的记事本来编辑源代码[1]。

1.6.2 编译

编译的目的是使用编译器将源代码转换成机器语言代码。编译包括两个阶段,第一阶段是预处理阶段,在此期间会修改或添加代码[2];第二阶段是生成目标代码阶段。编译器的转换结果称为目标代码(object code),存放于目标文件(object file)中。在 Windows 环境中,目标文件的扩展名通常为.obj。

编译器在生成目标代码阶段会对发现的语法错误、数据类型不匹配等问题报错或报警,如果源代码中存在错误,将无法成功转换成目标代码。

1.6.3 链接

链接器(linker)将编译器产生的目标代码组合起来,再从 C 语言提供的程序库[3]中添加必要的代码模块,将它们组合成可执行文件。链接器也可以检测和报告错误,例如,遗漏了程序的某个模块,或者引用了一个根本不存在的库组件。如果链接阶段出现错误,意味着必须修改、重新编译源代码,反之,如果链接成功,就会生成一个可执行文件。在 Windows 环境中,这个可执行文件的扩展名为.exe。

通常,如果程序太大,可将其拆分成多个源文件,每个源文件提供程序的一部分功能,对这些源文件分别编译,然后用链接器连接起来,形成一个可执行文件。

1.6.4 执行

编辑、编译、链接成功后即可运行程序。虽然成功完成了前述三个阶段,执行阶段仍然可能会出现错误,这种错误通常称为运行时错误(runtime error)。引发运行时错误的原因很多,包括输出格式符错误,或者因为访问内存不当造成的程序崩溃等。无论出现哪种错误,都必须返回到编辑阶段,检查修改源代码,然后重新编译、链接再运行。

1.7 案 例 研 究

本例来练习创建一个 C 程序的完整过程。

【例 1.2】 编写一个 Hello world! 程序。

问题的要求是:在屏幕输出"Hello world!"。

---

① 用记事本编写源代码时,应该将代码保存为纯文本文件,以避免其嵌入附加的格式化信息。

② 源文件中可能包含宏定义、文件包含、条件编译命令,预处理时将根据这些命令修改 C 程序的语句。本书 14.2 节详细讨论了这种技术。

③ C 程序库中的例程支持输入、输出、三角函数计算、字符串比较、文件访问、读取日期和时间等操作,支持和扩展了 C 语言。

首先打开 C 程序的编辑器,新建一个源程序文件,输入如下代码:

```
/**************************************
  program1.1: 输出 Hello world!
  written by Sky.
  12/10/2020. Copyright 2020
**************************************/
#include <stdio.h>
int main()
{
    printf("Hello world!\n");
    return 0;
}
```

将源文件保存为 HelloWorld.c,C 程序的通用文件扩展名是.c,它表示文件的内容是 C
语言源代码。接着编译程序,链接所有必要的内容。编译和链接成功之后,即生成了一个可
执行文件 HelloWorld.exe。在 Windows 环境下,一般只需要双击 HelloWorld.exe 文件,即可
运行程序。也可以从命令行上运行程序,只需启动一个命令行会话,进入包含文件
HelloWorld.exe 的目录,再输入文件名 HelloWorld.exe,就可以运行它了,如图 1.13 所示。

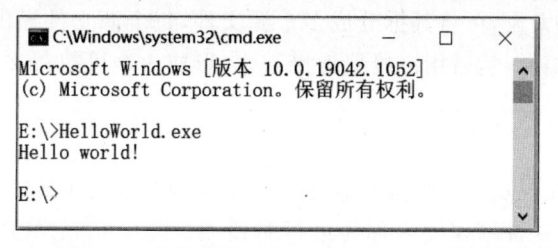

图 1.13   从命令行运行 HelloWorld.exe 程序

如果前述 4 个步骤都成功完成,运行 HelloWorld.exe,将在屏幕上输出如下信息:

```
Hello world!
```

1.8   本 章 小 结

本章介绍了程序设计的相关基础知识。本章的目的是向读者展示程序设计相关知识
和概念,并没有详细探讨 C 程序设计语言。相信读者现在应该对计算机程序与计算机系
统的关系、算法与程序的关系、软件开发的基本流程,以及如何编写、编译及链接程序有了
基本的认识。

在下一章中,将详细介绍 C 程序的基本框架,以及用计算机解题的方法和步骤。

1.9 习　　题

1. 冯·诺依曼结构由哪几部分构成？

2. 计算机的内存中存放着什么？内存与编写的程序有着什么样关系？

3. 高级程序语言较汇编语言和机器语言的优势是什么？

4. "软件开发就是编写程序。"如何看待这一观点？

5. 请简单阐述软件开发的基本流程。

6. 创建一个 C 程序需要经过哪几个步骤？

7. 请解释 C 语言程序的源代码文件、目标文件、可执行文件之间的关系和区别。

第 2 章

编 程 初 步

本章导读

在学习 C 语言的具体语法知识之前,有必要先认识一下 C 语言程序的总体结构。也就是说,了解要编写的 C 语言程序究竟是什么样子的。另外,在开始编程前,还必须了解一些程序设计的理念和方法,包括编写程序的习惯、用计算机解题的一般方法等。在今后的学习和工作中,自觉运用这些理念和方法,是优秀程序员应该具备的基本素养之一。

本章主要内容

- C 语言的发展。
- C 程序的基本结构。
- 编程风格。
- 用计算机解题的一般性方法。

2.1 C 语言的发展

1. C 语言的发展历程

与 C 语言相关的语言很多,其中最早的一门语言称为 ALGOL60。1960 年,图灵奖获得者 Alan J. Perlis 发表了《算法语言 ALGOL60 报告》,确定了程序设计语言 ALGOL60。ALGOL(ALGOrithmic Language)是计算机发展史上的首批高级程序语言。ALGOL 的语句与普通语言表达式接近,同时其语法用严格公式化的方法声明,是第一个清晰定义的语言。ALGOL 语言虽未被广泛使用,但它是许多现代程序设计语言的概念基础。

1963 年,剑桥大学在 ALGOL60 的基础上提出了 CPL 语言(Combined Programming Language)。

1967 年,剑桥大学的 Martin Richards 对 CPL 进行简化,产生了 BCPL 语言(Basic Combined Programming Language,BCPL)。

1970 年,美国 AT&T 公司贝尔实验室(AT&T Bell Laboratory)的研究员 Ken

Thompson 以 BCPL 为基础,设计了 B 语言(以 BCPL 的第一个字母作为这种语言的名字)。Ken Thompson 用 B 语言写出了世界上第一个操作系统——UNIX 操作系统。

1972 年,贝尔实验室的 Dennis Ritchie 在 B 语言的基础上设计出了一种新的语言,以 BCPL 的第二个字母作为这种语言的名字,即 C 语言。

1973 年,Ken Thompson 和 Dennis Ritchie 开始用 C 语言完全重写 UNIX。随着 UNIX 的发展,C 语言自身也在不断完善。至今,各种版本的 UNIX 内核和相关工具仍然以 C 语言作为最主要的开发语言。

随后,来自贝尔实验室的 Bjarne Stroustrup 编写了 C++。C++ 进一步扩充和完善了 C 语言,是一种面向对象的程序设计语言。

后来 SUN 公司对 C++ 进行改写,产生了 Java 语言,而微软公司则提出了类似的语言——C♯语言,可以说,Java 和 C♯都源自 C++。

2. C 语言的标准

1989 年,美国国家标准学会(American National Standareds Institute,ANSI)推出 C 语言和 C 标准库的标准,该标准通常被称为 ANSI C,也被称为 C89。1990 年,国际标准化组织(International Organization for Standardization,ISO)参照 ANSI 标准,推出了一模一样的 C 语言和 C 标准库标准,称为 C90 标准。事实上,C89、C90、ANSI C 是同一个 C 语言标准。

在 ANSI C 标准确立后,C 语言的规范在很长一段时间内都没有大的变动。1999 年,ANSI/ISO 联合委员会修订 ANSI C 标准,发布了 C99 标准。2011 年,ISO 和国际电工委员会(IEC)联合发布了 C11 标准。

3. C 语言的特点

C 语言之所以在软件开发行业中具有强大生命力,主要是因其具有以下特点。

(1)简洁、灵活,程序编写自由度大。ANSI C 标准只有 32 个关键字、9 种控制语句,且其语法限制不太严格,因此程序编写的自由度较大。

(2)运算符丰富。C 语言把括号、赋值、强制类型转换等都作为运算符,从而能在 C 程序中构造出类型丰富、灵活多样的表达式。

(3)数据类型丰富。C 语言的数据类型包括整型、实型、字符型、数组类型、指针类型、结构类型等,能用来实现各种复杂数据类型的运算。

(4)C 语言是结构化程序设计语言。C 程序是由一个或多个函数组成的,而函数又由若干条语句组成。此外,可以使用 if、if-else、for、while 等语句以及它们的嵌套,实现选择、循环等语句结构,方便地编写结构化的程序[①]。

(5)允许直接访问物理地址,可以直接对硬件进行操作。C 语言把高级语言的基本结构、语句与低级语言的实用性相结合,它可以像汇编语言一样对位、字节和地址进行操作,而这三者是计算机最基本的工作单元,因此 C 语言适于编写系统软件。

---

① 完全的结构化程序设计语言不允许使用 goto 语句,且要求一个模块只有一个入口和一个出口。从这一点看,C 语言其实是一种不够严格的结构化程序设计语言。它虽然不建议,但允许使用 goto 语句。另外,C 程序中允许函数有多个出口。

程序设计基础

此外,C语言还具有可移植性好、生成代码质量高等特点。

2.2 C程序的基本结构

在介绍 C 语言的众多语法细节之前,先一起来认识一下 C 程序的整体框架。以下通过两个示例程序,由简到繁地展现 C 语言程序的结构及运行过程。

2.2.1 第一个 C 程序

以下是本书的第一个 C 程序,它的功能非常简单,仅仅是在显示器上输出了一些信息。

【程序 2.1】 第一个 C 程序——HelloWorld。

```
#include <stdio.h>                              /* 头文件 */
int main()
{
    printf("The very first C program!\n");      //语句①
    printf("Hello world!");                      //语句②:输出 Hello world!
    return 0;
}
```

用编辑器输入上述程序,编译并执行,其输出如下:

```
The very first C program!
Hello world!
```

下面来认识一下程序 2.1 的结构及语法。

1. 函数

任何一个 C 程序,总是由一个或若干个函数构造而成,且其中必须包含唯一的一个 main()函数。函数是 C 程序的基本单位。例如,程序 2.1 是一个最简单的 C 程序,它只有唯一的一个 main()函数。

C 语言函数的结构如图 2.1 所示。

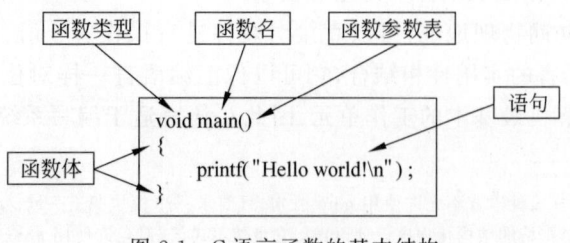

图 2.1 C 语言函数的基本结构

第 2 章 编程初步　27

函数包括函数首部和函数体两部分。函数首部如下：

```
void main()
```

函数首部由函数类型、函数名、函数参数表三部分构成。函数类型描述了函数运行后所返回值的数据类型，如果函数无返回值，则其类型为 void。函数参数表放在一对小括号中，如果函数没有参数，则其参数表为空，称为无参函数。例如，程序 2.1 的 main() 函数就是一个无参函数。注意，即使没有参数，小括号仍不能省略。

函数体是由一对大括号括起来的代码段，程序语句书写在函数体中，每条语句的末尾以分号作为分隔符。

2. 程序的运行

C 程序运行时，总是从 main() 函数的第一条语句开始运行，一直运行到 main() 函数的最后一条语句结束为止。本例程序 2.1 运行时，从 main() 函数的语句①开始运行，到语句②运行结束，整个程序的运行即结束。

3. 头文件

在程序 2.1 中，

```
#include <stdio.h>
```

是一个预处理命令(preprocessing directive)，它用于告诉编译器在编译源代码前，先完成一些操作。编译器在编译前的预处理阶段处理这些命令。预处理命令通常放在源程序的开头。

以上预处理命令的目的是将 stdio.h 文件的内容包含进来。stdio.h 是一个头文件(header file)。C 语言的头文件中定义了 C 标准库函数的信息，凡是需要调用 C 标准库函数的地方，一般都需要包含相应的头文件，头文件的扩展名为.h。

程序 2.1 中调用了标准库的 printf() 函数，因此必须包含 stdio.h 头文件。其中，stdio 是标准输入/输出(standared input and output)的缩写，stdio.h 中包含编译器理解 printf() 函数以及其他输入/输出函数所必需的信息。

4. 注释

在程序 2.1 中，

```
/*头文件*/
```

并不是程序代码，只是程序中的注释。注释可以放在程序中的任意位置，用于解释程序的功能等。在 C 程序中，任何位于/*和*/之间的文本都是注释。/*可以与*/放在同一行上，也可以放在不同的行上，用于表示整段文字均为注释。例如，以下两行信息均为注释：

```
/* This is a simple C program.
   This is a very important comment.*/
```

程序设计基础

也可以使用另一种注释方式,如程序 2.1 中:

```
printf("Hello world!\n");      //语句②:输出 Hello world!
```

以上代码双斜线(//)后的部分均为注释。这种注释方式以双斜线开头,主要用于注释单行文本。

编译器在将源代码编译为目标代码时,将忽略程序中的注释,因此,注释不仅不会影响程序运行的时间,而且还可以增加程序的可读性。

5. 输出
本例程序的语句①、语句②分别调用了 printf()函数。语句①如下:

```
printf("The very first C program!\n");      //语句①
```

printf()是一个标准库函数,它可将参数表中双引号里面的信息输出到标准输出设备(一般为显示器)上。语句①调用这个函数,将在计算机的显示器上显示字符串"The very first C program!"(双引号不会显示)。本书将在 3.6 节进一步介绍 printf()函数的使用方法。

6. 转义字符
本例程序的语句①中,printf()函数输出的信息末尾有一个字符\n,它是一个转义字符,代表换行符,它可以将光标移动到下一行的行头,使后续的输出显示在新行上。

转义字符是一种特殊的字符常量,它以反斜线(\)开头,后跟一个或几个字符。转义字符具有特定的含义,不同于字符原有的意义,故称转义字符。表 2.1 是常用的 C 语言转义字符及其含义。

表 2.1 常用的 C 语言转义字符及其含义

转 义 字 符	转义字符的含义
\n	回车换行
\t	横向跳到下一制表位置
\b	退格
\r	回车
\f	走纸换页
\\	反斜线符"\"
\'	单引号符
\"	双引号符
\a	鸣铃
\ddd	1~3 位八进制数所代表的字符
\xhh	1~2 位十六进制数所代表的字符

第 2 章 编程初步 29

2.2.2 第二个 C 程序

现在来编写一个具有多个函数的程序。程序的功能是接收从键盘输入的两个整数,然后找到并输出它们中的较大数。

【程序 2.2】 有两个函数的 C 程序。

```
# include <stdio.h>
int max(int x,int y)                       //max()函数返回两个整数中的较大数
{
    if(x>y)
        return x;
    else return y;
}
int main()
{
    int x,y;
    scanf("%d%d",&x,&y);                    //语句①
    printf("max=%d",max(x,y));             //语句②:输出 x 和 y 中的较大数
    return 0;                               //语句③
}
```

本例程序的语句①调用了 scanf()函数,接收键盘输入的数并存入变量 x 和 y 中,语句②调用 printf()函数输出 x 和 y 中的较大数,语句③用 return 语句返回整数 0,表示程序结束。运行本程序时,用户先从键盘输入两个整数,按回车键,然后在屏幕上输出运行结果。

例如,从键盘输入 15 和 30(这里用一个空格分隔开),运行结果如下:

```
15 30
max=30
```

下面来认识一下程序 2.2 中包含的更多 C 语言语法。

1. 函数

程序 2.2 中包含两个函数,即 main()函数和 max()函数。这里看到了第一个带参数的函数 max()。与 main()函数不同,max()函数有两个参数,称为有参函数,其结构如图 2.2 所示。

C 语言的函数可以有 0 个或若干个参数,当参数个数大于 0 时,称为有参函数。有参函数的每个参数应分别命名,并分别声明其数据类型,多个参数之间用逗号分开。本例中,max()函数有两个参数,分别是 x 和 y,它们的数据类型都为 int 型。

本例中,max()函数的类型为 int,表明当 max()函数执行结束时,将向其主调函数返回一个 int 类型的数据。这种非 void 类型的函数,通常都会包含 return 语句,用于返回一

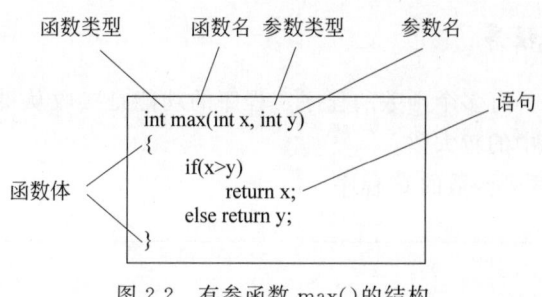

图 2.2　有参函数 max() 的结构

个值。

本例 max() 函数的功能是找出参数 x 和 y 中的较大数,并返回给 main() 函数,通过如下语句实现:

```
if(x>y)
    return x;
else return y;
```

其中,通过 return 语句返回 x 或 y 的值。由于参数 x 和 y 均为 int 型,因此 max() 函数的类型也是 int 型的。此外,本例 main() 函数的类型也是 int,表明 main() 结束时将返回一个整型值,main() 通过其语句③返回一个整型值:

```
return 0;  //语句③
```

本例的 main() 函数体分为两部分,一部分是声明部分,另一部分是语句部分。声明部分通常是对变量的类型声明。例如,本例 main() 函数的声明部分如下,这里声明了两个整型变量 x 和 y(如图 2.3 所示):

```
int x,y;  //声明部分
```

注意,在前面的程序 2.1 中由于未使用任何变量,因此无声明部分。

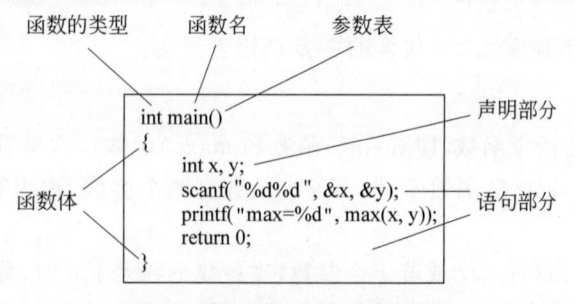

图 2.3　带声明部分的函数体结构

2. 程序的执行

如果程序中有多个函数,它是怎样执行的呢?

第 2 章 编程初步 31

事实上，无论一个 C 程序包含多少个函数，执行时，始终从 main() 函数的第一条语句开始执行，一直执行到 main() 函数的最后一条语句结束为止。例如程序 2.2 在执行时，是从 main() 函数的语句①开始执行，到语句③执行完，整个程序的运行即结束。

那么 max() 函数又是如何执行的呢？

除 main() 函数外的其他函数，只有在被调用时才执行。在程序 2.2 中，max() 函数是通过语句②的调用才得以执行。

语句②中通过以下表达式调用 max() 函数：

```
max(x,y)
```

调用时，main() 函数称为主调函数，max() 称为被调函数。其执行过程为：

（1）主调函数将 x 和 y 作为参数，传递给 max() 函数，然后程序的执行从主调函数转入被调函数。

（2）max() 函数通过 if-else 结构比较参数 x 和 y 的大小，用 return 语句返回二者中的较大数。

（3）max() 函数执行结束后，返回到 main() 函数中调用语句的下一条语句继续执行，直到 main() 函数执行结束。

可见，当程序中有多个函数时，函数之间是调用的关系。其中，main() 函数无须调用，程序执行时即可自动执行，但其他函数如果未被调用，即使定义了它，它也无法自己主动执行。值得注意的是，函数调用时，有一个从主调函数向被调函数"跳出"和"转回"的过程，也就是说，被调函数执行结束后必将返回其主调函数中去。因此，无论程序中有多么复杂的函数调用关系，程序的执行始终是从 main() 函数开始，最终结束在 main() 函数中。

3. 输入

本例 main() 函数的语句①调用了 scanf() 函数：

```
scanf("%d%d",&x,&y);
```

scanf() 是一个标准库函数，它允许用户从键盘输入数据到内存中指定的位置。调用 scanf() 函数需要包含头文件 stdio.h。

在 scanf() 的参数表中，双引号里面的 %d 为格式符，表示一个十进制的整数。本例中"%d%d"表示输入两个十进制整数，分别送入变量 x 和 y 的内存单元中，用 &x 和 &y 指明了变量 x 和 y 的内存地址。当程序执行到 scanf() 函数时，会暂停下来等待用户输入数据，待输入完成后继续执行其后续语句。本书在 3.6 节对 scanf() 的用法进行详细介绍。

4. 输出

程序 2.2 的语句②调用了 printf() 函数来输出 x 和 y 中的较大数，其用法为：

```
printf("max=%d",max(x,y));
```

程序设计基础

对 printf() 的参数表中双引号中的信息,普通字符"max="将被原样输出,格式符%d
表示要输出一个十进制的整数,它将被双引号以外的表达式 max(x,y) 的值替换,然后在
屏幕上输出。

5. 关键字

本例中,int、return 都是关键字。关键字是 C 语言中有特殊意义的标识符,不能以关
键字作为自定义的变量名、函数名等。C 语言的关键字见附录 B。

2.2.3 C 程序结构的特点

前面的程序 2.1、程序 2.2 的功能非常简单,因此它们都分别只有一个源文件。但有
些问题中包含的函数模块可能非常多,这时,可以将一个 C 程序分解为多个源文件,如
图 2.4 所示。

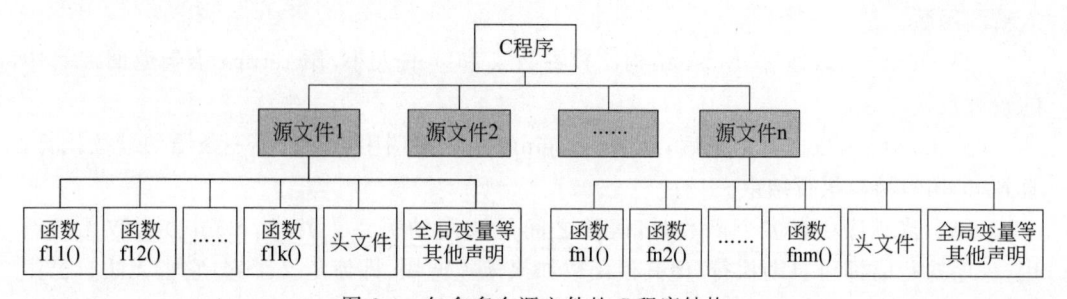

图 2.4 包含多个源文件的 C 程序结构

图 2.4 的 C 程序结构的特点如下:
(1) 一个 C 程序可以由一个或多个源文件组成。
(2) 每个源文件可包含一个或多个函数。
(3) 一个 C 程序无论包含多少个源文件,它只能有且只有一个 main() 函数。
(4) 每个源文件可以分别编写、编译,最后所有的源文件链接生成一个可执行文件。

2.3 编 程 风 格

随着计算机软件的规模增大、复杂性增强,对程序的要求不仅是可以正确执行,而且
要便于调试和维护,这就要求编写的程序结构合理、清晰,使程序不仅自己看得懂,别人也
能看得懂。为了提高程序的可读性,程序员应该养成良好的编程习惯,形成良好的编程
风格。

编程风格是指一种好的程序设计规范,包括良好的代码设计、函数模块设计、接口功
能及可扩展性等,还包括程序代码的风格,如语句缩进、注释、变量及函数的命名策略等。

2.3.1 源程序文档化

源程序文档化是软件工程的概念之一,是指源代码的书写格式规范化,代码中多写注

释,使代码成为可读性良好的文档,这主要从标识符命名、程序注释等角度来考虑。

1. 标识符遵循一定的规范

正确并形象地给函数、变量命名,是良好编程风格的一种反映。良好的标识符命名习惯,可有效提高程序的可读性、可维护性。标识符的命名一般从以下方面考虑:

(1)标识符命名直观易读,力求见名知意。例如,用 counter 表示个数,用 sum 表示累加和,用 max 和 min 表示最大数和最小数等。

(2)标识符长度适中。

(3)遵循一定的命名规则。常用的标识符命名规则有匈牙利命名法、驼峰命名法、帕斯卡命名法、下画线命名法等。

2. 程序应加注释

注释是程序员与读者沟通的桥梁,一般用自然语言或伪代码编写。注释一般表明了程序的功能,尤其在程序维护阶段,对理解程序提供指导。注释分序言性注释和功能性注释。序言性注释一般置于程序或模块的开头,起辅助理解程序的作用。序言性注释一般包括:

(1)程序名称和版本号。

(2)程序/模块功能描述。

(3)模块接口描述:调用形式、参数描述及从属模块的清单。

(4)数据描述:重要数据的名称、用途、限制、约束及其他信息。

(5)开发历史:设计者、审阅者的姓名,以及修改说明、日期。

(6)与运行环境有关的信息等。

以下是一个序言性注释的例子:

```
/* 文件名:program1_5.cpp
   描述:一个简单的 C 程序:小朋友分饼干问题
   程序员:Sky
   日期:06/18/2020   Copyright 2020 */
```

功能性注释一般嵌入在源程序内部,用于表明语句的功能、数据的状态等。以下是一个 C 程序的功能性注释的例子,它用双斜线(//)在语句末尾附加了功能性注释。

```
printf("Comments are very important!\n");   //调用 printf()函数在屏幕输出信息
```

使用注释可增加代码的解释性,但注释也不宜过多,因为这可能表明标识符和代码的自解释性不足。

2.3.2 数据声明原则

为使数据声明更易于理解和维护,有以下一些原则:

(1)数据声明的顺序应规范,使数据的属性更易于查找,从而有利于测试、纠错与维护。例如,按常量、类型声明、全局变量声明、局部变量的顺序声明数据。

程序设计基础

（2）一个语句声明多个变量时，各变量名按字典序排列。

（3）对于复杂的数据结构加注释，表明其在程序实现时的特点。

2.3.3　语句构造原则

语句构造应该简单、直接。为便于阅读和理解，不建议一行写多条语句。不同层次的语句采用缩进形式，使程序的逻辑结构和功能特征更加清晰。

2.3.4　输入与输出原则

在编写输入与输出的代码时，应考虑以下原则：

（1）输入操作的步骤和输入格式尽量简单。

（2）应检查输入数据的合法性、有效性，报告必要的输入状态信息及错误信息。

（3）交互式输入时，提供可用的选择和边界值。

（4）输出数据表格化、图形化。

输入与输出还应考虑其他因素的影响，如输入与输出设备，用户经验及通信环境等。

2.3.5　追求效率原则

这里所说的效率，指程序运行时对计算机主机的资源（即 CPU 的时间和内存空间）的消耗情况。显然，高效的程序应该尽可能少地产生时空开销[①]。对效率的追求主要有以下两方面：

（1）追求效率的前提是必须保证程序的可靠性和可读性，首先要使程序正确、清晰，然后再提高程序的效率。

（2）提高效率的根本途径在于选择良好的设计方法、良好的数据结构和算法，而不是对程序语句做调整。

程序 2.3 示例了 C 程序书写的一般性规范。其中的注释表明了一些编码规范，请读者自行进行分析。

【程序 2.3】　编写具有良好风格的程序。

```
/*******************************
  program2.3: 找出 10 个分数的最高分
  written by Sky.
  12/10/2020. Copyright 2020
*******************************/
#include <stdio.h>
int main()
{
    int scores[10],max,i;                          //标识符尽量见名知意
```

---

① 时空开销通常用时间复杂度、空间复杂度来衡量，它们分别代表算法消耗的时间和存储空间。很多时候，时间和空间开销是"鱼与熊掌不可兼得"的关系，需要从中取一个平衡点。

```c
    printf("Please input the scores:");              //输入前的提示性信息
    for(i=0;i<10;i++)
        scanf("%d",&scores[i]);                      //语句缩进
    max=scores[0];
    for(i=0;i<10;i++)
    {
        if(max<scores[i])                            //语句缩进
            max=scores[i];                           //语句缩进
    }
    printf("max=%d\n",max);                          //输出最高分
    return 0;
}
```

2.4 用计算机解题的方法

用计算机解题的过程如图 2.5 所示,与日常生活中开展许多事务的流程是相同的。首先分析问题并确定要实现的目标,然后设计达成目标的算法,接着进行编程实现,最后对设计完成的代码进行测试。

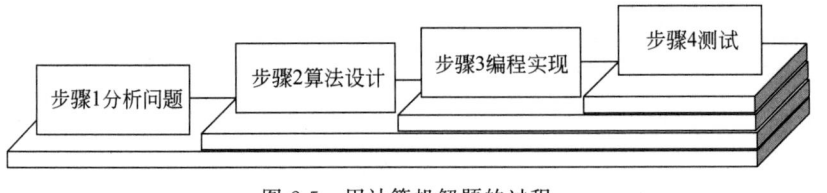

图 2.5 用计算机解题的过程

这里需要特别注意,无论问题多简单或多复杂,从问题提出到解决的过程都不能一蹴而就,必须经过分析、设计、编程实现及测试,才能达成目标。因此,"编程实现"只是用计算机解题的若干步骤中的一个环节,也就是说,用计算机解题并不等同于"编程实现"。

2.4.1 分析问题

无论对复杂问题还是简单问题,在分析阶段,都应至少解决以下问题:

(1)弄清楚问题的需求,包括解题的前提条件,以及解题的目标。

(2)明确问题将要处理的是什么样的数据,包括数据的类型、数据的来源是键盘输入还是磁盘文件读取等。

(3)明确解决问题后要得到什么样的数据,包括数据的类型、结果输出的形式等。例如,是输出到屏幕还是输出到磁盘文件。

(4)用符号标识问题的输入和输出数据,以便进行算法设计。

2.4.2 算法设计

算法设计即是描述从输入到输出的解题步骤。算法设计通常采用自顶向下设计(Top-down Design),逐步求精的方法,即将复杂问题分解成若干个子问题,再对子问题逐个细化,直至各个子问题获得解决为止。

例如,设计一个图书借阅系统的分解过程如图2.6所示。首先将系统划分为图书信息管理、读者信息管理、借书管理、还书管理四个功能。实现每个功能时,发现还需进一步分解才有利于系统实现,因此将图书信息管理功能再划分为添加图书、查询图书等四个子模块。按照同样的思路,其他功能也可分别分解为若干子模块,然后再分别描述子模块的求解步骤。对较复杂的求解步骤,可先描述其概要步骤,再对其中某些步骤进一步细化。如此逐层、逐个地进行定义、设计、编程和测试,直到所有层次上的问题均由程序解决为止。

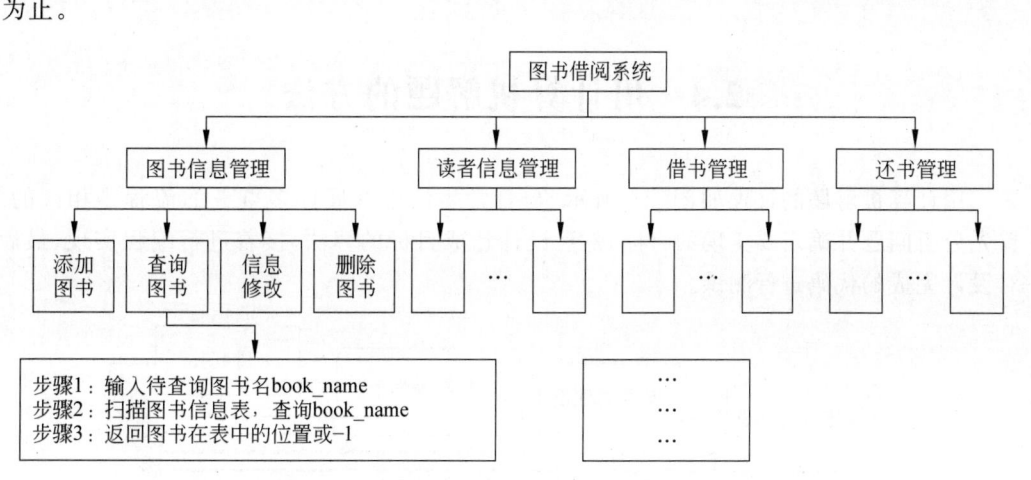

图 2.6 自顶向下设计一个简单的图书借阅系统

2.4.3 编程实现

有了详细的算法,就可以开始编程实现了。如果程序较大,可将其分解为若干个源文件、子模块,分别编写。例如,大型的编程项目通常由一组程序员共同完成,将项目的各模块分配给程序员组中的各个成员,就可以同时开发多个代码模块。为保证这些模块能成功地连接为一个整体,必须准确定义和实现各模块之间的交互。

2.4.4 测试及调试

程序编写完成后需进行测试,包括对每个模块的测试以及各模块的集成测试。注意,测试的目的是准确地、尽可能多地发现程序的错误。因此,设计测试数据时,应该考虑如下策略:

(1)应该有针对性,保证程序中所有的语句、控制结构(分支、循环)都能够被有效测试。

(2)应该有代表性,也就是说,测试的数据能发现普遍的错误,而不是针对一个错误反复地测试。例如,图 2.7(a)是找三个整数 x、y 和 z 的最大值的流程图,图 2.7(b)是为其设计的测试数据,其中,输出是预期的运行结果。请读者自行分析其测试策略。

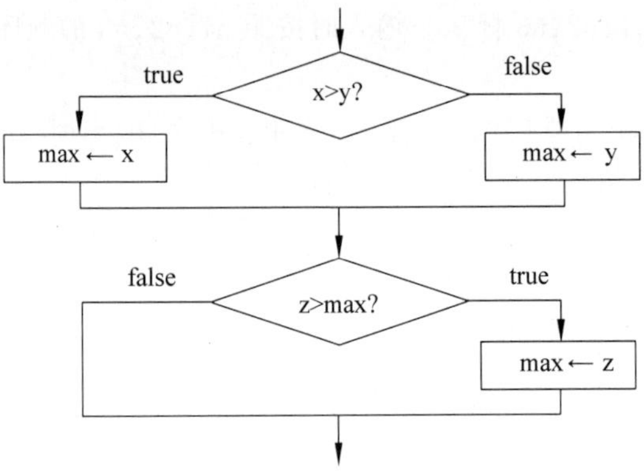

x	y	z	输出
2	3	5	5
5	3	2	5
1	1	1	1
0	0	1	1
1	0	0	1
0	1	0	1
6	6	0	6
0	6	6	6
6	0	6	6
−1	−2	−3	−1

(a) 找 x、y、z 最大值的流程图　　　　　　　(b) 测试数据表

图 2.7　找三个数的最大值流程及其测试数据表

在进行测试时,如果程序工作不正常,就必须调试。调试(debugging)是找出程序中的问题及更正错误的过程。一般来说,调试常采用如下操作:

(1) 插入断点。当程序在断点处暂停执行时,检查代码中变量的值。

(2) 单步执行代码。检查代码中变量值的变化情况。

(3) 加入额外的程序代码。例如输出一些信息,来确定程序中事件发生的顺序,检查程序执行时代码中变量值的变化情况。

2.5　案 例 研 究

下面结合一个具体实例来分析计算机解题的过程。

【例 2.1】　三个整数的排序问题。

排序是计算机程序设计中的一种重要操作,它是指将一组数据元素重新排列成一个按关键字有序的序列。排序有着广泛的应用场景。设想图书馆的图书都按某种排序方式有规律地摆放的情形,显然,排序有利于更快速地进行数据查询。在搜索引擎中,由于人们通常只关注搜索结果的前面若干个链接,所以,按照某种策略对搜索结果进行排序,将与用户的查询最相关的信息排列在前非常重要,可有效提升用户体验。

本问题的任务是:有三个整数,它们的值从键盘输入,将这三个整数按照从小到大的顺序排序,然后输出排序后的结果。例如:

输入:26 15 78
输出:15 26 78

现在按照问题分析→算法设计→编程实现→测试四个步骤解决该问题。

程序设计基础

1. 问题分析

本问题的目标是对任意三个整数从小到大排序,并输出排序的结果。问题中:

输入数据:三个输入数据分别用 n1、n2、n3 标识。输入时按照 n1、n2、n3 的顺序进行输入。

输出数据:按照 n1、n2、n3 的顺序输出排序结果。由于经过了排序,输出时 n1 应是三个数的最小值,n3 应是三个数的最大值。

数据类型:所有数据均为整型。

2. 算法设计

根据问题需求,概要算法描述为:

算法 三个整数排序
输入:$n1\ n2\ n3$
输出:排序后的 $n1\ n2\ n3$

```
1:  function Sort(n1, n2, n3)
2:      if n1 > n2 then
3:          交换 n1 和 n2 的值
4:      end if
5:      if n1 > n3 then
6:          交换 n1 和 n3 的值
7:      end if
8:      if n2 > n3 then
9:          交换 n2 和 n3 的值
10:     end if
11:     输出 n1 n2 n3
12: end function
```

其中,借助一个辅助变量 $temp$ 对步骤 3 进行细化,描述为:

```
31: if n1 > n2 then
32:     temp ← n1
33:     n1 ← n2
34:     n2 ← temp
35: end if
```

其他步骤 6、步骤 9 也按上述方法进行细化描述。

3. 编程实现

根据详细算法步骤,编写代码如程序 2.4 所示。

【程序 2.4】 三个整数的排序问题。

```
/*******************************
Program2.4: 对三个整数排序
written by Sky.
```

```
    12/10/2020. Copyright 2020
********************************/
#include <stdio.h>
int main()
{
    int n1,n2,n3,temp;
    scanf("%d%d%d",&n1,&n2,&n3);
    if(n1>n2)
    {
        temp=n1; n1=n2; n2=temp;              //如果 n1>n2,则交换 n1 和 n2 的值
    }
    if(n1>n3)
    {
        temp=n1; n1=n3; n3=temp;
    }
    if(n2>n3)
    {
        temp=n2; n2=n3; n3=temp;
    }
    printf("%d %d %d",n1,n2,n3);              //输出排序结果
    return 0;
}
```

4. 测试

为充分测试程序 2.4,设计如表 2.2 所示的测试数据。

表 2.2　测试数据表

测 试 组 数	测 试 数 据	数据设计策略	测 试 组 数	测 试 数 据	数据设计策略
1	2 3 4	数据初始有序	6	2 1 3	第三元素为最大值
2	4 3 2	数据初始逆序	7	-1 -2 -3	均为负整数
3	0 0 0	数据值全部相等	8	-1 -1 -2	前两个数相等
4	3 1 2	第一元素为最大值	9	-2 -1 -1	后两个数相等
5	1 3 2	第二元素为最大值			

输入测试数据,观察运行结果。对输出结果不符合预期的情况,根据 2.4.4 节的测试方法,排查程序中的问题,反复测试直至程序运行结果符合预期为止。

5. 案例小结

本案例通过三个整数排序问题,详细分析了用计算机解决问题的方法和步骤。

正如建筑施工必须进行建筑方案设计,机械零件加工必须进行工艺规程设计一样,用计算机解题,必须经过问题分析、算法设计、编程实现及测试环节。虽然有时因问题非常

简单,会非常快速地进入编程及测试环节,但大多数时候,都必须先梳理清楚问题需求,做好充分的设计,然后再进行编码和测试。

经过问题分析和算法设计,已经得到详细的数据定义和算法步骤,此时编写程序只需将算法步骤描述成对应的程序代码即可。注意,在编程时采用良好的编程风格,包括添加序言性注释,以及必要的功能性注释。另外,语句应在适当的地方缩进,以使代码的逻辑结构、层次结构清晰。

2.6 本 章 小 结

本章介绍了 C 程序的基本结构,讨论了用计算机解题的一般性方法和步骤。本章重在帮助读者认识 C 程序的整体框架,了解计算机解题过程中的分析、设计、编码等各环节的工作。

通过阅读本章,读者应该已经对 C 语言程序的框架有了总体认知,知道一个 C 程序是怎样运行的,也了解了用计算机解题的基本步骤。在下一章中,将详细讨论 C 语言的各种语言要素,帮助读者掌握开发 C 程序所需要的基本知识体系和技术。

2.7 习　　题

1. 为什么要养成良好的编码习惯? 你认为良好的编码习惯有哪些?

2. 一个 C 程序是由哪些部分构成的?

3. 为什么 C 语言要引入头文件机制?

4. 在 C 程序中,一个函数(非 main()函数)如果不被调用,就不会执行。这种说法对吗?

5. 算法设计:一个小球从某一高度 h(单位为 m)落下,每次落地后反弹回原高度的一半后再落下,现需要计算第 n 次落地时,小球共经过了多少距离? 用流程图描述本题的算法。

6. 编写程序,任意输入两个浮点数,交换它们的值,然后输出交换以后的结果。

第3章

简单的 C 程序

本章导读

任何一门高级语言都有其自身的一套语法规范,它是用高级语言编程的技术基础,也可以说是一套必备的编程工具。

在编程时,需要解决的问题包括如何对程序中的变量、函数命名? 如何将程序要处理的数据放到计算机的内存中? 设想一个学生的成绩是一个整数,一个班的平均分是浮点数,一个人的名字是一个字符串,这些不同类型的数据在计算机的内存中如何存储? 我们对不同类型的数据又能进行哪些操作呢? 另外,数据处理是计算机程序的一个非常重要且核心的任务,那么,程序怎样获得需要处理的数据? 又该如何输出那些运算的结果呢?

凡此种种编程的基本问题,都需要我们打开 C 语言的工具箱,学习其基本的编程知识。

本章主要内容

- 标识符。
- 程序中的常量与变量。
- 简单数据类型:整型、浮点型、字符型。
- 常用运算符。
- 使用表达式。
- 进行数据的输入和输出。

3.1 标 识 符

标识符是程序中的变量、常量、函数、数据类型等任何用户自定义项目的名字。C 程序标识符的定义规则为:

(1) 标识符是以字母或下画线开始的,由字母、数字和下画线所构成的字符串。其中,字母包括 A~Z 或 a~z,数字包括 0~9。

(2) 标识符对大小写敏感,即严格区分大小写。例如,book 和 BOOK 是两个不同的

程序设计基础

标识符。一般对变量名用小写字母,符号常量命名用大写字母。

(3) 不能把 C 语言的关键字[1]作为自定义的标识符。

以上是定义 C 语言标识符必须遵循的规则。如果标识符的命名不符合以上规则,会引起程序编译出错。

此外,在实际开发中还有一些约定俗成的标识符命名规范[2]。例如,标识符的命名应"见名知意",用 length 表示长度,用 sum 表示求和,用 age 表示年龄等。虽然这不受语法约束,但遵守这些规范会增加程序的可读性。

3.2 变　　量

1. 定义变量

程序运行时所使用的数据都必须放在计算机的内存中。运行程序时,从内存中读取存放的数据进行处理。进一步地说,程序必须能够把数据存储在内存中,才能对数据进行处理。那么,如何才能将数据放入内存呢?

变量(variable)是指程序运行中其值可以被改变的量。变量是程序操作计算机内存的一种手段。程序可以通过定义变量来申请内存空间,从而将待处理的数据放入内存。

程序 3.1 表明了变量的用法及含义。

【**程序 3.1**】 变量的定义及使用。

```
#include <stdio.h>
int main()
{
    int score;                        //定义一个 int 型变量,其名称为 score
    score=92;
    printf("My score is %d.",score);
    return 0;
}
```

本例程序在 main()函数中定义了一个变量 socre。

定义变量的方法为:

```
int score;                        //定义一个 int 型变量,其名称为 score
```

定义变量时,每个变量都有一个名字,这个名字是合法的 C 语言标识符,也是所申请到的内存空间的代名词。同时,还必须声明变量的数据类型,它表明了申请的内存空间的

---

[1]　在程序 2.2 中讨论过关键字,可以前往该程序对照查看。

[2]　2.3 节也讨论过标识符的命名规范问题。

大小,以及我们能对变量执行什么样的操作。根据数据类型不同,分配给变量的内存空间可能为 1、4、8 或更多字节。

例如,程序 3.1 中定义了一个名为 score 的变量,同时声明了 score 的数据类型为 int,它表明程序申请一个 int 型数据的内存空间,以便能将一个 int 型的数值放入内存。

一旦声明了变量,程序就可通过变量名来引用所申请的内存空间。例如:

```
score=92;
```

该语句是将整数 92 写入变量 score 所标识的内存空间。

再如:

```
printf("My score is %d.",score);
```

该语句是读取变量 score 所标识的内存空间中的数据,用 printf()函数将其输出到显示器上。

注意,变量的值之所以可变,是因为变量名所标识的内存空间既可读(读取内存中变量的值)、又可写(往变量的内存空间写入数据)。

2. 变量必须先定义,后使用

在程序中使用变量时,就是对变量进行读或写,本质都是访问变量的内存空间。因此,使用变量前,必须先定义变量,为其分配存储空间。可以说,定义变量是程序使用内存进行数据操作的前提。

3. 变量的初始化

可以在定义变量的同时赋给其初始值,这称为变量的初始化,也可以先定义,再赋予其初始值。相同数据类型的变量可以同时定义,中间用逗号分开,最后一个变量名之后必须以分号结尾。如下变量定义及初始化都是合法的。

```
int cols=3,rows=5;              //定义变量的同时初始化
int C_score;
C_score=89;                     //先定义,再初始化
```

注意,在初始化时不允许连续赋值,如下操作是不合法的。

```
int a=b=c=5;                    //不合法的初始化方法
```

一般地,变量使用前必须赋初值,否则变量的值是不确定的。可以执行以下代码,观察和分析输出的结果。

```
int number;
printf("%d",number);           //输出未初始化的变量 number,其值是不确定的
```

程序设计基础

3.3 数据类型

在定义变量时,指定变量的数据类型(data type)。数据类型决定了数据在内存中的存储形式以及能对数据实施什么样的运算。

内置数据类型(built-in data type)是编程语言提供给程序员直接使用的数据类型,也称基本数据类型(primitive type)。C 语言的基本数据类型及其能够实施的常见运算如表 3.1 所示。

表 3.1 C 语言的基本数据类型及其能够实施的运算

数据类型	能够实施的运算
整型	算术运算:+、−、*、/、%
	赋值运算:=、+=、−=、*=、/=、%=
字符型	关系运算:>、<、>=、<=、==、!=
	其他运算:sizeof()、位运算、逻辑运算等
浮点型	算术运算:+、−、*、/
	赋值运算:=、+=、−=、*=、/=
	关系运算:>、<、>=、<=、==、!=
	其他运算:sizeof()、逻辑运算等

以下讨论 C 语言的几种基本数据类型。每种类型都分别从常量、变量两方面进行讨论。

3.3.1 整型

1. 整型常量

常量是指在程序执行时,其值不会发生改变的量。C 程序中的整型常量有十进制、八进制、十六进制三种。

(1) 十进制整型常量。

其数码为 0~9,以下都是合法的十进制整型常量。

```
237    −568   65535   1627    0
```

(2) 八进制整型常量。

带前缀 0 的整型常量为八进制常量,其数码为 0~7。八进制常量通常是无符号数。以下都是合法的八进制整型常量。

```
015    0101   0177777
```

(3) 十六进制整型常量。

带前缀 0X 或 0x 的整型常量为十六进制常量,其数码为 0~9、A~F 或 a~f。十六进

第 3 章 简单的 C 程序 45

制常量通常是无符号数。以下都是合法的十六进制整型常量。

```
0X2A    0XA0    0XFFFF
```

（4）整型常数的后缀。

对整型常数的取值范围，取决于数据所占用的字节数，不同的编译器有自己的内部限定。例如，如果 C 语言编译器为整型分配 4 字节，其允许的整数值的范围如下：

```
十进制无符号数的范围:0~4294967295
十进制有符号数的范围:-2147483648~2147483647
```

如果使用的数超出了上述范围，可以用长整型数表示。长整型的常量用后缀 L 或 l 来表示。例如：

```
十进制长整型常量:162L      341000L
八进制长整型常量:012L      077L      0200000L
十六进制长整型常量:0X15L    0XA5L     0X10000L
```

长整数 162L 与基本整型常量 162 在数值上并无区别，但由于 162L 是长整型量，编译器将为它分配 8 字节的存储空间，而对基本整型 162 只分配 4 字节存储空间，所以在运算和输出格式上都应予以区分。

无符号数也可用后缀表示，整型常数的无符号数的后缀为 U 或 u。例如，下面的 358u 为十进制无符号整数，0x38Au 是前缀、后缀同时使用，它表示十六进制无符号整数，235Lu 表示十进制无符号长整数。

```
358u    0x38Au    235Lu
```

2. 整型变量

（1）整型数据的类型。

C 语言中提供的整型数据类型如表 3.2 所示，其中给出了 Dev C++ 下各种整型及其取值范围的描述。各类整型数据间的本质差异是它们占用的存储空间大小各不相同，这直接影响了它们的取值范围。例如，在 Dev C++ 中，短整型在内存中占 2 字节，因此其取值范围为 -32768~32767。

表 3.2　C 语言的整型数据

类型声明符	描　　述	字节数	数　值　范　围	
［signed］**int**	基本整型	4	-2147483648~2147483647	$-2^{31} \sim (2^{31}-1)$
unsigned ［int］	无符号整型	4	0~4294967295	$0 \sim (2^{32}-1)$
［signed］**short** ［int］	短整型	2	-32768~32767	$-2^{15} \sim (2^{15}-1)$
unsigned short ［int］	无符号短整型	2	0~65535	$0 \sim (2^{16}-1)$

续表

类型声明符	描　　述	字节数	数　值　范　围	
[signed]**long** [int]	长整型	4	$-2147483648 \sim 2147483647$	$-2^{31} \sim (2^{31}-1)$
unsigned long [int]	无符号长整型	4	$0 \sim 4294967295$	$0 \sim (2^{32}-1)$
[signed]**long long** [int]	64 位长整型	8	—	$-2^{63} \sim (2^{63}-1)$
unsigned long long [int]	无符号 64 位长整型	8	—	$0 \sim (2^{64}-1)$

注：类型声明符[]中的关键字为可省略项。

对各种数据类型所占用存储空间的大小，不同的编译器有不同的内部限定[①]。一般来说，short 型不会比 int 型占的字节数多，long 型不会比 int 型占的字节数少。

在编程时，程序员应首先了解所使用编译环境，再根据实际问题的数据范围，选用合适的数据类型。程序 3.2 是用 sizeof()查看 Dev C++ 环境下各种整型所占用的字节数。

【**程序 3.2**】　用 sizeof()查看 Dev C++ 整型的字节数。

```c
#include <stdio.h>
int main()
{
    printf("sizeof([signed]int)=%d\n",sizeof(signed int));
    printf("sizeof([signed]short)=%d\n",sizeof(signed short));
    printf("sizeof([signed]long)=%d\n",sizeof(signed long));
    printf("sizeof([signed]long long)=%d\n",sizeof(signed long long));
    printf("sizeof(unsigned int)=%d\n",sizeof(unsigned int));
    printf("sizeof(unsigned short)=%d\n",sizeof(unsigned short));
    printf("sizeof(unsigned long)=%d\n",sizeof(unsigned long));
    printf("sizeof(unsigned long long)=%d\n",sizeof(unsigned long long));
    return 0;
}
```

程序 3.2 的运行结果如下：

```
sizeof([signed]int)=4
sizeof([signed]short)=2
sizeof([signed]long)=4
sizeof([signed]long long)=8
sizeof(unsigned int)=4
sizeof(unsigned short)=2
sizeof(unsigned long)=4
sizeof(unsigned long long)=8
```

① 　不同的编译器支持的 C 标准可能不一样，因此其支持的数据类型也有差异。例如，Visual Studio C++ 6.0 不支持 long long int 数据类型。

第 3 章　简单的 C 程序　　**47**

（2）什么是数据溢出？

数据溢出是程序运行时可能发生的错误，一般是由于数的取值超出了其数据类型的表示范围。

程序 3.3 示例了发生数据溢出的情况。

【**程序 3.3**】　数据溢出问题。

```c
#include <stdio.h>
int main()
{
    int n=14,fac=1,i;
    for(i=1;i<=n;i++)
    {
        fac *=i;
        printf("%2d!=%-11d",i,fac);
        if(i%4==0) printf("\n");
    }
    return 0;
}
```

该程序的运行结果如下：

1!=1	2!=2	3!=6	4!=24
5!=120	6!=720	7!=5040	8!=40320
9!=362880	10!=3628800	11!=39916800	12!=479001600
13!=1932053504	**14!=1278945280**		

程序 3.3 的运行环境为 Dev C++，其 int 类型所占的字节数为 4 字节。可见，在计算 13、14 的阶乘时，运行结果出错（这里将其加粗显示），这是因为它们的阶乘值超出了 int 所能存储的最大的正整数，因此发生数据溢出。为此，将程序 3.3 改写为程序 3.4。

【**程序 3.4**】　计算整数 1～14 的阶乘。

```c
#include <stdio.h>
int main()
{
    double n=14,fac=1;
    int i;
    for(i=1;i<=n;i++)
    {
        fac *=i;
        printf("%2d!=%-13.0lf",i,fac);
        if(i%4==0) printf("\n");
    }
```

程序设计基础

```
        return 0;
    }
```

程序 3.4 的运行结果为：

1!=1	2!=2	3!=6	4!=24
5!=120	6!=720	7!=5040	8!=40320
9!=362880	10!=3628800	11!=39916800	12!=479001600
13!=6227020800	14!=87178291200		

在程序 3.4 中换用 double 类型来计算整数的阶乘值。由于在 Dev C++ 中，double 占用 8 字节，因此解决了程序 3.3 中的溢出问题。注意，编译器对运行结果溢出的情况无法报错和报警，只有在程序运行过程中才可能出现溢出，并导致无法预知的运行结果，因此，必须在问题分析阶段注意选取合适的数据类型，防止数据溢出的情况发生。

3.3.2 浮点型

1. 浮点型常量

浮点型也称为实型，浮点型常量（floating-point number）也称为实数（real number）。在 C 语言中，浮点型常量有两种描述形式：十进制小数形式与指数形式。

（1）十进制小数形式。

由数码 0～ 9 和小数点组成。以下均为合法的实数：

```
0.0    251.0    53.76    0.37    -7.9    4.    -267.294    10.
```

其中，数字 4.、0.0 和 10. 也是合法的实数，其小数点前（或后）省略的数字为 0。

一般地，浮点型常量默认为 double 类型的数据，也可以在浮点型常量的末尾添加一个 f 或 F，表明其是一个 float 型常量，以区别于 double 类型。

例如，以下声明并初始化了两个浮点型变量 area 和 maxsize：

```
float area=4.6f;              //4.6f 是 float 类型的常量
double maxsize=12E15;         //12E15 是 double 类型的常量
```

（2）指数形式。

浮点数也可以写成指数形式，类似于科学计数法。表 3.3 是浮点型常量的十进制小数形式、指数形式及其对应描述。

表 3.3 C 语言的浮点数表示法

十进制小数形式	指 数 形 式	指数形式的描述
572.91	5.7291e2	5.729×10^2
12345.	1.2345e4	1.2345×10^4

续表

十进制小数形式	指 数 形 式	指数形式的描述
-0.003219	$-3.219\text{e-}3$	-3.219×10^{-3}
.004562	$4.562\text{e-}3$	4.562×10^{-3}

在指数形式中,字母 e 代表指数(exponent)。字母 e 的前后都必须有数字,e 后面的数字称为阶码,阶码只能是整数,可以带符号。字母 e 也可以是大写 E。

注意,以下指数形式是不合法的:

E5:字母 E 之前无数字
123.-E4:负号的位置不对
2.7E:字母 E 之后无数字

2. 浮点型变量

浮点型变量只能存储浮点数。C 语言的浮点型变量有单精度(float)、双精度(double)和长双精度(long double)三种类型。与整数一样,不同的浮点型变量在内存中所占的字节数取决于编译器。在某些编译器上,float 型变量占 4 字节,有效位数为 7 位,double 型变量占 8 字节,有效位数为 15 位。如果问题中有更精确、更大范围的数,则可以使用 long double 型。

表 3.4 是三种浮点类型及其取值范围的描述。

表 3.4　C 语言的浮点类型及相关描述

类型声明符	描述	字节数	数 值 范 围	有效位数
float	单精度	4	$-3.4\times10^{38}\sim 3.4\times10^{38}$	6～7
double	双精度	8	$-1.7\times10^{308}\sim1.7\times10^{308}$	15～16
long double	长双精度	16	$-1.2\times10^{4932}\sim1.2\times10^{4932}$	18～19

浮点型变量的定义形式与整型变量相同。以下是定义浮点型变量的示例:

```
float x,y;                    //x,y 为单精度浮点型变量
double a,b,c;                 //a,b,c 为双精度浮点型变量
```

3.3.3　字符型

1. 字符常量

字符常量是用单引号括起来的单个字符,例如,以下均是合法的字符常量。

```
'a'   'b'   '='   '+'   '?'
```

C 语言的字符常量具有以下特点:

（1）字符常量只能用单引号括起来，不能用双引号或其他括号。

（2）字符常量只能是单个字符。

一般地，字符常量以 ASCII 码的形式存储在计算机中。ASCII 码（American Standard Code for Information Intercharge）是一个包含 256 个代码的字符集。其中，每个字符对应一个 ASCII 码，每个 ASCII 码占 1 字节（8 比特）。

例如，字符'a'的 ASCII 码为 01100001，对应十进制的整数 97，其存储形式如下：

'a'	0	0	1	1	0	0	0	0	1

ASCII 码表见附录 A。

2. 转义字符

转义字符也称为转义序列（escape sequence），是一种特殊的字符常量。转义字符以反斜线字符（\）开头，后跟一个或几个字符。转义字符具有特定的含义，不同于反斜线后字符的原有意义，故称转义字符。例如，以下 printf()函数的格式串中的\n 就是一个转义字符，其含义是"回车并换行"。

```
printf("%.0lf!=%.0lf\n",i,fac);
```

C 语言的转义字符如表 2.1 所示。

3. 字符变量

字符变量用来存储字符常量，即存储单个字符。

字符变量的类型声明符是 char。以下定义了两个字符变量 a 和 b：

```
char a,b;
```

每个字符变量被分配一字节的内存空间，用于存放单个字符值。字符值以 ASCII 码的形式被存放到字符变量的内存单元中。

例如，以下语句将字符常量'k'和'q'分别赋给字符变量 a 和 b：

```
a='k';
b='q';
```

由于字符'k'的 ASCII 码是 01101011（十进制 107），字符'q'的 ASCII 码是 01110001（十进制 113），因此，以上语句实际上是将十进制整数 107 和 113 分别存放到变量 a、b 的内存单元中，存储形式为：

变量 a	0	1	1	0	1	0	1	1
变量 b	0	1	1	1	0	0	0	1

因此，也可以把 char 型变量 a、b 分别看成是一个整型量。允许将整型值赋给字符型变量，也允许将字符值赋给整型变量。程序 3.5 示例了字符变量的这一特性。

第 3 章　简单的 C 程序　51

【程序 3.5】　对字符变量的基本操作。

```c
#include <stdio.h>
int main()
{
    char a,b;
    a=97;
    b=98;
    printf("a=%c,a=%c\n",a,b);        //语句①:以字符形式输出两个字符变量
    printf("a=%d,a=%d",a,b);          //语句②:以整数形式输出两个字符变量
    return 0;
}
```

程序 3.5 的运行结果为:

```
a=a,a=b
a=97,a=98
```

　　程序 3.5 中定义了 a 和 b 两个字符型变量,分别将它们赋给整型值 97、98。语句①用格式符%c 输出变量 a 和 b 的字符形式,语句②用格式符%d 输出变量 a 和 b 的整数形式,此时输出的是它们的 ASCII 码。

　　由于字符型变量中存储的是字符的 ASCII 码值,因此,字符变量也可用于数值运算①,此时是用它的 ASCII 码值参与运算。程序 3.6 示例了这一操作方法。

【程序 3.6】　字符变量参与数值计算。

```c
#include <stdio.h>
int main()
{
    char a,b;
    a='a';                            //'a'的 ASCII 码为 97
    b='b';                            //'b'的 ASCII 码为 98
    printf("before: a=%d,b=%d\n",a,b);
    a=a-32;                           //语句①:将变量 a 的值修改为 65
    b=b-32;                           //语句②:将变量 b 的值修改为 66
    printf("after: a=%c,b=%c",a,b);
    return 0;
}
```

───────────────

　　①　char 型变量存储的整数可以表示为带符号数或无符号数,这与所使用的编译器相关。如果表示为无符号数,则 char 型变量存储的整数范围为 0～255;若为带符号数,则其存储的整数范围为−128～127。在将 char 型变量看成整数进行运算时,必须保证所操作的值在其可存储的值域内。

程序 3.6 的运行结果为:

```
before: a=97,b=98
after: a=A,b=B
```

本例中,变量 a 和 b 被声明为字符变量,并分别赋给字符值'a'和'b',此时,变量 a 中存放着字符'a'的 ASCII 码 97,变量 b 中存放着字符'b'的 ASCII 码 98。在语句①、语句②中,分别用变量 a 和 b 的值减去 32,这种操作是合法的,实际是将它们存储的 ASCII 码分别修改为 65、66,由此得到字符'A'、字符'B'的 ASCII 码。

4. 字符串常量

字符串是一种十分常用的数据类型,许多应用场景中的数据都是字符串形式,例如人名、单位地址、身份证号码、书籍的出版社等。在开发处理这类数据的系统时,就需要使用字符串。

字符串常量是由一对双引号括起的字符序列,序列中可以包含 0 个或若干个字符。例如,以下都是合法的字符串常量:

```
"CHINA"   "C Language"   "+8618002110203"   "A"
```

字符串常量在内存中存储时,除了其本身包含的每个字符要占用一字节外,系统还在其最后一个字符的末尾增加一个字符\0(ASCII 码为 0),作为字符串的结束标志,因此,一个字符串所占用的字节数等于该字符串的字符数加 1。

例如,字符串"C Language"在内存中的存储形式如下,在最后一个字符 e 之后补了字符\0,因此该字符串包含 10 个字符,但实际占用 11 字节。

C		L	a	n	g	u	a	g	e	\0

再来比较一下字符常量'a'和字符串常量"a"的区别,两者在内存中的存储形式如下:

'a' | a | "a" | a | \0 |

可见,虽然两者都只含一个字符,但其存储却完全不同,'a'在内存中占 1 字节,"a"则占 2 字节。

3.4 运 算 符

C 语言提供了丰富的运算符,这些运算符的操作对象称为操作数。将不同的运算符和操作数组合起来,可构造出十分灵活、多样的表达式,这也是 C 语言的主要特点之一。

表达式(expression)是由运算符、常量、变量、函数调用所构成的式子,例如,以下都是合法的 C 语言表达式:

```
a+b-c
x-20/15*(p-q)
(x+y)*(m-n)/(sqrt(a*a+b*b)+sin(5))
```

注意,分式表达式的分子和分母都写在同一行上,因此,必须仔细考虑运算优先级的问题。一般来说,表达式通过小括号来明确优先级。无论有多少层括号,应该全部都是小括号。

每个表达式都有其值和类型。表达式求值按运算符的优先级、结合性两方面所规定的顺序进行。

C语言的运算符都有其优先级和结合性。在表达式求值时,各运算符按其优先级从高到低的顺序依次计算,如果两个运算符的优先级相同,则按它们的结合性要求进行计算。

1. 运算符的优先级

C语言运算符的优先级共分为15级。1级最高,15级最低。在表达式中,优先级较高的先于优先级较低的进行运算。例如,如下表达式:

```
1+2*3
```

其中,运算符乘(*)的优先级为3,加(+)的优先级为4,乘的优先级更高,因此先计算 $2*3$,再计算 $1+6$ 。

但表达式中还可能出现一个操作数两侧的运算符优先级相同的情况,例如:

```
1+2-3
```

其中,运算符加(+)和减(-)的优先级同为4,此时应先计算加还是减呢? 这就需要考虑运算符的结合性了。

2. 运算符的结合性

C语言的表达式中,当一个操作数两侧的运算符优先级相同时,则按运算符的结合性来确定表达式的计算顺序。C语言运算符的结合性分两种,即左结合性(自左至右)和右结合性(自右至左)。

例如,对以下表达式:

```
1+2-3
```

操作数2左侧的+、右侧的-的优先级同为4,因此考虑它们的结合性。算术运算符是左结合的,因此,2先与其左侧的+结合,即先计算 $1+2$,再与-结合,执行-3运算。这种自左至右的结合过程称为左结合性。

相对地,自右至左的结合方向称为右结合性。典型的右结合运算符是赋值运算符。

例如,对表达式:

程序设计基础

```
int x=10,y;
y=x=20;
```

以上定义了变量 x,其初始值为 10,对表达式"y=x=20",由于赋值运算符(=)是右结合的,因此先执行"x=20",再执行"y=x",这样,执行该表达式后,变量 x 和 y 的值均为 20。

C 语言中大多数运算符都是左结合的,只有单目运算符、赋值运算符、条件运算符是右结合的。

运算符的优先级和结合性见附录 C。

3.4.1 算术运算符

C 语言的算术运算符有+、-、*、/、%,它们的运算规则如表 3.5 所示。

表 3.5　C 语言的算术运算符及运算规则

运算符	符号描述	操作描述	优先级	结合性
+	加	双目运算符,即应有两个操作数参与加法运算	4	左结合
-	减	双目运算符,但也可作负值运算符,此时为单目运算	4	左结合
*	乘	双目运算符,即应有两个操作数参与乘法运算	3	左结合
/	除	双目运算符,如果参与运算的操作数均为整型,结果也为整型,舍去小数;如果操作数中有一个是实型,则结果为双精度实型	3	左结合
%	取余	双目运算符,要求参与运算的操作数均为整型,运算结果为两操作数相除后的余数	3	左结合

程序 3.7 是一个用算术运算符进行计算的例子。

【**程序 3.7**】　算术运算符的基本操作。

```
int main()
{
    int x=9,y=2,z1,z2,z3;
    double z4;
    z1=x+y-4;
    z2=x*y+y/5;                    //语句①
    z3=x%y;                        //语句②
    z4=(x+y)/2.0;                  //语句③
    printf("%d %d %d %.2lf",z1,z2,z3,z4);
    return 0;
}
```

程序 3.7 的运行结果为:

第 3 章　简单的 C 程序　　55

```
z1=7 z2=18 z3=1 z4=5.50
```

本例中：

对语句①的表达式 x * y+y/5，先计算其优先级高的 * 和/，再计算＋。其中，y/5 的值为 0，因此表达式 x * y+y/5 的值为 18。

语句②的表达式 x%y 是 x 与 y 相除，取其余数，因此该表达式值为 1。注意，%运算符要求其两边的操作数均为整数，否则会发生编译错误。如下表达式是错误的：

```
float x=3.0,y=6.0,z;
z=x%y;                                           //本语句编译会报错
```

另外，对取余运算符，无论其两个操作数是否同号，其结果总是与左操作数的符号相同。例如：

```
45%-7的值为3
-45%7的值为-3
-45%-7的值为-3
```

语句③的表达式（x+y）/2.0 是将 x 与 y 相加，将其结果除以 2.0，即 11/2.0，由于/运算符的右操作数是浮点数，因此结果为双精度浮点数 5.50。

3.4.2　赋值运算符

1. 赋值运算符(=)

赋值运算符(＝)是最常用的运算符之一，由＝连接的式子称为赋值表达式，其一般形式为：

```
变量=表达式
```

以下都是合法的赋值表达式：

```
x=a+b
w=sin(a)+sin(b)
```

赋值表达式的功能是计算＝右边的表达式的值，再将其赋给左边的变量。赋值表达式的值就是赋值运算符左边的变量的值，例如：

```
z=3+5
```

以上赋值表达式先计算 3+5 的值，然后赋给 z，此时，z 的值为 8，整个表达式的值也为 8。

需要特别注意的是，赋值运算符本质是进行了一个"写内存"的动作，因此，使用＝，可能引起其左边变量的值发生改变。

程序设计基础

由于赋值运算的本质是写内存,因此要求其左边的操作数必须标识了一个内存空间。例如,赋值运算符的左边是一个变量名(因为变量名标识了该变量对应的内存空间),而不能是一般的表达式或常量。因此,以下赋值表达式都是不合法的。

```
x+5=10                                    //不合法的表达式
x-y=2                                     //不合法的表达式
x+y=5                                     //不合法的表达式
```

上述表达式都不合法,因为=运算符的左边并非合法的内存空间,无法执行写内存操作。

赋值运算符具有右结合性。对以下语句:

```
int x=10,y;
y=x=20;
```

可理解为:

```
y=(x=20)
```

因此执行上述语句后,x 的值为 20,y 的值也是 20。

赋值表达式可以与其他表达式相组合,构成更复杂的表达式,例如:

```
x=(a=5)+(b=8)
```

该表达式是把 5 赋给 a,8 赋给 b,再将表达式(a=5)和(b=8)相加,也就是 5+8,结果赋给 x,故 x 的值为 13。

C 语言规定,任何表达式在其末尾加上分号就构成为语句。因此,在赋值表达式的末尾加上分号,即构成一条赋值语句,例如,以下都是赋值语句。

```
x=8;
a=b=c=5;
```

2. 复合赋值运算符

在赋值运算符=之前加上其他双目运算符,可构成复合赋值运算符。

C 语言赋值运算符有:

```
+=   -=   *=   /=   %=   <<=   >>=   &=   ^=   |=
```

复合赋值运算符的一般形式为:

```
变量 双目运算符 = 表达式
```

它等价于:

变量 = 变量 双目运算符 表达式

例如:

```
a-=8   等价于  a=a-8
x*=y+7 等价于  x=x*(y+7)
r%=p   等价于  r=r%p
```

复合赋值运算符可以看成是赋值运算的一种缩写,它的书写形式简单,可以使代码更加简洁。

3.4.3 强制类型转换

一般来说,赋值运算符左右两边操作数的数据类型应该完全相同。如果其两边的数据类型不相同,系统将进行自动类型转换,把赋值运算符右边的类型转换成左边的类型。由于这种转换是由编译器按一定的规则自动完成的,因此称为隐式类型转换[①](implicit type conversion)。

程序员也可根据需要进行显示转换,即强制类型转换,其形式为:

(类型声明符)(表达式)

强制类型转换的功能是把表达式的结果显示转换成类型声明符所表示的类型。通常,在赋值操作中,或在多种不同类型的表达式混合运算时,可根据需要进行强制类型转换。

以下是几个强制类型转换的例子:

```
int x=(int)2.5;              //把2.5转换为int型
double y=(double)(4+9)/2;    //把(4+9)转换为double型
int q=(int)7.5+32;          //把7.5转换为int型,与整数32进加法运算
```

3.4.4 关系运算符

在程序中经常需要比较两个操作数的大小关系,进而决定程序下一步的工作。C语言提供了6种关系运算符,用于比较两个操作数的值,分别是:

```
<   <=   >   >=   ==   !=
```

关系运算符的运算规则及其相关描述如表3.6所示。

---

① 我们不在这里详细讨论隐式类型转换的规则,因为它与编译系统紧密相关。另外,类型转换一般都伴随着数据精度的变化,因此也不建议读者不加任何干预地直接使用隐式类型转换。

程序设计基础

表 3.6　C 语言的关系运算符

运算符	操 作 描 述	优先级	结合性
<	双目运算符,左操作数是否小于右操作数	6	左结合
<=	双目运算符,左操作数是否小于或等于右操作数	6	左结合
>	双目运算符,左操作数是否大于右操作数	6	左结合
>=	双目运算符,左操作数是否大于或等于右操作数	6	左结合
==	双目运算符,左操作数是否等于右操作数	7	左结合
!=	双目运算符,左操作数是否不等于右操作数	7	左结合

可以用关系运算符构造关系表达式。例如,如下都是关系表达式:

```
(a+b)>(c-d)        x>3/2        a!=c        j==(k+1)
```

关系表达式的值是"逻辑真"或"逻辑假"。在 C 语言中,通常用整数 1 表示"逻辑真",用整数 0 表示"逻辑假"。程序 3.8 是一个用关系运算符进行计算的例子。

【程序 3.8】　关系运算符的基本操作。

```c
int main()
{
    int x=9,y=2,z1,z2,z3,z4;
    char ch1='t',ch2='e';
    z1=(x+5)>(y+20);                          //语句①
    z2=(x==y);                                //语句②
    z3=(x!=y);                                //语句③
    z4=ch1>ch2;                               //语句④
    printf("z1=%d z2=%d z3=%d z4=%d",z1,z2,z3,z4);
    return 0;
}
```

程序 3.8 的运行结果为:

```
z1=0 z2=0 z3=1 z4=1
```

其中:

语句②首先判断 x 和 y 是否相等,因其结果为真,故将整数 1 赋给变量 z2,令 z2 的值为 1。

这里应该特别注意,一定要严格区分关系运算符(==)与赋值运算符(=)。前者用于判断两个操作数是否相等,而后者则是执行写内存的操作,两个运算符的形式上较相似,但其运算规则和结果却是本质的不同。

例如,如果将语句②改为:

```
z2=(x=y);
```

该语句先将 y 的值赋给 x,然后将赋值表达式(x=y)的值赋给 z2。语句执行后,x、y 和 z2 的值都是 2。

程序 3.8 的语句④比较了字符变量 ch1 和 ch2 的大小,将比较的结果(这里是 1)赋给变量 z4。对字符型数据执行关系运算是合法的,比较大小时,是用 ch1 和 ch2 存储的 ASCII 码参与运算。

读者可自行分析程序 3.8 中语句①、语句③的执行情况。

C 语言中,关系运算符的运算结果是逻辑真或假,是用整数 1 或 0 来表示的,因此,一个关系表达式可以嵌入另一个表达式中,此时是用其值(1 或 0)来参与计算。例如:

```
k=(5>4)+12;
```

执行这条语句后,k 的值为 13,这是因为其中表达式(5>4)的值为 1。

这种用法令 C 语言的表达式形式更加灵活,但也容易导致一些不合逻辑的错误。例如,用以下表达式表达分数 score 在区间[80,90]中,但该表达式是不合逻辑的:

```
90>=score>=80            //一个不合逻辑的表达式
```

对以上表达式:

(1) 如果 score 为 75,则先计算 90>=score 为真,其值为 1,然后计算 1>=80,其结果为假。

(2) 如果 score 为 150,则先计算 90>=score 为假,其值为 0,然后计算 0>=80,其结果为假。

显然,无论 score 的值为多少,该表达式的值始终为假,这是因为其左边的表达式(90>=score)的结果是一个逻辑值(1 或 0),判断该逻辑值是否>=80,其结论必然为假。可见,该表达式并不符合逻辑,不能表达"score 既大于或等于 80,又小于或等于 90"的条件。

需要注意的是,虽然该表达式不符合逻辑,但编译器并不会报错,不过程序的运行结果很可能不符合预期。

为了描述这种多个条件并列的情况,可以借助 3.4.5 节的逻辑运算符来实现。

3.4.5　逻辑运算符

在某些问题中,仅根据一个条件不足以做出判断,需要根据多个条件来进行决策。

例如,如果学生的成绩 80≤score≤90,则评定其成绩为良好,为此,需要以下两个条件同时成立,即

```
(score>=80) 并且 (score<=90)
```

也有其他组合方式,例如,如果购票者是老人或儿童,这两个条件中任一个成立即可

程序设计基础

享受票价优惠政策,即

(passenger 是老人) 或者 (passenger 是小孩)

C 语言中提供了三种逻辑运算符,分别是逻辑与(&&)、逻辑或(||)、逻辑非(!),可以用它们来构造更为复杂的逻辑表达式。逻辑运算符的运算规则及相关描述如表 3.7 所示。

表 3.7 C 语言的逻辑运算符

运算符	描述	运 算 规 则						优先级	结合性
&&	逻辑与 双目运算符	a	b	a&&b	a	b	a&&b	11	左结合
		0	0	0	1	0	0		
		0	1	0	1	1	1		
||	逻辑或 双目运算符	a	b	a||b	a	b	a||b	12	左结合
		0	1	1	1	1	1		
		1	0	1	0	0	0		
!	逻辑非 单目运算符	a		! a	a		! a	2	右结合
		1		0	0		1		

1. 逻辑与(&&)
当参与运算的两个操作数同为真,其结果才为真,否则为假。例如:

```
5>0 && 4>2
```

由于 5>0 为真,4>2 也为真,因此该表达式的结果为真。

2. 逻辑或(||)
当参与运算的两个操作数任中一个为真,其结果就为真。如果两个操作数都为假,则其结果为假。例如:

```
5>0||5>8
```

由于 5>0 为真,因此该表达式的结果为真。

3. 逻辑非(!)
如果操作数为真,则非运算的结果为假;如果操作数为假,则结果为真。例如:

```
!(5>0)
```

由于 5>0 为真,因此!(5>0)的结果为假。

注意,C 语言在判断一个表达式的值是真还是假时,将"0"看成假,将"非 0"看成真,

第 3 章　简单的 C 程序　　**61**

由此可以构造出十分灵活多样的逻辑表达式。表 3.8 示例了一些逻辑表达式及其运算情况。

表 3.8　逻辑表达式的运算示例

表　达　式	运算结果	结　果　分　析
5&&3	1	5 和 3 均为非 0,它们都为真,因此 5&&3 为真
!5	0	5 是非 0,表示真,因此 !5 为假
'a'||'b'	1	'a'和'b'均为非 0,它们都为真,因此'a'||'b'为真
!'a'	0	'a'是非 0,它为真,因此则 !a 为假
−10&&2	1	−10 和 2 均为非 0,它们都为真,因此 −10&&2 为真

3.4.6　自增/自减运算符

自增运算符(++)、自减运算符(--)用于将其操作数的值增 1 或减 1,它们都是单目运算符,只需要一个操作数参与计算。

1. 自增运算符++

自增运算符记为++,其功能是使变量的值增 1。例如,对变量 x 分别执行以下 3 条语句,将得到同样的结果,即使得变量 x 的值增 1。

```
x=x+1;
x+=1;
x++;
```

如果将++运算符放在变量的前面,称为前置形式;如果放在变量的后面,称为后置形式。如果是单独使用++运算符,则其前置、后置形式的结果是一样的,没有区别,例如:

```
int x=6;
x++;                                    //与 ++x;  是等价的
```

以上语句中,x++和++x 的结果是一样的,都令变量 x 的值增 1,执行后 x 的值为 7。

但是,当把++运算符构成的表达式与其他表达式组合在一起时,++前置或后置就会产生一定的区别:

++前置是先将++的操作数增 1,然后再用其增 1 后的值去参与表达式的其他运算。

++后置是先用++的操作数的值去参与表达式的其他运算,然后再令该操作数的值增 1。

2. 自减运算符--

自减运算符记为--,其功能是使变量的值减 1。例如,对变量 x 分别执行以下 3 条语

程序设计基础

句,将得到同样的结果,即使得变量 x 的值减 1。

```
x=x-1;
x-=1;
x--;
```

与++运算符一样,如果单独使用--运算符,则其前置、后置形式的结果是一样的,没有区别。但如果将--运算符构成的表达式与其他表达式组合在一起,其前置或后置就会有一定的区别。

程序 3.9 表明了++和--运算符前置、后置的差别。

【**程序 3.9**】 自增/自减运算符的基本操作。

```
int main()
{
    int x=9,y;
    y=x;
    printf("x=%d,y=%d\n",x,y);
    y=++x;                              //语句①
    printf("x=%d,y=%d\n",x,y);
    y=x--;                              //语句②
    printf("x=%d,y=%d",x,y);
    return 0;
}
```

本程序的运行结果为:

```
x=9,y=9
x=10,y=10
x=9,y=10
```

本程序中,x 的初始值为 9。在语句①处执行 y=++x 操作,由于是++前置,因此该操作可分解为如下两个步骤:

```
++x;
y=x;
```

也就是说,先将 x 的值增 1,再把增 1 后 x 的赋给 y。因此,语句①执行后,变量 x 的值为 10,y 的值也是 10。

在语句②处执行 y=x--操作,由于是--后置,因此该操作可分解为如下两个步骤:

```
y=x;
x--;
```

也就是先将 x 的值赋给 y,然后再把 x 的值减 1。因此,语句②执行后,变量 y 的值为

10,而 x 的值为 9。

3.4.7　逗号运算符

在 C 语言中,逗号(,)也是一种运算符,称为逗号运算符,其功能是把两个表达式连接起来组成一个表达式,称为逗号表达式。

其一般形式为:

表达式 1, 表达式 2

逗号表达式的求值过程是:从左向右分别计算每个表达式的值,以最右边的表达式的值作为整个逗号表达式的值。

程序 3.10 表明了逗号运算符的用法。

【**程序 3.10**】　逗号运算符的用法。

```
int main()
{
    int a=2,b=4,c=6,x,y;
    y=((x=a+b),(x+c));                        //语句①
    printf("y=%d,x=%d",y,x);
    return 0;
}
```

本程序的运行结果为:

y=12,x=6

程序在语句①处先计算了逗号表达式"(x=a+b),(x+c)"的值,然后将其赋给变量 y。该逗号表达式先计算(x=a+b),这里做了一个赋值操作,将 a+b 的值赋给变量 x,令 x 的值为 6,然后再计算表达式(x+c),其值为 12,最后将 12 赋给变量 y。

要注意的是,逗号运算符的优先级为 15,是所有运算符中优先级最低的,因此语句①写成"((x=a+b),(x+c))",用小括号确保先计算逗号表达式的值,然后再赋给变量 y。

一般来说,在程序中使用逗号表达式,其目的通常是分别计算逗号表达式内各表达式的值,而并不一定要计算整个逗号表达式的值。例如:

x=3,y=4,z=5;

以上语句中的逗号表达式,仅仅是为了执行三个赋值操作。

另外,并非所有出现逗号的地方都是逗号表达式,例如在变量声明中与函数参数列表中,逗号只是作为各个变量的分隔符。

3.5 符 号 常 量

在 C 程序中,可以用一个标识符来表示一个常量,称为符号常量(symbolic constant)。符号常量在使用前必须先定义,其定义形式为:

> #define 标识符 常量

其中,♯define 是一条编译预处理命令,称为宏定义命令(将在 14.2 节中进一步介绍),其功能是把标识符定义为其后的常量值。一经定义,后续在程序中所有出现该标识符的地方,均以该常量值代替。习惯上,符号常量的标识符常用大写字母。

程序 3.11 表明了符号常量的用法。

【程序 3.11】 符号常量的用法。

```
#include <stdio.h>
#define PI 3.14159
int main()
{
    float radius,area;
    radius=12.5;
    area=PI * radius * radius;
    printf("area=%.2f\n",area);
    radius=26.1;
    area=PI * radius * radius;
    printf("area=%.2f\n",area);
    printf("PI=%.2f",PI);          //语句①:双引号中的 PI 不会被替换
    return 0;
}
```

程序运行结果为:

```
area=490.87
area=2140.08
PI=3.14
```

程序 3.11 中定义了一个符号常量 PI,其值定义为 3.14159,在编译前的预处理阶段,编译器将把程序中所有的标识符 PI 替换为 3.14159,然后再对替换后的源代码进行编译。不过,位于双引号内的 PI 不会被替换,因此在语句①处,双引号内的字符串 PI 将在屏幕上原样输出。

那么,为什么要使用符号常量呢? 相信你一定已经注意到它带来的便捷性。在本例

程中,使用符号常量 PI 可以令程序代码的含义更清楚,并且,当希望修改 PI 的值为 3.14 时,只需修改宏定义命令为♯define PI 3.14,即能做到一改全改。

注意,符号常量也是常量,不能以任何形式对符号常量赋值,因此如下操作是不合法的:

```
PI=3.142;                        //不合法的赋值
```

3.6 标准输入输出

C 语言没有输入输出语句,程序的所有输入输出操作都由 C 标准库中的函数提供。

在使用 C 语言的标准输入输出函数时,需用编译预处理命令♯include 将相关的头文件 stdio.h[1] 包含到源文件中,因此源文件开头应有以下命令:

```
#include <stdio.h>
```

或

```
#include "stdio.h"
```

3.6.1 格式化输出

printf()[2]是一个标准库函数,它被称为格式化输出函数,其功能是按用户指定的格式,把指定的数据输出到显示器上。

调用 printf()函数的一般形式为:

```
printf("格式控制字符串",输出表列)
```

1. 格式控制字符串

格式控制字符串包含在一对双引号中,用于指定输出的格式,它可以包含非格式字符串、转义字符、格式字符串三种信息。

(1)非格式字符串:也称普通字符,按其原样输出。

(2)转义字符:按转义字符对应的含义输出。

(3)格式字符串:以%开头,在%后面跟有各种格式字符,用于表明输出数据的类型、形式、长度、小数位数等。

格式字符串的一般形式如下,其中方括号[]表示该项为可选项。

---

① stdio 意即 standard input and output。
② printf()函数名末尾的字母 f 为"格式"(format)之意。

程序设计基础

%[标志][输出最小宽度][.精度][长度]类型

主要的格式字符及其含义如表 3.9 所示。

表 3.9　C 语言格式化输出的格式字符及其含义

格 式 字 符	含　　义
d	以十进制形式输出带符号整数(正数不输出符号)
o	以八进制形式输出无符号整数(不输出前缀 0)
x、X	以十六进制形式输出无符号整数(不输出前缀 Ox)
u	以十进制形式输出无符号整数
f	以小数形式输出单、双精度实数
e、E	以指数形式输出单、双精度实数
g、G	以%f 或%e 中较短的输出宽度输出单、双精度实数
c	输出单个字符
s	输出字符串

2. 输出表列

输出表列用于指定输出项,多个输出项之间用逗号分开。格式字符串与各个输出项在顺序、数量、数据类型三方面应该一一对应。

例如:

```
int x=10;
float y=20.0;
printf("x=%d,y=%f\n",x,y);
```

上述代码定义了整型变量 x 和 float 型变量 y,printf()函数的格式控制字符串为:

```
x=%d,y=%f\n
```

其中,"x=""、"y="都是非格式字符串,它们在屏幕上原样输出;\n 是转义字符,它令光标在输出结束后换行,去往下一行的行头;%d、%f 是格式字符串,它们按其先后顺序分别与输出表列中的变量 x 和 y 对应,分别与 x 和 y 的数据类型完全匹配,将被 x 和 y 的值替代,输出到屏幕上。如果格式符与输出表列不匹配,编译不会报错,但是无法正确输出数据。

程序 3.12 表明了 printf()函数的用法。

【**程序 3.12**】　printf()函数的用法。

```
#include <stdio.h>
#define PI 3.14
int main()
```

第 3 章　简单的 C 程序　67

```
{
    float radius=2.0,area;
    area= PI * radius * radius;
    printf("area=%f\n",area);              //语句①
    return 0;
}
```

本例程序计算并输出了一个半径为 2 的圆的面积,程序的运行结果为:

```
area=12.560000
```

程序在语句①处调用 printf()函数输出圆面积,函数的格式控制符为:

```
area=%f\n
```

其中:area=为普通字符,将原样输出;\n 为转义字符(见表 2.1),被解读为"回车换行";%f 是格式字符串,它被输出表列中的变量 area 的值取代,显示在屏幕上。%f 默认小数点后面保留 6 位,因此本例输出为 12.560000。

还可以用格式字符串对输出的格式做更多控制,例如设置输出数据的宽度(在屏幕上所占的字符位数)、精度(小数点后面保留的位数,仅适用于浮点数)。程序 3.13 表明了printf()函数的更多用法。

【**程序 3.13**】　printf()函数的更多用法。

```
#include <stdio.h>
#define PI 3.14
int main()
{
    float radius=2.0,area;
    area= PI * radius * radius;
    printf("The result is:\n");           //语句①
    printf("radius=%-6.2f",radius);        //语句②
    printf("area=%6.2f",area);             //语句③
    return 0;
}
```

本程序的功能与程序 3.12 一样,也是计算并输出了一个半径为 2 的圆的面积,程序运行结果为:

```
The result is:
radius=2.00  area= 12.56
```

程序在语句①处输出了字符串"The result is:",由于有\n,因此输出后进行了换行。

程序设计基础

在语句②处输出了圆半径,使用的格式控制字符串为:

```
radius=%-6.2f
```

其中,radius＝原样输出,%-6.2f 表示输出一个 float 型的浮点数,.2 表示小数点后面保留 2 位,－6 表示输出数据在屏幕上占 6 个字符的宽度(含小数点在内)。如果输出数据的宽度不足 6 位,则在输出数据的右边补空格,补足 6 位;如果输出数据的长度超出 6 位,则按实际宽度输出。

与语句②类似,在语句③处输出了圆面积,使用的格式控制字符串为:

```
area=%6.2f
```

其中,area＝原样输出,%6.2f 表示输出一个 float 型的浮点数,.2 表示小数点后面保留 2 位,6 表示输出数据在屏幕上占 6 个字符的宽度(含小数点在内)。如输出数据的宽度不足 6 位,则在输出数据的左边补空格,补足 6 位;如输出数据的宽度超出 6 位,则按实际宽度输出。

通过使用各种格式控制字符串,printf()函数可以向屏幕输出格式多样的信息,使得在开发实际应用系统时能设计出更友好的用户交互界面。

3.6.2 格式化输入

scanf()是一个标准库函数,它被称为格式化输入函数,其功能是按用户指定的格式,从键盘上把数据输入内存中指定的位置。

调用 scanf()函数的一般形式为:

```
scanf("格式控制字符串",地址表列);
```

1. 格式控制字符串

scanf()函数的格式控制字符串可以包含非格式字符串和格式字符串两种信息。

(1) 非格式字符串:也称普通字符,需要从键盘原样输入。

(2) 格式字符串:以％开头,其后跟着各种格式字符,用于表明输出数据的类型等。格式字符串的一般形式如下,其中方括号[]表示该项为可选项。

```
%[*][输入数据宽度][长度]类型
```

主要的格式字符及其含义如表 3.10 所示。

表 3.10 C 语言格式化输入的格式字符及其含义

格 式 字 符	含　　义
d	输入十进制整数
o	输入八进制整数

第 3 章　简单的 C 程序　　69

续表

格 式 字 符	含　　义
x	输入十六进制整数
u	输入无符号十进制整数
f 或 e	输入实型数(用小数形式或指数形式)
c	输入单个字符
s	输入字符串

2. 地址表列

地址表列中给出 1 个或若干个内存地址,用于指明输入数据将被存放的内存位置,多个地址之间用逗号分隔。要求格式字符串和各输入项在顺序、数量、数据类型三方面一一对应。

例如:

```
int a,b;
scanf("%d%d",&a, &b);
```

上述代码定义了两个整型变量 a 和 b,scanf()函数的格式控制字符串为:

```
%d%d
```

这表示需要从键盘输入两个十进制的整数。由于两个%d 是连续的,中间没有其他字符,因此输入时需用空格、Tab 键或回车键作为两个输入数之间的分隔符。

输入表列中,& 是取地址运算符,&a 和 &b 分别表示取变量 a 和变量 b 的内存地址[①]。

程序 3.14 表明了 scanf()函数的基本用法。

【程序 3.14】　scanf()函数的用法。

```c
#include <stdio.h>
#define PI 3.14
int main()
{
    float length,width,height,volume;
    printf("Please input the length,width and height of cuboid:\n");
    scanf("%f%f%f",&length,&width,&height);   //语句①
    volume=length * width * height;
    printf("volume=%6.2f",volume);
    return 0;
}
```

---

① 　变量的地址由 C 编译系统分配,程序员不必关心具体的地址是多少,这也是高级语言编程的特点之一。

本程序的功能是输入一个长方体的长、宽和高,计算并输出长方体的体积。

假设长方体的长、宽、高分别是 1.0、2.0 和 3.0,则程序的运行结果是:

```
Please input the length,width and height of cuboid:
1.0 2.0 3.0
volume=  6.00
```

程序在语句①处调用 scanf()函数,要求用户从键盘输入三个数,按其输入顺序分别赋给变量 length、width 和 height。由于这三个变量都是 float 型,因此使用%f 作为格式符。

在语句①中,格式符是三个连续的%f,因此输入时应该用一个及以上的空格、Tab 键或回车键作为每两个输入数之间的分隔符。例如,本例程序的输入为:

```
1.0 2.0 3.0
```

本例程序在执行到语句①时,将暂停下来等待用户输入,当用户输入完毕,按下回车键后,程序再继续运行,计算并输出 volume 的值。

使用 scanf()函数还需注意以下几点:

(1) scanf()函数没有精度控制,如"scanf("%5.2f",&a);"是非法的,不能用此语句输入小数为 2 位的实数。

(2) scanf()函数要求在输入表列中指定变量的内存地址,如果未指定内存地址,编译器不会报错,但程序运行时输入数据后,会引发运行时错误,终止程序的执行。

例如,以下 scanf()函数中没有指明变量 a 的内存地址,会导致程序运行时出错。

```
int a;
scanf("%d",a);                                          //输入数据后,将引起运行时错误
```

应将其修改为:

```
int a;
scanf("%d",&a);
```

(3) 在输入多个数值数据时,若格式控制串中没有非格式字符作输入数据之间的间隔,则可用空格、Tab 键或回车键作为分隔符。

(4) 在需要连续输入多个字符数据时,输入的字符之间不能有空格。

例如:

```
scanf("%c%c%c",&a,&b,&c);
```

如果对以上语句输入:

```
d e f
```

第 3 章　简单的 C 程序　71

则把字符'd'赋给变量 a,字符' '(空格)赋给变量 b,字符'e'赋给变量 c。

因此,正确的输入应该是:

```
def
```

此时才能把字符'd'赋给变量 a,字符'e'赋给变量 b,字符'f'赋给变量 c。

不过,如果在 scanf()的格式控制串中加入了空格作为分隔符,如:

```
scanf ("%c %c %c",&a,&b,&c);
```

则输入时各字符之间必须原样输入这些空格。

(5) 如果格式控制串中有非格式字符,则需原样输入该非格式字符。

例如:

```
scanf("%d,%d,%d",&a,&b,&c);
```

其中,格式控制串中有逗号(,)作为分隔符,故应输入:

```
5,6,7
```

又如:

```
scanf("a=%d,b=%d,c=%d",&a,&b,&c);
```

则输入应为:

```
a=5,b=6,c=7
```

注意,在 scanf()函数中,转义字符也被当作普通字符,必须原样输入,它不会被解读为转义字符对应的含义。例如:

```
scanf("a=%d\n",&a);
```

则输入应为:

```
a=5\n
```

(6) 如果格式控制符与被输入的数据类型不一致,虽然编译器不会报错,但结果将不正确。

例如,以下用法是错误的:

```
int a;
scanf("%f",&a);
```

这里的变量 a 是整型,但使用了%f 作为格式符,格式符与 a 的数据类型不匹配。一

程序设计基础

般来说,编译器对这种情况不会报错,但程序运行时变量 a 将无法被正确赋值。

3.7 案例研究

【例 3.1】 海伦公式计算三角形的面积。

海伦公式(Heron's formula)是利用三角形的三条边的边长直接求三角形面积的公式。海伦公式最早出现在古希腊数学家亚历山大里亚的海伦(Heron of Alexandria,约公元一世纪)的著作《测地术》中,故而得名。我国南宋时期的数学家秦九韶也曾提出利用三角形的三边长求面积的秦九韶[①]公式,称为三斜求积公式。

海伦公式求三角形面积的描述为:若已知三角形△ABC 的三条边 a、b、c 的长度,可通过以下公式计算该三角形面积 s:

$$s=\sqrt{p(p-a)(p-b)(p-c)}, \quad p=(a+b+c)/2$$

本问题的任务是:输入三角形的三条边的长度,利用海伦公式计算并输出该三角形的面积。要求输出的三角形面积为浮点数,输出时保留 1 位小数。

本问题假设条件为:输入的三角形三条边的长度均为正整数,且保证可以构成有效的三角形。

1. 问题分析

本问题要求从键盘输入三角形的三条边长度(由输入者确保三条边能构成三角形),利用海伦公式计算该三角形的面积,并按要求格式输出。

输入数据:三角形的三条边长,分别用变量 a、b、c 标识。

输出数据:三角形的面积,用变量 s 标识。

数据类型:a、b 和 c 为 int 类型,s 和中间变量 p 为 float 型。

2. 算法设计

根据问题需求,本题的概要算法描述为:

算法 海伦公式计算三角形面积
输入:$a\ b\ c$
输出:三角形的面积 s

1: **function** TriangleArea()
2: 　　输入 a,b,c
3: 　　计算 s
4: 　　输出 s
5: **end function**

其中,对步骤 3 进行细化,将算法进一步描述为:

---
① 秦九韶(字道古,公元 1202—1261 年),南宋数学家,与李冶、杨辉、朱世杰齐名,同为我国数学黄金时代宋元时期的四大数学家。他提出的秦九韶算法是一种多项式简化算法,在西方被称为霍纳算法(Horner's method)。

第 3 章　简单的 C 程序　73

```
31：function TriangleArea()·
32：    输入 a , b , c
33：    p ← (a + b + c)/2
34：    s ← sqrt(p * (p − a) * (p − b) * (p − c))
35：    输出 s
36：end function
```

由此得到本题的流程图如图 3.1 所示。

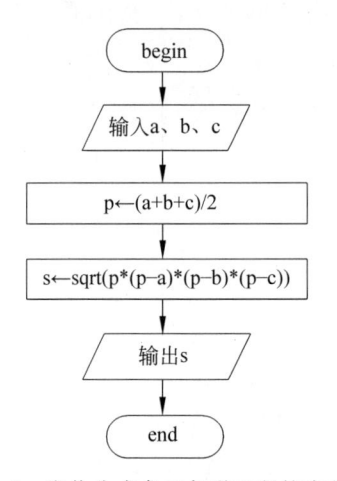

图 3.1　海伦公式求三角形面积的流程图

3. 编程实现

根据详细算法步骤,编写代码如程序 3.15 所示。

【**程序 3.15**】　用海伦公式求三角形的面积。

```
/***************************************
  program3.15: 利用海伦公式求三角形面积
  written by Alex.
  12/10/2020. Copyright 2020
***************************************/
#include <stdio.h>
#include <math.h>
int main()
{
    int a,b,c;
    float s,p;
    scanf("%d%d%d",&a, &b, &c);
    p=(a+b+c)/2.0;                  //语句①:计算的结果为浮点型
    s=sqrt(p * (p-a) * (p-b) * (p-c));  //语句②:sqrt()函数需要引入头文件 math.h
    printf("s=%.1f\n",s);
```

程序设计基础

```
        return 0;
    }
```

4. 测试

为充分测试程序,设计如表 3.11 所示的测试数据。

表 3.11 程序 3.15 的测试数据表

测试组数	测试数据	数据设计策略	测试组数	测试数据	数据设计策略
1	3 4 5	直角三角形	4	3 4 4	等腰三角形
2	3 4 6	钝角三角形	5	4 4 4	等边三角形
3	3 4 2	锐角三角形	6	0 3 4	错误数据测试

输入测试数据,观察运行结果。对输出结果不符合预期的情况,根据 2.4.4 节的测试方法,排查程序中的问题,反复测试,直至程序运行结果符合预期为止。

5. 案例小结

从本案例的流程图可以清晰地看出,问题的求解过程是典型的顺序结构,算法比较简单,这是因为我们对问题的输入数据做了假设,要求人工保证输入的三条边是正整数,且确保能有效构成三角形,从而使程序省略了许多逻辑判断。

本案例程序中特别需要注意的是:

(1) 语句①的表达式 (a+b+c)/2.0 分母为 2.0,这是为了能够计算得到一个浮点数赋给 p。

(2) 语句②调用了 C 语言的标准数学函数 sqrt()用于计算平方根,使用该函数必须引入数学函数的头文件 math.h,因此,程序 3.15 中有两条 #include 命令,引入了 stdio.h、math.h 两个头文件。

(3) 程序中使用了较多 C 语言的算术运算符,用于构造数学表达式。另外,在语句②中,通过小括号、函数调用、算术运算符的组合,构造了较复杂的表达式 sqrt(p * (p−a) * (p−b) * (p−c)),编写程序时很容易出现括号不配对或表达式的优先级表述不准确等问题,造成编译出错或运行结果出错,需要程序员细心地进行编写和排查。

3.8　本 章 小 结

本章介绍了 C 语言的基础知识,讨论了 C 语言的简单数据类型,包括整型、浮点型和字符型数据,讨论了 C 语言的算术运算符、赋值运算符、关系运算符、逻辑运算符等运算符的运算规则。此外,还介绍了标准输出函数 printf()和标准输入函数 scanf()的用法。

本章涵盖了 C 语言的众多基础知识。其中,许多知识点是离散的,并没有显著的内在关联,因此,建议读者通过练习来熟悉和掌握这些知识,进而达到灵活应用的目的。当

第 3 章 简单的 C 程序   75

然,随着学习的深入,在后续章节中也不可避免地会使用本章的知识,从而加深理解。

从下一章起,将逐步介绍 C 程序中的顺序、选择、循环等控制结构,讨论问题的重点将从 C 语言的基础语法,转向程序的执行流程。

3.9 习　　题

1. 为什么变量必须先定义后使用?

2. 变量的值为什么是可以改变的?

3. 在程序中,以下表达式是错误的:

```
x+y=5
```

也就是说,不能给表达式赋值,请解释其原因。

4. 在什么情况下可以使用符号常量?

5. 编写算法:任意输入三个一位整数,输出由其组成的一个整数。例如,输入整数 2、4、7,输出 247。用流程图描述算法。

6. 编写程序:任意输入三个数字字符(字符'0'~字符'9'),输出由它们组成的一个整数。例如,输入'2'、'5'、'7',输出整数 257。

7. 已知摄氏温度 C 与华氏温度 F 的转换公式为 $F=(9/5)C+32$。编写程序,任意输入摄氏温度 C,将其转换成华氏温度 F,并输出转换后的华氏温度。

第4章　顺序结构

本章导读

本章介绍结构化程序设计方法,以及最基本的顺序结构。顺序结构是结构化程序设计的三大基本结构之一,也是最简单、最常用的一种程序结构,它的特点是程序代码自上而下、依次执行一次。

本章主要内容

- 结构化程序设计方法。
- 顺序结构。
- 编写顺序结构的程序。

4.1　结构化程序设计

1965 年,E. W. Dijikstra 提出了结构化程序设计(Structured Programming,SP)思想。结构化程序设计[①]是一种程序设计的原则和方法,它将软件系统划分为若干功能模块,各模块按要求分别编程,再将各模块连接、组合,构成复杂的软件系统。

结构化程序设计采用自顶向下、逐步求精的设计方法。程序设计时,先考虑全局目标,再把全局目标分解为子目标,然后分别解决这些子目标,把每个子目标称为一个模块。

各模块通过顺序、选择、循环三大基本控制结构进行连接,每个基本结构都有唯一的入口和唯一的出口。按照这种原则和方法,可设计出结构清晰、容易理解、容易修改、容易验证的程序。

结构化程序设计方法具有如下特点。

(1) 程序仅由三种基本结构组成。

按照结构化程序设计的观点,程序中包括顺序、选择、循环三大基本控制结构。

① 顺序结构:模块中的各步骤按照它们出现的先后顺序执行。

② 选择结构:模块中的操作步骤出现了分支,根据某一特定的条件选择其中一个分

---

① 随着计算机技术的发展,软件工程师越来越注重系统整体关系的表述,进而又出现了面向对象的程序设计方法。

支执行。

③ 循环结构：模块中的某些操作被反复执行。

将多个模块通过顺序、选择、循环三种基本结构以不同的方式进行连接，可以解决具有任意复杂功能的问题。同样，在每个模块内部，为实现模块功能而设计的操作步骤，也总是可以划分为三大基本结构的组合。

（2）采用自顶向下，逐步求精的程序设计方法。

结构化程序设计是一种面向过程的程序设计思想，其设计方法是"自顶向下，逐步求精"。在进行问题设计时，首先从宏观角度考虑，按照功能或业务逻辑划分程序的子模块，定义程序的整体结构，然后再对各个子模块逐步细化，直至分解到程序语句为止。

这种解题方法让整个开发过程从考虑"怎么做"，变成考虑"先做什么，再做什么"，因此开发的流程清晰，设计工作的阶段性非常强，有利于系统开发的总体管理和控制。

（3）对程序分而治之，进行积木式的管理和扩展。

人们在解决复杂问题时，常常采用"分而治之"的策略，先把大问题分解为多个小问题，通过分别解决这些小问题，最终让大问题得以解决。结构化程序设计也采用这种"分而治之"的策略，首先将较大的程序划分为多个子模块，然后分别完成这些子模块，最后再按照某种流程把子模块组织起来，最终使整个问题得到解决。这种分治的策略，符合人们思考问题的一般规律。通过分解大问题，降低了问题的复杂度，容易编写出结构良好、易于调试的程序。

分解后的每个子模块就像是盒子中的一块积木，其功能相对单一和独立，因此在设计某一个模块时，不会受其他模块的牵连，易于进行模块的调试和维护。另外，一些子模块的代码可以被重复使用，从而降低了开发成本。同时，模块的独立性也为扩充系统、构造新系统带来了便利，而多个子模块可以由多人分工协作完成，进一步提高了开发效率。

4.2　顺　序　结　构

顺序结构是结构化程序设计的三大基本结构之一，也是最简单的一种结构。典型的顺序结构流程图如图 4.1 所示。

其中，A 和 B 分别表示两个简单操作或两个代码段。顺序结构的程序具有如下特点：

（1）程序按照代码书写的顺序依次执行，也就是说，写在前面的代码先执行，写在后面的代码后执行。

（2）每条代码都会被无条件地执行到，没有哪一条代码会不执行。

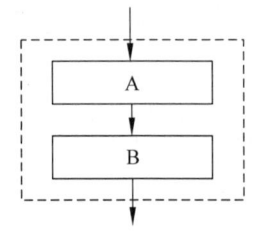

图 4.1　顺序结构的流程图

（3）每条代码只执行一次，在程序执行过程中，不会出现返回到已经执行过的语句去重复执行的情况。

例如在图 4.1 中，先执行代码 A，再执行代码 B。代码 A 和 B 都会被执行到，且仅被执行一次。

程序设计基础

4.3 案例研究

下面来看一个顺序结构程序的实例。

【例 4.1】 一元二次方程求解问题。

方程 $ax^2+bx+c=0$ 的求根公式如下：

$$x=\frac{-b\pm\sqrt{b^2-4ac}}{2a}$$

本题的任务是：任意输入方程的三个实系数 a、b 和 c，计算并输出方程的根。为简化问题，本问题假设输入应确保 a、b 和 c 满足条件：$b^2-4ac\geqslant 0$ 且 $a\neq 0$，例如：

输入：2.1 6.5 1.3
输出：x1=-0.21   x2=-2.88

1. 问题分析

本案例任务是从键盘输入方程的三个实系数，计算并输出方程的两个不相等（由输入者确保 a、b、c 满足条件：$b^2-4ac\geqslant 0$ 且 $a\neq 0$）的实根。问题中：

输入数据：三个实系数分别用 a、b、c 标识，按照 a、b、c 的顺序输入。

输出数据：两个不相等的实根 x1、x2。根据题目样例，输出时小数点后面保留两位。

数据类型：a、b、c、x1、x2 均为 float 型数据。

2. 算法设计

根据问题需求，本案例的概要算法描述为：

算法 解一元二次方程
输入：a, b, c
输出：两个不相等的实根 $x1, x2$

1： **function** Equation()
2：　　输入 a, b, c
3：　　计算
4：　　输出 $x1, x2$
5： **end function**

其中，对步骤 3 进行细化，进一步描述为：

1： **function** Equation()
2：　　输入 a, b, c
3：　　$x1 \leftarrow (-b + sqrt(b*b-4*a*c))/(2*a)$
4：　　$x2 \leftarrow (-b - sqrt(b*b-4*a*c))/(2*a)$
5：　　输出 $x1, x2$
6： **end function**

第 4 章 顺序结构 79

由此得到本案例的流程图如图 4.2 所示。

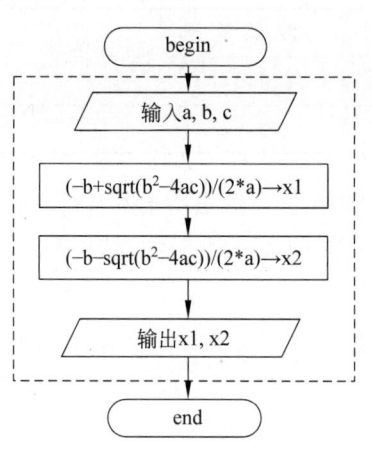

图 4.2　解一元二次方程的流程图

3. 编程实现

根据详细算法步骤,编写代码如下。

【程序 4.1】　求解一元二次方程。

```c
/********************************
  program4.1:求解一元二次方程
  written by Sky.
  12/10/2020. Copyright 2020
********************************/
#include <stdio.h>
#include<math.h>
int main()
{
    float a,b,c,x1,x2;
    scanf("%f%f%f",&a,&b,&c);
    x1=(-b+sqrt(b*b-4*a*c))/(2*a);
    x2=(-b-sqrt(b*b-4*a*c))/(2*a);
    printf("x1=%-7.2f x2=%-7.2f",x1,x2);
    return 0;
}
```

4. 测试

为充分测试程序,设计如表 4.1 所示的测试数据。

表 4.1 程序 4.1 的测试数据表

测 试 组 数	测 试 数 据	数据设计策略
1	1,2,1	b^2-4ac 为 0
2	2,5,2	b^2-4ac 大于 0

输入测试数据,观察运行结果。对输出结果不符合预期的情况,根据 2.4.4 节的测试方法,排查程序中的问题,反复测试直至程序运行结果符合预期为止。

5. 案例小结

顺序结构是结构化程序设计三大基本结构中最简单的一种。本案例的流程图及其对应代码如图 4.3 所示。可见,本案例是典型的顺序结构程序,代码按其书写的先后顺序依次执行,因此,程序运行的第一步,就是执行 scanf() 函数,要求从键盘输入三个浮点数,然后再依次计算 x1、x2,最后输出 x1 和 x2 的值。程序的每个语句只被执行一次,当"输出 x1,x2"后,程序运行即结束。

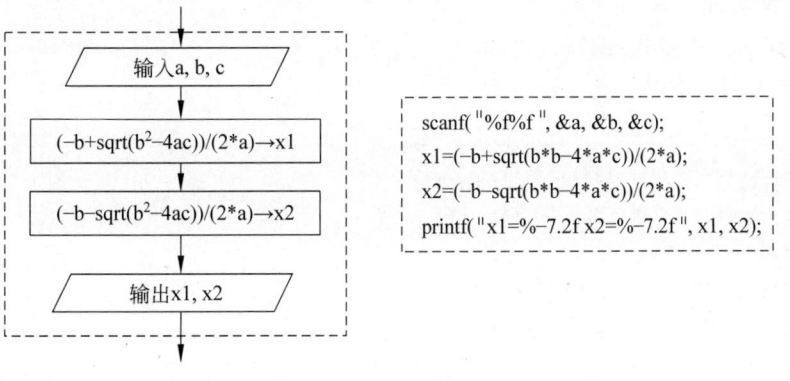

图 4.3 顺序结构的代码

从程序 4.1 的执行过程看,每条语句的执行是有先后顺序的,因此,程序是指令的序列,而非指令的集合。也就是说,在设计解题思路、编写代码时,必须合理设计,谨慎安排每个步骤的代码,才能使最终结果符合问题的需求。

4.4 本章小结

本章介绍了结构化程序设计的相关知识,重点讨论了顺序结构。

顺序结构是结构化程序设计中最简单的一种。虽然这种结构简单,但理解它的执行特点却十分重要,可以帮助我们理解程序是指令的序列,而非指令的集合的含义。也就是说,程序中每条语句都有其特定顺序,这种顺序决定了最终的结果。因此,即便是最简单的顺序结构,也要求程序员进行解题设计,并十分严谨地遵照设计思路来编排语句,才能完成指定任务。

4.5 习　题

1. 顺序结构的程序有什么特点?

2. 是否可以说程序是指令的集合?

3. 算法设计:从键盘输入圆球的半径,计算并输出圆球的体积。对于一个半径为 r 的圆球,其体积的计算公式为 $V = 4/3 \times \pi \times r^3$。用流程图描述算法。

4. 算法设计:输入一个三位的整数,将其反向输出。例如,输入 123,输出 321;输入 100,输出 001。用流程图描述算法。

5. 编写程序,解决大象喝水问题。一头大象口渴了,要喝 30 000ml 水才解渴。目前只有一个高 h 厘米、底面直径为 R 厘米的圆柱形水桶可从水井打水给大象。问至少要打多少桶水才够大象解渴。假设从键盘输入 R、h,它们均为整数,R、h 的单位为 cm。

6. 编写程序,计算 2 的幂。输入一个整数 n($0 < n < 10$),计算并输出 2^n 的值,即 2 的 n 次方。

7. 编写程序,解决香蕉和虫子的问题。一串香蕉共 n 根,里面混入了一条虫子。虫子每 x 小时能吃掉一根香蕉。假设虫子在吃完一根香蕉前不会吃另一根,那么经过 y 小时后还有多少根完整的香蕉?假设从键盘输入 x、y 和 n,输出计算结果。

8. 编写程序,计算三角形的面积。平面上有一个三角形,其三个顶点坐标的分别为 (x1,y1)、(x2,y3)、(x3,y3)。假设从键盘输入三个顶点的坐标,计算并输出该三角形的面积,输出保留小数点后两位。

已知三个顶点的坐标为(x1,y1),(x2,y3),(x3,y3),则三角形的面积 s 的计算公式为:

$$s = \frac{((x1y2 - x2y1) + (x2y3 - x3y2) + (x3y1 - x1y3))}{2}$$

第5章 选择结构

本章导读

本章介绍一种应用非常广泛的控制结构,即选择结构。选择结构可以根据某一个表达式的值,选择执行程序中的某组语句。也就是说,选择结构可以控制程序中的语句,令其在满足某种条件时执行,不满足条件时不执行。

本章主要内容

- 什么是选择结构。
- 如何使用 if-else 语句实现选择结构。
- 如何使用 switch 语句实现选择结构。

5.1 选择的过程

判断和选择是现实生活中的常见动作。例如,如果今天下雨,那么李明出门时要带伞;买车票时,如果购票者是身高不足 1.2 米的小朋友,将给予车票半价优惠;如果购票者是 70 岁以上的老人,也将给予一定的票价减免。我们分析这些日常生活中常见的判断和选择过程,发现它们总是呈现图 5.1 所示的判断流程。

有些时候,如果满足条件,就完成相应的任务,反之则什么都不做,这是图 5.1(a);还有些情境下,无论条件是否满足,都会完成不同的任务,这就是图 5.1(b)。

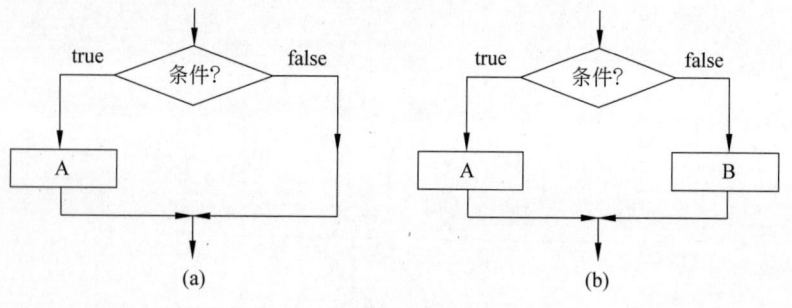

图 5.1　两种常见的判断流程

5.2 if-else 控制结构

在 C 语言中,可以用 if 语句来实现选择结构。C 语言的 if 语句有两种基本形式。

5.2.1 if 语句的两种形式

1. if

if 是最简单的一种选择结构,其流程图如图 5.2 所示。如果表达式的值为 true,则执行语句 A,否则选择 false 分支,即不执行任何操作。

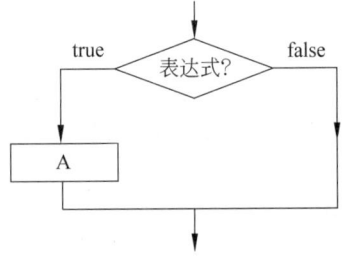

图 5.2 if 控制结构的流程图

if 语句的语法如下:

```
if(expression)
    statement;
```

该语句表示:如果(条件为真),则执行语句 statement;否则什么都不执行。

其中:

(1)必须将条件表达式 expression 写在小括号中,且小括号的末尾没有分号。

(2)expression 通常是逻辑表达式或关系表达式,但也可以是其他类型的表达式。例如,以下写法都是正确的,执行时,只要 if 括号中的 expression 的值为非 0,即表明条件为真。

```
if(a=5)                      //等价于 if(5)
if(b)                        //等价于 if(b 为真)
if(m>n)
if('a')
if(5)
if(0)
```

(3)原则上,statement 为一条语句,但如果分支上有多条语句需要执行,则需将所有要执行的语句放在一对配对的大括号中,大括号中的语句被称为代码段。

代码段的形式如下:

程序设计基础

```
if(expression)                                          //代码段开始
{
    statement1;
    statement2;
}                                                        //代码段结束
```

上述代码表示如果条件为真,则执行代码段中的全部语句,否则代码段中的语句全部不执行。

下面结合一个例子来分析 if 语句的用法。

【例 5.1】 根据分数输出成绩的等级和评语。

本例问题的要求是:输入一个学生的分数,如果大于或等于 90 分,则输出学生成绩的等级为 A,同时输出评价"Great!"。

本例中有一个简单的判断和决策过程,即

```
如果(score>=90)
    输出 A
    输出"Great!"
```

用 if 语句实现该操作的代码为:

```
if(score>=90)
{
    printf("A\n");
    printf("Great!");
}
```

由于满足条件时要做两个输出操作,因此必须把两条 printf() 调用语句写在代码段中。本例完整的代码如程序 5.1 所示。

【程序 5.1】 根据分数输出成绩等级和评语。

```
/*********************************************
  Program 5.1: 根据分数输出成绩的等级和评语
  written by Sky.
  12/10/2020. Copyright 2020
*********************************************/
#include <stdio.h>
int main()
{
    int score;
    scanf("%d",&score);
    if(score>=90)                          //如果大于或等于 90 分,则输出等级和评语
    {
        printf("A!\n");                    //代码段中的语句进行缩进
        printf("Great!");
```

```
    }
    return 0;
}
```

从本章开始,示例程序中将出现分支、循环等更加复杂的控制结构,一定要注意保持良好的编程风格。

如果程序中有分支结构或代码段时,分支上的语句、代码段中的语句应缩进。处于同一分支上的语句应对齐,配对的大括号可单独成行、单独成列对齐,以使程序的控制结构更清晰,令程序便于阅读和理解。

另外,必须特别注意合理地使用代码段。在本例中,如果没有写出代码段的大括号,程序的执行将受到什么影响呢?

以下左边为有大括号的情形,右边为缺失大括号的情形:

```
if(score>=90)         //代码段开始        if(score>=90)
{                                            printf("A\n");      //语句③
    printf("A\n");     //语句①          printf("Great");      //语句④
    printf("Great!");  //语句②
}                     //代码段结束
```

从左边的代码看,由于语句①和②被放在代码段中,当 score 大于或等于 90 时,语句①和②将同时执行,否则同时不执行。

而右边的情形则完全不同。由于没有写成代码段,因此,如果 score 低于 90,则语句③不执行,但语句④却仍将无条件执行。这是因为,此时语句④并不在 if 语句的分支上,它与 if 语句是顺序关系,因此,无论 score 为多少分,始终会输出"Great!"。

可见,代码段外面的大括号并非是一种书写格式,而是一种程序执行的控制方法。缺失代码段外面的大括号时,编译器不会报错,也不会报警,大多数时候,程序将成功编译执行,但运行结果可能出错(因为运行逻辑错误)。

由代码段引发的错误非常难以察觉,出错后也较难排查,因此,养成良好的编程习惯非常重要。一般地,无论程序的分支上有多少条语句,建议都写成代码段的形式。

2. if-else

if-else 是 if 语句的另一种形式,其流程图如图 5.3 所示。如果表达式的值为 true,则执行语句 A,否则执行语句 B。

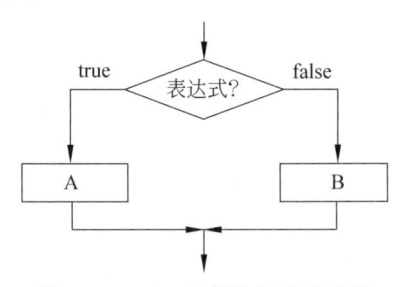

图 5.3　if-else 控制结构的流程图

程序设计基础

if-else 语句的语法如下：

```
if(expression)
    statement1;
else
    statement2;
```

该语句表示"如果（表达式为真），则执行语句 statement1，否则执行语句 statement2"。其中，如果 statement1、statement2 表示多条语句，则需写成代码段的形式，其形式如下：

```
if(expression)
{                                              //代码段开始
    statement1;
    statement2;
}                                              //代码段结束
else
{
    statement3;
    statement4;
}
```

下面结合例 5.2 来分析 if-else 语句的用法。

【例 5.2】 分段函数求解问题。

本例问题的要求是：有一个函数：$y=\begin{cases}x & (x<1)\\2x-1 & (x\geqslant1)\end{cases}$

要求从键盘输入 x，计算并输出函数 y 的值。

根据题目要求，无论 x 的值小于 1，还是大于或等于 1，都需要计算 y 的值，因此可使用 if-else 结构来描述，核心代码片段如下：

```
if(x < 1)
    y = x;
else
    y = 2 * x-1;
```

完整代码如程序 5.2 所示。

【程序 5.2】 分段函数求解问题。

```
/**********************************************
    progra5.2：根据 x 的值求解并输出函数值
    written by Sky.
    12/08/2020. Copyright 2020
**********************************************/
```

```
#include <stdio.h>
int main()
{
    int x, y;
    scanf("%d",&x);
    if(x<1)
        y = x;
    else
        y = 2 * x-1;
    printf("y=%d\n",y);
    return 0;
}
```

本例中,由于无论 x 取什么值,都需要计算 y 值,因此选用了 if-else 控制语句进行编码。

在使用 if-else 语句时,应注意 else 分支的条件是隐含的,因此,在 else 的后面不必显式地写出条件。如下写法是错误的,将引发编译器报错。

```
else (x>=1)                              //这里的写法是错误的
    y = 2 * x-1;
```

虽然本例采用了 if-else 语句来解题,但实际上也可以用多条并列的 if 语句来解决本题。两种解法在执行上存在什么差异,请读者自行尝试分析。

5.2.2 if 语句嵌套

当解题步骤中存在多个分支时,可以采用嵌套的选择结构,其流程如图 5.4 所示。

首先判断表达式 1 的值,如果为真,则执行语句 1;否则判断表达式 2 的值,如果为真,则执行语句 2;否则执行语句 3。

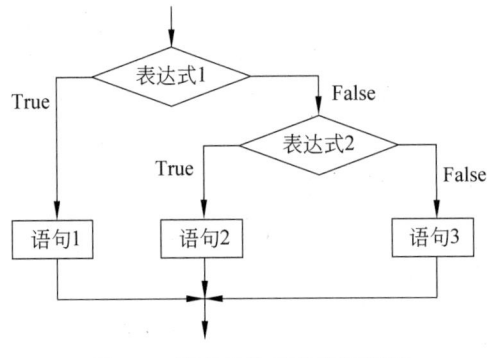

图 5.4 嵌套的选择结构流程图

对应的语法如下:

程序设计基础

```
if(expression1)
    statement1;
else if(expression2)
        statement2;
    else
        statement3;
```

以下是一个选择结构嵌套的示例,根据学生的成绩 score,判断并输出分数等级。根据如下左栏的判断逻辑,对应的代码如下面的右栏所示。

```
如果(score 大于或等于 90 分)          if(score>=90)
    输出"A"                              printf("A");
否则                                  else
    如果(score 大于或等于 60 分)          if(score>=60)      //隐含条件为 score<90
        输出"B"                              printf("B");
    否则                                  else
        输出"C"                              printf("C");
```

注意,else 分支隐含着 if 的条件为假的先决条件,因此,对分支上的 if 语句的条件表达式,无须重复描述隐含条件,以减少计算量,并且令代码的逻辑更清晰。例如,将上例改为如下代码是不合适的:

```
if(score>=90)
    printf("A");
else
    if(score<90 && score>=60)                    //这里的条件表达式设计不合理
        printf("B");
    else
        printf("C");
```

在嵌套的 if 语句中将会出现多个 if 和 else,这时,要特别注意 if 和 else 的配对问题。C 语言规定,else 总是与它前面最近的、尚未与其他 else 配对的 if 配成一对。例如,以下代码段中,else 被理解为与 if(expression2)配对。

```
if(expressioin1)
    if(expression2)
        statement1;
    else
        statement2;
```

对多层的嵌套结构,其代码的可读性和易维护性尤其重要。编程时,除对不同层次的语句进行缩进外,还可用配对的大括号标明嵌套关系、标明代码段,以使代码结构更加清晰。例如:

```
if(expressioin1)
{
    if(expression2)
    {
        statement1;
        statement2;
    }
    else
    {
        statement3;
        statement4;
    }
}
```

5.3　switch

C 语言还提供了另一种用于多分支选择结构的 switch 语句,其一般形式为:

```
switch(expression)
{
    case 常量表达式 1: 语句 1;break;
    case 常量表达式 2: 语句 2; break;
    ……
    case 常量表达式 n: 语句 n;break;
    default: 语句 n+1;
}
```

其执行过程为:首先计算表达式 expression 的值,将其值逐个与 case 的常量表达式的值相比较。当 expression 的值与某常量表达式的值相等,即执行该 case 子句的冒号后面的语句,一直执行到遇到 break 语句为止,或者执行到 switch 语句结束为止。

使用 switch 语句时应注意以下几点:

(1) switch 的表达式必须为整型或字符型。

(2) 以下称为一个 case 子句:

```
case 常量表达式 1: 语句 1;break;
```

switch 语句中可以包含多条 case 子句,所有 case 子句必须放在一对配对的大括号中。

(3) switch 中可以有一条 default 语句。如果 expression 的值与所有 case 后的常量表达式均不同,则执行 default 的语句。也可以不写 default 语句,这样,如果 expression

找不到相同值的 case 子句,则 switch 语句就什么都不执行。

(4) 一般地,case 子句和 default 子句的末尾可以有一条 break 语句。当遇到 break 语句时,将结束 switch 语句。如果某子句的末尾没有 break 语句,则一旦选中该子句,就会一直执行到遇到 break 语句,或 switch 语句的结束为止。

(5) case 和 default 子句的先后顺序不限,不会影响程序的执行结果。

(6) 每个 case 后只能有一个常量值,多条 case 子句的常量表达式的值不能相同。

(7) 每个 case 后允许有多条语句,可以不用{}括起来。

以下通过例 5.3 来表明 switch 语句的用法。

【例 5.3】 输出当前的月份问题。

万年历程序中有一个功能是输出一年的日历,即根据月份 month 的值(取值为 1~12),输出 January、February 等月份名称。该流程是一个多分支的判断和选择,用 switch 语句描述的代码如下:

```
switch (month)
{
    case 1: printf("January"); break;
    case 2: printf("February"); break;
    case 3: printf("March"); break;
    case 4: printf("April"); break;
    case 5: printf("May"); break;
    case 6: printf("June"); break;
    case 7: printf("July"); break;
    case 8: printf("August"); break;
    case 9: printf("September"); break;
    case 10: printf("October"); break;
    case 11: printf("November"); break;
    case 12: printf("December"); break;
    default: printf("Error");
}
```

以上代码中,如果 month 的值为 3,则输出 March;如果 month 值为 9,则输出 September;如果 month 的值为 13,则输出 Error,这是因为此时找不到合适的 case 子句,因此执行 default 子句。注意,以上 default 子句的末尾没有 break 语句,但该子句位于 switch 语句的末尾,当 default 后面的语句执行完,switch 语句的执行自然会结束。

如果删掉 case 9 后的 break 语句,再来分析运行结果。修改后的代码形式如下:

```
case 9: printf("September");
case 10: printf("October"); break;
```

此时,如果 month 的值为 9,程序输出:

```
SeptemberOctober
```

第 5 章　选择结构

由于这里的 case 9 末尾没有 break 语句,因此实际执行的语句为以下三条:

```
printf("September");
printf("October");
break;
```

这表明,在 switch 语句中,"case 常量表达式"只相当于一个分支的入口。当 switch 表达式的值与某个入口值相等,则去执行该入口后的语句,且其后不再进行标号的判断。也就是说,一旦选中子句 case 9,就一直执行其后面的语句,直到遇到 break 语句或 switch 语句结束为止。

本例的完整程序如程序 5.3 所示。

【程序 5.3】　根据月份值输出月份字符串。

```
/*********************************************
  progra5.3:根据月份值输出对应的字符串
  written by Sky.
  12/08/2020. Copyright 2020
*********************************************/
#include <stdio.h>
int main()
{
    int month;
    scanf("%d",&month);
    switch(month)
    {
        case 1: printf("January"); break;
        case 2: printf("February"); break;
        case 3: printf("March"); break;
        case 4: printf("April"); break;
        case 5: printf("May"); break;
        case 6: printf("June"); break;
        case 7: printf("July"); break;
        case 8: printf("August"); break;
        case 9: printf("September"); break;
        case 10: printf("October"); break;
        case 11: printf("November"); break;
        case 12: printf("December"); break;
        default: printf("Error");
    }
    return 0;
}
```

程序设计基础

5.4 案例研究

【例 5.4】 找出三个整数的最大值问题。

从若干个数中找出最大或最小值,是十分常见、有广泛用途的操作。例如,找出全班学生的最高分,找出图书馆最受欢迎的图书等。另外,找出数据集中的最大或最小值,也是许多算法的元操作。例如,在用选择排序算法[①]对 n 个数排序时,总是需要从若干个数中找出最大或最小值,并将其换位到数列中的特定位置,以达到排序的目的。

本例的问题为:任意输入三个整数,找到并输出最大值。例如:

> 输入:25 134 89
> 输出:134

1. 问题分析

输入数据:三个整数分别用 a、b、c 标识,它们的最大值用 max 标识。

输出数据:max 的值。

数据类型:a、b、c、max 均为 int 型。

2. 算法设计

根据问题需求,本题的概要算法描述如下:

算法 找出三个数的最大值
输入:$a\ b\ c$
输出:最大值 max

1: **function** Findmax()
2:     输入 a, b, c
3:     $max \leftarrow$ 找最大值
4:     输出 max
5: **end function**

其中,对步骤 3 进行细化,用流程图描述细化后的算法如图 5.5 所示。

从图 5.5 的流程看,本题的概要算法是顺序结构,分为输入、计算、输出三个阶段。在第②阶段,又分别使用了选择结构 1 和选择结构 2 进行了两次比较。选择结构 1 和选择结构 2 之间也是顺序结构。可见,根据结构化程序设计思想,无论问题的算法有多复杂,总是可以分解为三大基本结构的组合。

---

① 选择排序算法是一种简单排序算法。它的基本原理是每次从待排序的数据元素中选出最小(或最大)的元素,存放到序列的指定位置,重复此过程,直到数据元素被依序放到指定位置为止。

第 5 章　选择结构　93

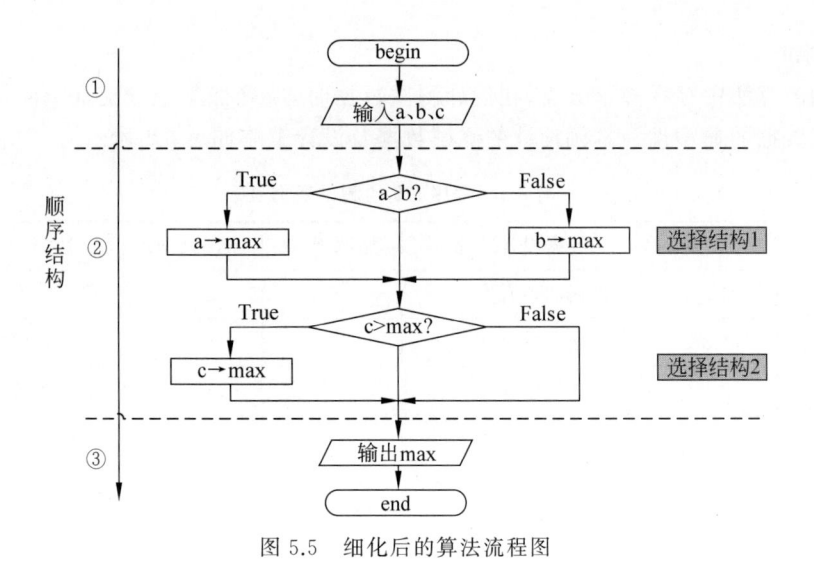

图 5.5　细化后的算法流程图

3. 编程实现

【程序 5.5】　找出并输出三个整数的最大值。

```
/*********************************************
  progra5.5:  找到并输出三个整数的最大值
  written by Sky.
  12/08/2020. Copyright 2020
*********************************************/
# include < stdio.h>
int main()
{
    int a,b,c,max;
    scanf("%d%d%d",&a,&b,&c);
    if(a>b)
        max=a;
    else
        max=b;
    if(c>max)
        max=c;
    printf("max=%d",max);
    return 0;
}
```

本例为了找出三个数的最大值，采用了两次比较，分别选用了一个 if-else 语句和一个 if 语句来进行编码。由于程序中有分支结构，书写时应将分支上的语句缩进，以使程序结构清晰，可读性好。

程序设计基础

4. 测试

本例的算法中存在多个分支,在设计测试数据时,应确保每个分支都被测试到,同时考虑测试数据的典型性。本例设计的测试数据及设计策略如表 5.1 所示。

表 5.1　程序 5.5 的测试数据表

测试组数	测试数据	数据设计策略	测试组数	测试数据	数据设计策略
1	2 3 4	数据初始有序	6	2 1 3	第三元素为最大值
2	4 3 2	数据初始反序	7	−1 −2 −3	均为负整数
3	0 0 0	数据值全部相等	8	−1 −1 −2	前两个数相等
4	3 1 2	第一元素为最大值	9	−2 −1 −1	后两个数相等
5	1 3 2	第二元素为最大值			

5. 案例小结

根据实际问题的需要,编写程序时,可能要运用多层选择结构嵌套来实现多分支的选择。选择结构嵌套的层次可以是任意多层,但实际嵌套的层次不宜过多,过多的嵌套层次会降低程序的可读性。

5.5　本章小结

本章介绍了如何在程序中根据条件来进行决策和选择。使用 C 语言的 if、if-else、switch 控制语句,可根据不同的条件选择执行的操作。其中,if-else 语句的使用更为灵活,switch 适用于多分支的选择,它们都可以嵌套使用。

当程序中出现嵌套的选择结构时,每个分支上的条件逻辑更为复杂。为此,应做好充分的算法分析,构建好算法流程,再进行编程和测试。

下一章将介绍结构化程序设计中的第三种控制结构——循环结构。

5.6　习　　题

1. 请解释：C 语言中如何表示"真"和"假"？系统如何判断一个量的"真"和"假"？

2. 当需要确定某个数是否在某个范围时,例如年龄 age 为 10～18 岁,最好使用哪些运算符？

3. 算法设计：任意输入一个整数,判断它是奇数还是偶数。用流程图描述算法。

4. 算法设计：输入一个字符,如果它是小写字母,则将其转换为大写字母；如果是大写字母,则转换为小写字母,并输出转换后的结果；如果该字符不是字母,则输出"ERROR!"。用流程图描述算法。

5. 编写程序：任意输入一元二次方程的三个实系数 a、b、c，计算并输出方程所有可能的解。一元二次方程为 $ax^2 + bx + c = 0$。

6. 编写程序：输入一个学生的百分制成绩，输出该学生的成绩等级。

其中，90 分以上为 A；80～89 分为 B；70～79 分为 C；60～69 分为 D；60 分以下为 E。

7. 编写程序：要求从键盘输入两个数，依据提示输入的数字，选择对这两个数进行运算，并输出相应的运算结果。要求提示为：

（1）做加法。

（2）做减法。

（3）做乘法。

（4）做除法。

【解析】 可使用 switch 语句，以提示输入的数字为依据，进行选择结构设计。当输入 1 时，计算两数之和；当输入 2 时，计算两数之差；当输入 3 时，计算两数之积；当输入 4 时，计算两数之商。注意，需要检测除数不可为零。

第6章 循环结构

本章导读

本章将讨论如何控制程序中的某个语句块被执行若干次,这种控制结构称为循环结构。循环结构是结构化程序设计的三大基本结构之一。将循环结构与顺序结构、选择结构相结合,可以构造出结构更加复杂的程序。C语言为实现循环结构提供了三种控制语句,即 for、while 和 do-while,本章将讨论这三种语句,并展示它们的用法。本章内容是前述各章的综合,学习时需要与前述各章知识相结合,做到融会贯通。

本章主要内容

- 什么是循环结构。
- while 语句的用法。
- for 语句的用法。
- do-while 语句的用法。
- break 和 continue 语句。
- 编写循环结构嵌套的程序。

6.1 循环结构简介

在实际工作中,常常需要做不断重复的动作。例如,在登录图书信息管理系统时,需要输入用户名和密码,如果输入错误,可以重新输入,一般来说,允许重复输入若干次。再如,停车场根据每辆车的停车时长和停车单价收费,收费的流程如图 6.1 所示,每辆车的收费动作相同,当有 n 辆车出库时,收费动作被重复 n 次。

图 6.1 的流程如果用顺序结构的代码来实现,每组 3 条语句,一共 n 组语句,将形成一段很长的程序代码,并且从第 2 组到第 n-1 组代码都是重复的。因此,用顺序结构编码存在以下问题:

(1) 程序过长,且可能出现大量重复代码。

(2) 如写很长的代码序列,需消耗程序员很多的时间。

(3) 如需修改停车场的收费流程,需要修改代码中的多处语句。

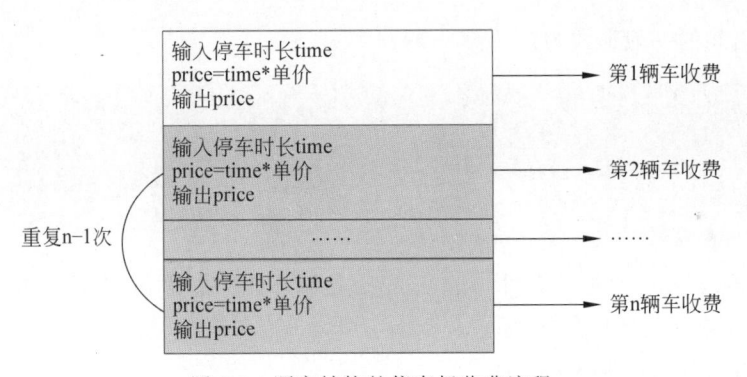

图 6.1　顺序结构的停车场收费流程

为解决上述问题,可以引入一种控制结构,把需要重复执行的代码放入这种控制结构中,令原本需要被重复书写 n 次的代码,只需书写一次,但可以被反复执行 n 次,形成如图 6.2 所示的收费流程。

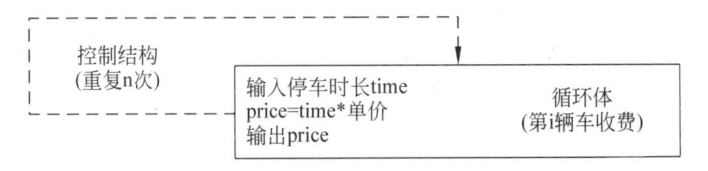

图 6.2　循环控制结构的停车场收费流程

这里的控制结构(controller)就是循环结构,而需要被重复执行的操作称为循环体(loop body)。

循环结构的特点是:如果给定的条件成立,则反复执行循环体;如果条件不成立,则终止循环。给定的条件称为循环条件。

6.2　循环控制语句

C 语言提供了三种语句用于构造循环结构,分别是 while、for、do-while 语句。

6.2.1　while 语句

while 语句的流程图如图 6.3 所示。

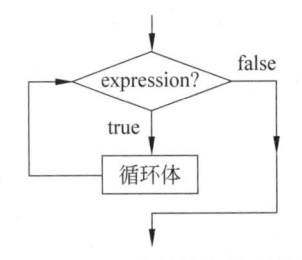

图 6.3　while 控制结构的流程图

程序设计基础

while 语句的一般形式为:

```
while(expressoin)
{
    statements;
}                                               //循环体
```

其中,expression 是循环条件,statements 是循环体中的语句,它可以是一条语句,也可以是由多条语句构成的代码块。

while 语句的执行步骤如下:

步骤 1:计算表达式 expression 的值,如果为真,则进入步骤 2,否则进入步骤 3
步骤 2:执行 statements 一次,返回步骤 1
步骤 3:while 语句的下一条语句

循环体每执行一次,称为一次迭代。从 while 循环的执行步骤看,如果第一次判断时 expression 的值为假,则直接进入步骤 3,即结束 while 语句,这表明 while 的循环体有可能一次都不执行。

【例 6.1】 1~100 的累加求和问题。

本例问题是计算并输出 1~100 所有整数的和。

假设用 sum 来标识和数,本例的主要操作是进行累加,描述为:

```
sum = sum + i;
i = i + 1;
```

令 i 的取值从 1 到 100,重复执行上述操作,就可以将 1~100 的每个数累加到 sum 中。用流程图描述这一过程,如图 6.4 所示。

图 6.4 中存在一个循环结构,其条件表达式为 i<=100,也就是当 i<=100 时执行循环体中的操作。

可以用 while 语句来实现这一循环结构。为了实现完整的程序,还需分别初始化 sum 和 i。完整的程序如程序 6.1 所示。

【程序 6.1】 用 while 实现 1~100 求和。

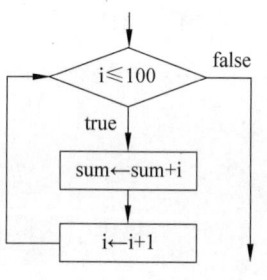

图 6.4 1~100 累加求和的流程图

```
/**********************************
Program6.1:用 while 实现 1~100 累加求和
written by Sky.
12/10/2020. Copyright 2020
**********************************/
#include <stdio.h>
int main()
```

```
{
    int sum=0,i=1;
    while(i<=100)
    {
        sum+=i;
        i++;                        //语句①:使用了++运算符,等价于 i=i+1;
    }
    printf("sum=%d",sum);
    return 0;
}
```

在使用 while 语句时,应注意以下几个问题。

(1) while 语句的条件表达式必须写在小括号中。即

```
while(i<=100)
```

(2) 不能在 while 行末尾加分号。例如:

```
while(i<=100);                      //这里的分号将导致死循环
{
    ......
}
```

由于分号(;)也是 C 语言的语句,它被认为是空语句,因此,上述代码等同于:

```
while(i<=100)
    ;                              //这里的分号是空语句,将导致死循环
                                   //这里是 while 语句的下一条语句
{
    ......
}
```

这使得循环体只有一条空语句,而执行空语句无法改变 i 的值,因此,一旦因条件
(i<=100)为真进入循环体,条件就将始终为真,导致循环无法结束。

(3) 合理使用代码段。如果循环体的语句多于一条,应该写成如下代码段的形式:

```
while(i<=100)
{
    sum+=i;
    i++;
}
```

其含义是:当循环条件为真时,代码段的语句全部被执行;当循环条件为假时,代码
段的语句全部被略过。

(4) 避免死循环。在构造循环控制结构时,一定要合理控制循环结构的条件表达式,

避免出现死循环。如果程序中出现死循环,程序将因无休止地执行循环体语句而无法结束,或者因出现异常值(例如在循环体中反复令变量的值增 1 而导致其溢出)而结束。

一般地,在 while 语句的循环体中应该包含使 while 的条件表达式从真变为假的一个操作或一条语句,从而结束 while 循环。例如,程序 6.1 中的语句①如下:

```
i++;
```

该语句令 i 值不断增 1,最终 i 的值达到 101,此时条件(i<=100)为假,则循环结束。

6.2.2 for 语句

C 语言还提供了 for 语句用于控制循环结构。for 语句的一般形式如下:

```
for(expressoin1; expression2; expression3)
{
    statements;
}                                              //循环体
```

for 语句的流程图如图 6.5 所示。

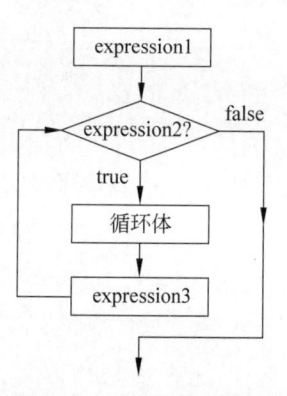

图 6.5 for 语句的流程图

for 语句的执行过程如下:

步骤 1: 求解 expression1;
步骤 2: 求解 expression2,如果 expression2 的值为真,则进入步骤 3,否则转入步骤 5;
步骤 3: 执行循环体;
步骤 4: 执行 expression3,然后转步骤 2;
步骤 5: for 语句的下一条语句

一般地,for 语句中:

- expression1 用于做循环前的准备工作,包括给循环控制变量赋初值等。它执行在循环开始之前,只执行一次。
- expression2 是循环的条件表达式,根据表达式的值为真还是假,判断是进入还是

第6章 循环结构 101

退出循环。
- expression3 用于改变循环控制变量的值,一般是令循环控制变量在每次循环后发生改变。

三个表达式必须用两个分号(;)分开,循环体可以是一条语句,也可以是一个代码段。例如,以下 for 语句执行了一个对 1～100 累加求和的操作。

```
for(i=1; i<=100; i++)
    sum=sum+i;                                    //循环体语句
```

该语句首先给循环控制变量 i 赋初值为 1,然后判断 i 是否小于或等于 100,如果为真,则执行循环体语句;每执行完循环体语句一次后,就执行 i++,令变量 i 的值增 1,然后再判断 i 是否小于或等于 100。重复这一过程,直到 i 大于 100,即条件为假时,结束 for 循环。

【例 6.2】 1～100 的偶数求和问题。

本例问题是计算 1～100 中所有偶数的和,程序代码如下。

【程序 6.2】 用 for 实现 1～100 的偶数求和。

```
/**********************************************
   Program6.2: 用 for 实现 1~100 中的偶数累加求和
   written by Sky.
   12/10/2020. Copyright 2020
**********************************************/
#include <stdio.h>
int main()
{
    int sum=0,i;
    for(i=2;i<=100;i+=2)
    {
        sum+=i;
    }
    printf("sum=%d",sum);
    return 0;
}
```

本例程序用 for 语句作为循环控制结构,对偶数进行累加求和。

在使用 for 语句时,应注意以下几个问题。

(1) for 语句的三个表达式必须用两个分号分开。即

```
for(i=2;i<=100;i+=2)
```

(2) 在条件的末尾加分号必须非常谨慎。例如:

程序设计基础

```
for(i=2;i<=100;i+=2);
{
    ......
}
```

由于分号(;)是空语句,因此,上述代码等同于:

```
for(i=2;i<=100;i+=2)
    ;                      //这里的分号是空语句,将导致循环体什么都不做
                           //这里是 for 语句的下一条语句
{
    ......
}
```

由于循环体是一条空语句,因此,虽然 i 不断递增,但循环体什么都不执行。当 i 的值达到 102 时,条件表达式(i<=100)的值为假,此时结束 for 循环,转去执行 for 语句的下一条语句。

(3) 合理地使用代码段。如果循环体包含若干条语句,那么必须写成代码段的形式,以确保循环体的所有语句在条件为真时全部被执行,在条件为假时全部被略过。

事实上,即使循环体中只有一条语句,也建议写成如下代码段的形式,以增加代码的可读性。

```
for(i=2;i<=100;i+=2)
{
    sum+=i;
}
```

6.2.3 do-while 语句

do-while 也是 C 语言提供的一种控制循环结构的语句,其一般形式为:

```
do(expressoin)
{
    statement;
}while;
```

其执行过程如图 6.6 所示。

do-while 语句与 while 语句的区别在于:它先执行循环体,然后再判断 expression 是否为真。如果为真则继续循环,如果为假则终止循环,因此,do-while 语句的循环体至少会被执行一次。

【例 6.3】 do-while 的 1~100 累加求和问题。

本例用 do-while 来实现 1~100 的累加求和。程序代码如程序 6.3 所示。

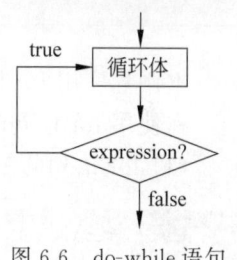

图 6.6 do-while 语句的流程图

第 6 章　循环结构

【程序 6.3】　用 do-while 实现 1～100 求和。

```
/*********************************************
   Program6.3: 用 do-while 实现 1~100 中的数累加求和
   written by Sky.
   12/10/2020. Copyright 2020
*********************************************/
#include <stdio.h>
int main()
{
    int sum=0,i=1;
    do
    {
        sum+=i;
        i=i+1;                              //语句①
    }while(i<=100);
    printf("sum=%d",sum);
    return 0;
}
```

本例程序用 do-while 语句作为循环控制结构,对 1～100 的整数进行累加求和。

在使用 do-while 语句时,应注意以下几个问题:

(1)必须在 while 的末尾加分号。例如:

```
do
{
    sum+=i;
    i=i+1;
}while(i<=100);                  //这里的分号,标识着 do-while 语句的结束
```

(2)必须使用大括号。使用 do-while 语句时,无论循环体有一条或多条语句,都必须把语句放在一对配对的大括号中,例如:

```
do
{
    i=i+2;
}while(i<=100);
```

以上语句中,虽然循环体只有一条语句,但是配对的大括号必须要有。这是 do-while 与 while 语句、for 语句语法上最大的不同之一(后两者当循环体只有一条语句时,可不写成代码段)。

(3)避免死循环。与 while 语句一样,一般来说,在 do-while 语句的循环体中,也应

该包含能使条件表达式的值从真变为假的一条语句或一个操作,从而结束 do-while
循环。

在程序 6.3 中,语句①起到了这个作用。

6.2.4 三种循环控制语句的比较

while、for 和 do-while 三种循环控制语句很多时候可以相互转换。例如,对 1~100
的整数累加求和的问题,可分别用这三种控制语句来实现。当然,这三种语句的适用场景
也有一定的差异,主要为:

(1) 在循环次数已知的情况下,适合使用 for 语句。

(2) 在循环次数未知的情况下,适合使用 while 或 do-while 语句。

(3) 如果考虑循环至少会执行一次,则适合使用 do-while 语句。

6.2.5 再论 for 语句

for 语句是 C 语言的三种循环控制语句中形式最多变的一种。除了一般使用形式以
外,它还可以有以下用法。

(1) for 的三个表达式都可以省略。例如,如下 for 语句的形式是合法的:

```
for(; ;)
{
    Loop body;
}
```

上述代码缺省了 for 的三个表达式。这种情况下,小括号中的两个分号必须保留,不
能省略。例如,用如下代码进行 1~100 累加求和:

```
i=1;                                //循环变量初始化
for(; ;)
{
    sum+=i;
    if(i>100)                       //设置循环终止的条件
        break;                      //结束当前循环
    i++;                            //循环变量增值
}
```

(2) for 语句中任何一个表达式缺省,也是合法的。例如,以下代码省略了表达式 1,
此时必须在其他合适的位置对循环变量赋初值。

```
for(;i<=100;i++)
    sum=sum+i;
```

以下代码省略了表达式 2,该 for 语句是一个死循环结构。

```
for(i=1;;i++)
    sum=sum+i;
```

也可以省略表达式 3,这时可在循环体中加入修改循环变量的语句。

```
for(i=1;i<=100;)
{
    sum=sum+i;
    i++;
}
```

还可以同时省略表达式 1 和表达式 3,将上述代码改写为:

```
i=1;
for(;i<=100;)
{
    sum=sum+i;
    i++;
}
```

可见,for 语句的任意表达式都可以缺省。在缺省的情况下,必须在程序中其他适当的位置书写语句,为 for 的循环变量赋初值、设置循环继续的条件,以及修改循环变量的取值。

6.3 break 和 continue 语句

C 语言还提供了 break 语句和 continue 语句,用于控制循环结构的执行过程。其中,break 语句还可用在 switch 语句中。下面结合图 6.7 的流程图来分析这两个语句对循环结构的影响。

从图 6.7(a)可见,在循环结构中,如果执行到 break 语句,将终止当前循环,转去执行循环结构的下一条语句。因此,break 语句为循环结构带来了第二个出口。

从图 6.7(b)可见,在循环结构中,如果执行到 continue 语句,将结束本次循环,不再执行本次循环中 continue 后面的语句,而是转去重新判断循环的条件(expression1),如 expression1 为真,还将继续执行下一次循环。因此,continue 语句不会为循环结构带来新的出口。

需要注意的是,图 6.7 示例的是有条件(expression2 为真)执行 break 和 continue 语句的情况,这不是必须的。也可以根据算法的需求,无条件执行它们,即表示"无条件终止循环"或"无条件终止本次循环"。

程序 6.4 结合 break 语句,计算并输出了 1~50 的累加和。

程序设计基础

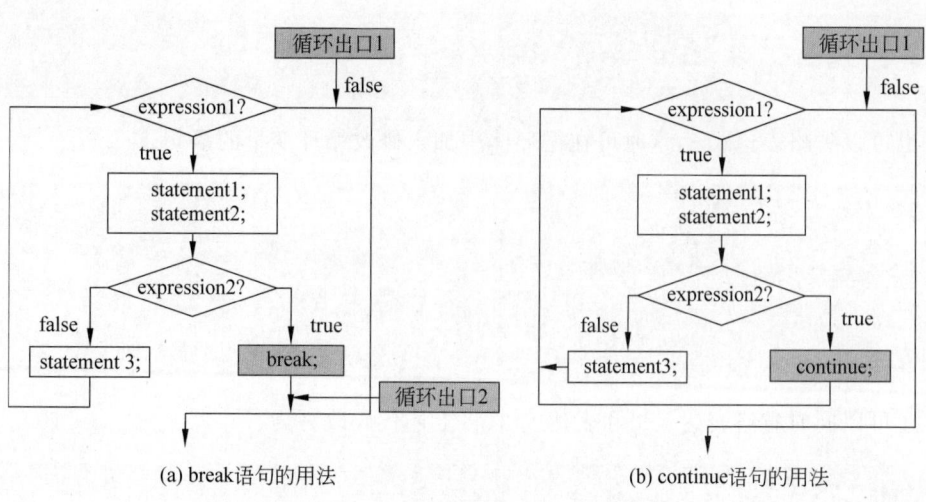

(a) break语句的用法　　　　　　　　(b) continue语句的用法

图 6.7　break 和 continue 语句的流程图

【程序 6.4】 break 语句的用法。

```
#include<stdio.h>
int main()
{
    int i=1,sum=0;
    while(1)                            //循环条件始终为真
    {
        sum+=i;
        i++;
        if(i>50)
            break;                      //当满足条件时,终止 while 循环
    }
    printf("sum=%d",sum);
    return 0;
}
```

在程序 6.4 中,通过 while(1)构造了一个循环条件始终为真的循环。如果不加其他控制,该 while 语句是一个死循环结构。为了能在 i 大于 50 时结束累加操作,采用了如下代码。

```
if(i>50)
    break;                          //当满足条件时,终止 while 循环
```

程序 6.5 结合 continue 语句,计算并输出了 1~49 与 51~100 的累加和。

【程序 6.5】 continue 语句的用法。

```
#include<stdio.h>
```

第 6 章　循环结构 　107

```c
int main()
{
    int i=0,sum=0;
    while(i<100)
    {
        i++;
        if(i==50)                           //当 i==50 时,不做加法操作
            continue;
        sum+=i;
    }
    printf("sum=%d",sum);
}
```

为了不累加整数 50,程序 6.5 采用了 continue 语句,即:

```c
if(i==50)                               //当 i==50 时,不做加法操作
    continue;
```

当 i 为 50 时,continue 语句将结束当前循环,跳过其后的语句"sum+=i;",然后重新判断 while 的条件是否为真,如果条件为真,则继续做下一次循环。

使用 break 和 continue 语句时应注意:

(1) break 可用于循环结构,也可用于 switch 语句,continue 语句只用于循环结构。

(2) 在多层循环嵌套结构中,break 语句只能跳出它所在的当前层循环。

(3) break 和 continue 语句常与 if 条件语句配合使用,用于控制循环执行的流程。

6.4　案　例　研　究

前面介绍了 C 语言的 while、for、do-while 这三种循环控制语句的用法。本节使用它们来解决一些具有循环结构的问题。

【例 6.4】 泰勒公式计算正弦函数值问题。

泰勒公式(Taylor Formula)得名于英国数学家布鲁克·泰勒。泰勒公式是一个用函数在某点的信息描述其附近取值的公式,是研究复杂函数性质时的一种常用近似方法。正弦函数 sin(x)的泰勒展开式如下:

$$\sin x = \frac{x^1}{1!} - \frac{x^3}{3!} + \frac{x^5}{5!} - \frac{x^7}{7!} + \cdots$$

本问题的要求是:对任意输入的 x,用泰勒展开式计算 sin(x)的值。精度要求达到小数点后 6 位(即当泰勒展开式某一项的绝对值小于 0.00001 时,停止计算)。

1. 问题分析

实际上,C 语言的数学库(math.h)已经提供了 sin()函数,可直接调用该函数来计算

sin(x)的值。但本案例要求不能调用标准函数,而是自定义代码,利用泰勒展开式来计算。求解本案例应首先明确以下描述:

(1) 问题中的 x 应为弧度,而非角度。

(2) x 的值从键盘输入,x 和 sin(x) 的值都应该是浮点数。

(3) 计算 sin(x) 的过程,本质是进行累加,即将泰勒展开式每一项的值不断相加,而其每一项的值是正、负交替出现的。虽然累加的具体项数不确定,但当某一项的绝对值小于 1e-6 时,累加结束。

根据前述分析,对本案例的数据描述如下:

> **输入数据**:用 x 表示输入的弧度。
>
> **输出数据**:用 sum 表示 sin(x) 的值,也即计算的结果。
>
> **其他数据**:sum 通过反复累加泰勒展开式的某一项得到,用 term 标识其中的任意一项。在求和时,需要不断比较 term 的值与 1e-6 的大小,以判断是否继续累加。为便于描述,定义符号常量 EPS 标识 1e-6。
>
> **数据类型**:x、sum、term、EPS 均为双精度浮点数。

2. 算法设计

根据问题需求,本题的概要算法描述为:

算法 计算 $\sin(x)$
输入:x
输出:$\sin(x)$ 的值 sum

1: **function** Sinx()
2:    输入 x
3:    计算 sum
4:    输出 sum
5: **end function**

其中,步骤 3 计算 sum,是对泰勒展开式的某一项 term 进行不断累加得到,描述为:

31: **while** fabs($term$)$>EPS$ **do**
32:    $sum \leftarrow sum + term$
33:    $term \leftarrow$ 当前 $term$ 的下一项
34: **end while**

以上流程的关键点为步骤 33,即如何计算当前 term 的下一项。

从 sin(x) 的泰勒展开式可见,如当前项为 term,其下一项的分母为 n,则相邻两项满足关系:

$$\text{term} = \text{term} \times \left(-\frac{x^2}{n(n-1)} \right)$$

例如,对 $-\dfrac{x^3}{3!}$,其下一项的分母为 5,则其下一项的计算式为:

$$\text{term}=-\frac{x^3}{3!}\times\left(-\frac{x^2}{5\times(5-1)}\right)=+\frac{x^5}{5!}$$

另外,由于相邻两项之间分母的 n 值相差为 2,因此将 step33 细化为:

331:     $n \leftarrow n + 2$

332:     $term \leftarrow term * (-1) * x * x/(n * (n - 1))$

综上,将步骤 3 进一步描述为:

31:**while** fabs($term$)>EPS **do**

32:     $sum \leftarrow sum + term$

33:     $n \leftarrow n + 2$

34:     $term \leftarrow term * (-1) * x * x/(n * (n - 1))$

35:**end while**

为了能进行计算,还必须做必要的初始化工作,包括在累加前将和数 sum 初始化为 0,将分母 n 的值初始化为 1,将 term 初始化为 x。综上所述,本问题的算法如流程图 6.8 所示。

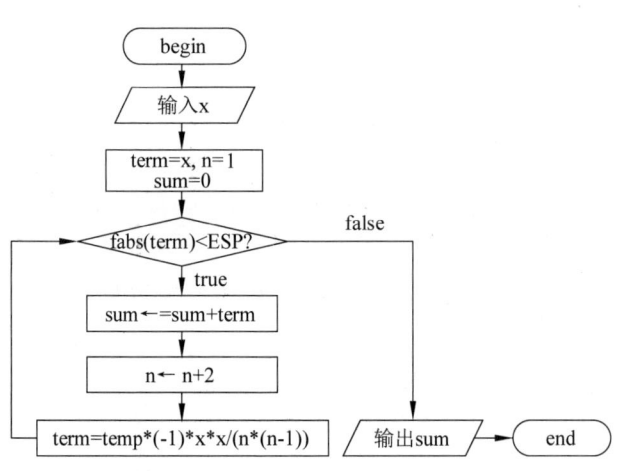

图 6.8 用泰勒公式计算 sin(x)的值流程图

3. 编程实现

【程序 6.6】 用泰勒公式计算 sin(x)的值。

```
/*****************************************************
  Program6.6:用泰勒公式计算 sin(x)的值
  written by Sky.
  12/10/2020. Copyright 2020
*****************************************************/
#include <stdio.h>
#include <math.h>
```

程序设计基础

```c
#define ESP 1e-6
int main()
{
    int n;
    double x,term,sum=0;
    scanf("%lf",&x);
    term=x;
    n=1;
    while(fabs(term)>ESP)
    {
        sum+=term;
        n=n+2;                                //语句①
        term=term*(-1)*x*x/n/(n-1);           //由当前的 term 计算下一项的 term
    }
    printf("sin(x)=%.2lf",sum);
    return 0;
}
```

4. 案例小结

本案例程序实现了用泰勒展开式计算 sin(x) 的值。其中,公式的核心计算是累加,即:

```
sum+=term;
```

由于累加的次数不确定,因此程序选用 while 语句来控制累加操作,while 循环的控制条件是:

```
fabs(term)>ESP
```

其中,fabs()是一个标准函数,它用于取 term 的绝对值。当然,本程序稍加改造,也可以用 do-while 来实现。注意,由于循环次数未知,因此,应关注语句①的执行情况,因为如果循环执行次数过多,可能引起 n 值溢出。

```
n=n+2;
```

本案例在求解泰勒公式时,采用了通过前一项计算其下一项的方法,避免了每一项中的重复计算,一是可以提高计算效率,二是较好地避免了因分母较大时,直接计算 n! 可能溢出的问题。这种解题思路也可应用到更多以下同类问题中。

(1) $e^x = 1 + \dfrac{x^1}{1!} + \dfrac{x^2}{2!} + \dfrac{x^3}{3!} + \dfrac{x^4}{4!} + \cdots$

(2) $\cos x = x - \dfrac{x^2}{2!} + \dfrac{x^4}{4!} - \dfrac{x^6}{6!} + \dfrac{x^8}{8!} + \cdots$

第 6 章　循环结构　111

【例 6.5】　找出 2～100 中所有的素数问题。

素数又称质数。一个大于 1 的自然数，除了 1 和它自身外，不能被其他自然数整除的数称为素数，否则称为合数（规定 1 既不是质数也不是合数）。欧几里得证明了素数是无限的，此后的数学家一直在研究素数规律，许多猜想都与素数有关，例如哥德巴赫猜想、孪生素数猜想、梅森素数猜想、ABC 猜想、黎曼猜想等。

素数有着广泛的应用。例如，在公钥密码学中，公钥通常是根据素数和相关的数学难题构造的公开参数，而私钥则是数学难题的解或者求解过程使用的陷门。任何一个用户都可以使用收信人的公钥将消息进行加密，接收者如果没有收信人所拥有的私钥，则解密过程可能会因求解素数相关数学难题的时间太长，而使取得的信息失效。

本问题的要求是：找到并输出 2～100 中所有的素数。

1. 问题分析

根据素数的定义，判断一个数 x 是否是素数，只需用 2～（x−1）的每一个数与其相除，如果全部都不能除尽，则 x 就是素数。当然，也可以用 2～sqrt(x) 的每一个数与 x 相除，如果全部都除不尽，则 x 就是素数。

输入数据：本问题不需输入，只需穷举出 2～100 中的每一个数，依次判断即可。

（1）用 x 标识将要判断的某一个数，x 的取值范围为 2～100。

（2）为判断 x 是否是素数，需要找出 x 所有的可能的因子，用 factor 标识 x 的因子。

输出数据：如果某一个数 x 是质数，则输出该数。

数据类型：x、factor 均为整数。

2. 算法设计

根据问题需求，本案例的概要算法描述为：

算法　找出 2～100 中所有的素数
输出：2～100 中所有的素数

```
1： function Primes()
2：     for x = 2 → 100 do
3：         if x 是素数 then
4：             输出 x
5：         end if
6：     end for
7： end function
```

本案例的关键点为步骤 3，即如何判断 x 是素数。为此，要将 2～sqrt(x) 中的每一个整数作为 factor，依次与 x 相除，如果在这一过程中出现了整除，则 x 就不是素数；反之，如果所有的 factor 都不能将 x 整除，则 x 就是素数。

由此对步骤 3 细化，描述为：

```
31： k ← (int)sqrt(x)
32： for factor = 2 → k do
33：     if x % factor == 0 then
```

```
34:        break;
35:    end if
36: end for
37: if factor > k then
38:    输出 x
39: end if
```

综合前述分析,得到本案例细化的算法如图 6.9 所示。

```
for(x=2;x<=100;x++)                          外循环：穷举2~100的每一个数
{
    k=(int)sqrt(x);                          内循环：判断某一
    for(factor=2; factor<=k; factor++)       个数x是不是质数
    {
        if(x%factor == 0)
            break;   //break为循环增加了出口,当执行break时,表明x不是质数
    }
    if(factor> k)        //没有发生break操作
        输出x;
}
```

图 6.9 找出 2~100 中所有的素数算法

本案例算法是典型的两重循环结构。外层循环用于穷举 2~100 的每一个数,内层循环用于穷举出每一个数 x 的所有因子,这种结构称为循环结构嵌套。循环结构嵌套是十分常见的程序设计技术。

在嵌套的循环结构中,外循环每执行一次,内循环语句执行若干次(取决于内循环执行的次数,例如本例为最多 k−1 次)。因此,在嵌套循环结构中,内循环中的语句执行的次数可能远大于外循环。

3. 编程实现

【**程序 6.7**】 找出 2~100 中所有的素数。

```
/********************************************************
 Program6.7: 找出 2~100 中所有的素数
 written by Sky.
 12/10/2020. Copyright 2020
 ********************************************************/
#include <stdio.h>
int main()
{
    int x,factor,k;
    for(x=2;x<=100;x++)
    {
        k=(int)sqrt(x);                    //语句①
        for(factor=2;factor<=k;factor++)   //语句②
```

第 6 章 循环结构   113

```c
    {
        if(x%factor==0)
            break;                      //循环结构有两个出口
    }
    if(factor==k+1)
        printf("%d ",x);
}
return 0;
}
```

4. 案例小结

本案例程序是典型的两重循环嵌套结构。编写嵌套循环结构时,应注意如下问题:

(1) 合理设计语句所处的位置。

哪些语句应该在内循环中,哪些应该在外循环中,必须先做好设计,再进行编码。例如,本案例程序中,对每一个 x,其 sqrt(x) 的值只需计算一次即可,因此将语句①放在外循环中。假设将语句①、②合并为以下代码,程序也可以正常执行,但其运行效率却不同,请读者自行分析其原因。

```c
for(factor=2;factor<=(int)sqrt(x);factor++)
```

(2) 利用循环结构的两个出口来解题。

我们知道,循环结构本身有一个出口,但使用 break 语句将令循环结构有两个出口,这两个出口可以分别体现不同的程序运行状态。例如,在本例程序中使用了 break 语句终止内循环,使内循环的两个出口分别是:

出口 1:当 factor>k 时,结束内循环
出口 2:当 x%factor==0 时,结束内循环(此时 factor<=k)

因此,内层循环结束后,通过判断内循环的出口是"出口 1",还是"出口 2",可以进一步判断循环体中语句运行的状态。本案例中,当内循环结束时:

① 如果 factor>k,出口为 1,则表明 x 是素数。
② 如果 factor<=k,出口为 2,则表明 x 不是素数。

6.5 本 章 小 结

本章介绍了 C 语言控制循环结构的语句,包括 for、while、do-while 语句。

目前,已介绍了结构化程序设计的三大基本结构,包括顺序结构、选择结构和循环结构。理论上说,无论问题的解法有多复杂,总是能运用三大基本结构的组合,描述出其解题思路。

程序设计基础

我们从以下方面来回顾本章：

（1）什么时候使用循环结构？

如果问题中存在重复的操作，可使用循环结构。首先需提炼出循环体，也就是那些需要被反复执行的操作，然后选用一种合适的控制语句，控制循环体被反复执行若干次。

（2）三种循环控制语句如何选用？

C 语言提供了 for、while、do-while 三种语句来构造循环结构。其中，for 语句更适于循环次数已知的循环，while 和 do-while 更适于循环次数未知、根据特定条件执行的循环，do-while 语句的循环体至少会执行一次。在很多情况下，三种控制语句可以换用，你可以根据具体的算法，选用适合的循环控制语句。

（3）怎样打乱循环的固有执行流程？

使用 break 和 continue 语句可以令循环结构更加灵活。其中，break 语句可能使循环结构出现两个出口，可以利用这一点，来做更多有利于问题求解的设计。

（4）循环嵌套时应该注意什么？

对嵌套的循环结构，其内层循环的语句执行的次数可能远大于外层循环的语句。为了使算法正确，同时兼顾程序执行的效率，应该合理设计操作在循环中的位置。一般来说，在问题能够正确求解，且有利于阅读理解程序的情况下，能在外循环中执行的操作，不要放到内循环中去。

经过本章学习，编写的程序结构可能愈渐复杂，需要在编码前做充分的数据分析、算法设计，用流程图、伪代码等方式细化算法，使解题思路了然于胸，以便在测试阶段快速排查程序的问题。另外，由于代码的逻辑更加复杂，必须保持良好的程序编写风格，增强程序的可读性，提升测试和维护程序的效率。

6.6　习　　题

1. 什么是无限循环？写一段无限循环的代码。

2. 为什么要将循环体的语句书写成缩进的形式？

3. 算法设计：输入 10 个整数，计算并输出它们和。可用伪代码或流程图描述。

4. 算法设计：设计一个算法，输出如下序列，可用伪代码或流程图描述。

```
0 10 20 30 40 50……1000
```

5. 算法设计：设计一个算法，从键盘输入一个大于 0 的整数，输出此数的所有整数因子。例如：

```
输入:12
输出:12:1 2 3 4 6 12
```

可用伪代码或流程图描述。

6. 编写程序,任意输入十个整数,找出它们的最大值并输出。

7. 若有一个三位数 abc,满足 $a^3+b^3+c^3=abc$,则称这个三位数 abc 为水仙花数。例如 153,由于 $1^3+3^3+5^3=153$,则 153 称为水仙花数。

编写程序,找到并输出 100~999 中所有的水仙花数。

8. 编写程序,利用公式:$\dfrac{\pi}{2}=\dfrac{2\times 2}{1\times 3}\times\dfrac{4\times 4}{3\times 5}\times\dfrac{6\times 6}{5\times 7}\times\cdots\times\dfrac{(2n)^2}{(2n-1)(2n+1)}$,计算并输出 π 的近似值(取前 100 项)。

9. 编写程序,找出 2~1000 中的所有亲密数对。

亲密数对是指:如果 a 的因子和等于 b,b 的因子和等于 a,则(a,b)就是亲密数对。这里所说的因子,不包括该数本身,例如,6 的因子是 1、2、3。

10. 已知公鸡三元 1 只,母鸡一元 1 只,小鸡一元 3 只。编写程序,计算并输出用 100 元买 100 只鸡的总方案数,以及每种方案中公鸡、母鸡、小鸡的数量。

第 7 章   函   数

本章导读

在实际问题中,如果需要完成的任务比较复杂,包含众多功能,一种明智的做法就是将大的任务自顶向下、逐步分解为若干小的部分,分别完成每个小的部分后,再将它们组装起来,确保最终完成整个工作。这种自顶向下分解、自底向上完成的方法,体现了对复杂问题分而治之的思想。如果仔细封装这些小的部分,让它们成为功能相对独立的子模块,还可以重用这些模块,从而提高软件开发的效率。

本章讨论的函数,就是以这样的思路来解决问题。

经过前面的章节我们知道,C 程序的基本单位是函数,函数是程序中功能相对独立的子模块。学习设计和使用函数,有利于实现功能复杂的程序,提高开发效率。

本章主要内容

- 模块化程序设计的思想。
- C 程序中如何定义和使用函数。
- 函数的实参与形参的关系问题。
- 程序中的局部变量和全局变量。
- 变量的存储形式。
- 如何声明函数的原型。

7.1   模块化程序设计

模块化并不是计算机软件开发领域特有的概念。

模块化设计(modular design)的概念提出于 20 世纪 50 年代,它是指在开发具有多种功能的不同产品时,不必对每种产品单独设计,而是精心设计出多种模块,将其以不同方式组合起来,构成不同的产品。现在,模块化设计的思想已渗透到机械制造、产品设计、计算机软件系统开发等各个领域。在每个领域,模块都有其特定含义。例如,机械制造领域的模块是指一组具有同一功能和接合要素(指连接部位的形状、尺寸等),但性能、规格或结构不同却能互换的单元。

模块化设计可以解决产品品种、规格与设计制造周期、成本之间的矛盾,降低设计和开发成本(只需定制系统的一部分),使系统的扩充或更新不受约束(只需插入一个新模块即可获得新的解决方案)。

模块化设计也是绿色设计[①]方法之一。将绿色设计思想与模块化设计方法相结合,可以同时满足产品的功能属性和环境属性。一方面可以缩短产品研发与制造周期,增加产品系列,快速应对市场变化;另一方面可以方便产品的重用、升级、维修,以及废弃产品的拆卸、回收和处理,减少对环境的不利影响。

模块化程序设计(modular programming),是指在进行程序设计时将一个大的程序按照功能划分为若干小程序模块,令每个小模块完成一个确定的功能,并在这些模块之间建立必要的联系,通过模块的互相协作,完成整个功能。例如,一个简易的超市进销存管理系统功能模块如图 7.1 所示。该系统分为六大功能模块,每个模块分解为若干小模块,分别设计、实现这些小模块,并按照一定的方式组织它们,最终可以构成一个功能复杂的系统。

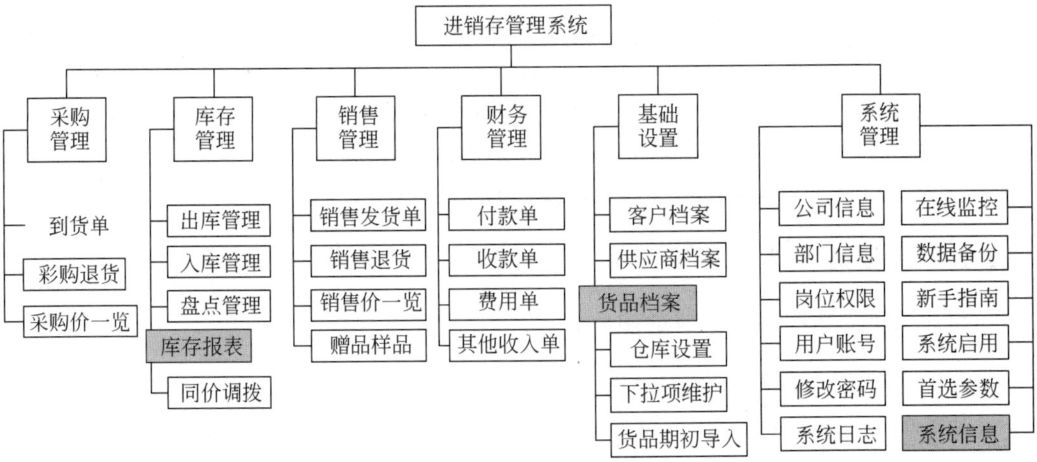

图 7.1　一个简易的进销存管理系统功能模块图

对这种由模块组合而成的系统,大多数时候只需维护、更新子模块即可。显然,在设计这样的系统时,每个模块的功能相对独立,并向外提供设计合理的接口(与其他模块耦合的方式)是非常重要的。

总体来看,模块化程序设计的主要优点在于:

(1) 控制了程序设计的复杂性。

(2) 提高了代码的重用性。

(3) 易于维护和功能扩充。

---

① 绿色设计(Green Design)指在产品生命周期内,着重考虑产品的环境属性(可回收性、可维护性、可重用性等)并将其作为设计目标。在满足环境目标要求的同时,保证产品功能、使用寿命、质量等要求。绿色设计有一个公认的 3R 原则,即减少环境污染(Reduce)、减小能源消耗(Reuse)、产品和零部件的回收再生循环或重新利用(Recycle)。绿色设计体现了人们对现代科技文化引起的环境及生态破坏的反思,也体现了设计师道德和社会责任心的回归。

程序设计基础

（4）有利于团队开发。

一般说来，模块化程序设计应遵循以下几个主要原则：

（1）模块独立。各个模块应具有相对独立的功能，与其他模块的联系尽可能地简单。

（2）模块规模适当。模块的规模不能太大，也不能太小。如果一个模块的功能太强（功能不独立、不单一），就会降低可读性；如果模块的功能太弱，就会有很多的接口。

（3）分解模块时要注意层次。系统的任务一般是逐级分解的。在分解初期，可以只考虑大的模块，在中期逐步细化，分解成较小的模块进行设计。

7.2　C语言的函数

7.2.1　函数的概念

现在，我们已经知道 C 程序的基本单位是函数，可以说 C 程序的全部工作都是由各式各样的函数完成的。虽然在前面各章的程序中大都只有一个主函数 main()，但实用程序往往由多个函数组成。

函数是程序中功能相对独立的模块，它使程序的结构更加直观，从而提高程序的易读性和可维护性。C 语言不仅提供了丰富的库函数，还允许我们把自己的算法编写成函数，然后用调用的方法来使用函数，以实现代码的重用，提高开发效率。

7.2.2　函数的分类

可以从不同角度对 C 语言的函数分类。

1. 有返回值和无返回值的函数

从函数的返回值角度看，可分为有返回值函数和无返回值函数。

（1）有返回值函数。

此类函数被执行完后将向调用者返回一个执行结果，称为函数返回值。如果自定义有返回函数值的函数，必须在函数定义中明确声明返回值的类型。

例如，以下定义了一个 max() 函数，它找出两个整数中的较大数，并返回这个较大数，在函数的首部声明了其返回值为 int。

```
int max(int x,int y)                    //函数类型为 int
{
    return(x>y? x:y);
}
```

（2）无返回值函数。

此类函数一般用于完成某种特定的处理任务，执行完后不向主调函数返回值。由于函数无返回值，在自定义此类函数时可指定其类型为空类型，空类型的说明符为 void。

例如，以下定义了一个 prn() 函数，它仅仅是输出一些信息，不返回任何值，其类型是 void。

第 7 章 函数 119

```c
void prn()                                    //无返回值
{
    printf("This is the function PRN.\n");
}
```

2. 有参函数和无参函数

从主调函数和被调函数间数据传送的角度看,可分为有参函数和无参函数。

(1) 有参函数。

此类函数的定义及函数调用时都有参数。函数定义中的参数称为形式参数(简称为形参),函数调用时给出的参数称为实际参数(简称为实参)。

例如前述的 max()函数就是有参函数,它的参数表中有两个形式参数,分别是 x 和 y。

(2) 无参函数。

此类函数的定义及函数调用中均不带参数。主调函数和被调函数之间不进行参数传送。此类函数通常用来完成一组指定的功能,可以不返回函数值。

例如,前述的 prn()函数就是无参函数,它的参数表为空。

3. 从函数定义的角度

从函数定义的角度看,函数可分为库函数和用户定义函数两种。

(1) 库函数。

大多数编程语言都有已编写好的函数库,这些函数称为库函数(library function)。

库函数的代码通常存储在一些特殊文件中。当安装编译器时,这些文件通常随之存储在计算机中。我们不必要知道库函数的代码,只需知道它的使用方式,包括函数的类型、参数数量及类型等,然后调用该函数即可。调用库函数时,库函数的代码不会出现我们的程序中。

C 语言提供了极为丰富的库函数[①],我们只需在程序前包含有该函数原型的头文件,即可在程序中调用该函数。例如,在前面各章中,常用的 printf()、scanf()等函数均是库函数。C 语言库函数的分类见附录 D.2。

(2) 用户定义函数。

由用户按解决问题的需要编写的函数,称为用户自定义函数。

7.3 函数的定义

7.3.1 无参函数的定义

C 语言的无参函数定义形式如下:

———————————————

① 事实上我们不必死记这些库函数的用法,在需要使用它们时,可以查阅相关手册。

程序设计基础

```
函数类型 函数名()                                          //函数首部
{                                                       //函数体开始
    声明部分
    语句
}                                                       //函数体结束
```

其中第一行为函数首部,包括函数类型、函数名、参数表三部分。函数类型表明了函数的返回值的数据类型。如果函数没有返回值,其函数类型写成 void。函数名是由用户定义的标识符。函数名后是一对配对的小括号,称为参数表。无参函数的参数表为空,但小括号不可缺省。

函数首部以下的大括号{}中的内容称为函数体。函数体通常包括声明部分和语句部分。声明部分一般是对函数内部所使用的变量的类型声明。

例如,以下是一个无参函数的定义:

```
void count()
{
    int x=10,y=20;                                      //声明部分
    printf ("x+y=%d",x+y);                              //语句部分
}
```

上述代码声明了一个名为 count 的无参函数,其返回值为空。函数体中定义了两个变量 x 和 y,然后调用 printf()函数,输出 x 和 y 的和。

7.3.2 有参函数的定义

有参函数定义的一般形式如下:

```
函数类型 函数名(形式参数列表)                                //函数首部
{                                                       //函数体开始
    声明部分
    语句
}                                                       //函数体结束
```

有参函数的参数表是非空的,在参数表中给出由若干个参数构成的参数列表,这些参数称为形参。形参可以是各种类型的变量,多个形参之间用逗号间隔。例如,以下定义了一个函数用于找出两个数的较大数:

```
int max(int a, int b)
{
    if (a>b) return a;
    else return b;
}
```

第 7 章 函数 121

该函数的名字为 max,其返回值是整数。函数有两个形参,分别是 a 和 b,它们均为整型。在 max 函数体内有一个 if-else 选择结构,用于找出形参 a 和 b 的较大数,然后用 return 语句返回这个较大数。

在 C 程序中,一个函数的定义可以放在程序中的任意位置。函数定义的位置不影响程序的执行过程。但是,不能将一个函数定义在另外一个函数内部,即函数不能嵌套定义。例如,以下将函数 max()定义在函数 a()的内部,这种定义形式是不合法的:

```
void a()
{
    int max(int a, int b)          //在函数 a()的内部定义函数 max(),是不合法的
    {
        if (a>b) return a;
        else return b;
    }
    ......
}
```

main()函数在程序中定义的位置也是任意的,它可以在源文件的开头、中间或尾部。无论 main()函数被定义在什么位置,程序的运行总是从 main()函数开始,当 main()函数运行结束,整个程序的运行即结束。在这一过程中,其他函数都是通过被调用的方式执行的。

7.4　函数的调用

7.4.1　函数调用的一般形式

C 程序的函数是以调用的方式来执行的,将调用者称为主调函数,将被调用者称为被调函数。

函数调用的一般形式为:

函数名(实参表);

这里的实参是与形参相对应的概念。一般地,将函数定义时声明的参数称为形参,调用该函数时的参数称为实参。

1. 无参函数的调用

调用无参函数时,不用指定实参。例如:

```
void count()
{
    int x=10,y=20;
    printf ("x+y=%d",x+y);
```

程序设计基础

```
}
void main()
{
    count();                                    //调用无参函数 count()
}
```

这里的 count() 函数是一个无参函数,且没有返回值,在 main() 函数中调用它的语句为:

```
count();                                        //调用无参函数 count()
```

虽然调用无参函数时不用指定实参,但参数表的小括号不能省略。另外,由于上述 count() 函数没有返回值,在调用它时就没有接收其返回值,其调用仅仅只是执行了一些操作。

2. 有参函数的调用

调用有参函数时,必须指定对应的实参。例如:

```
int max(int a, int b)
{
    if (a>b) return a;
    else return b;
}
void main()
{
    int x, y, z;
    z=max(x, y);                                //调用有参函数 max(),x 和 y 均作为实参
    printf("max=%d", z);
}
```

这里的有参函数 max() 有两个形参,分别是整型变量 a 和 b。调用 max() 时,main() 指定了两个对应的实参,即 x 和 y,通过函数调用的值传递机制,将实参 x 和 y 的值分别拷贝给对应的形参 a 和 b,在函数 max() 中,由形参 a 和 b 参与计算,并返回二者的较大值。

函数调用时的值传递机制是本章最重要的知识之一,我们将在 7.5 节进一步讨论该机制。

需要特别注意的是,无论对无参函数还是有参函数,在调用时都无需写出函数的类型,也无需写出参数的类型。例如,如下调用形式都是不合法的:

```
void main()
{
    void count();                               //不合法的调用形式
    z=int max(int x,int y);                     //不合法的调用形式
}
```

第 7 章　函数　**123**

7.4.2　函数嵌套调用及分析

1. 函数嵌套调用过程

C语言中不允许嵌套定义函数,但允许嵌套调用。如果程序中有:

函数 a() 调用 b(),函数 b() 调用 c()

这样的调用,就称为函数嵌套调用。嵌套调用时,函数间的关系如图7.2所示。

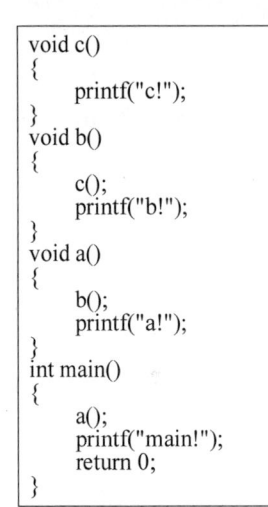

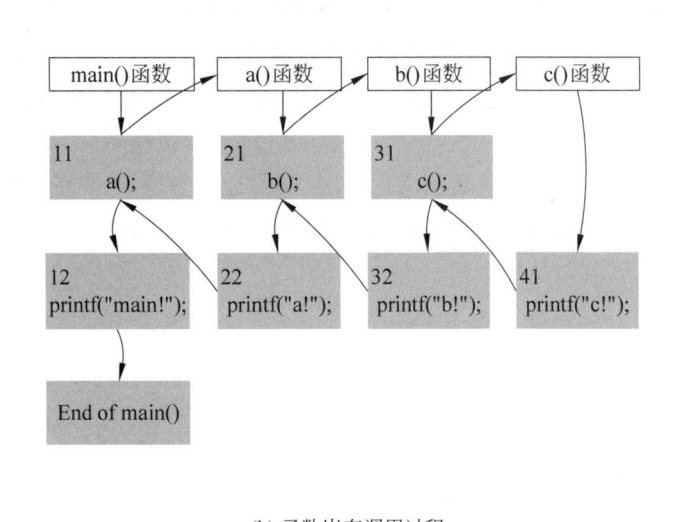

(a) 函数嵌套调用代码示例　　　　　　　　　　(b) 函数嵌套调用过程

图 7.2　函数嵌套调用的示例

图7.2(a)是一段函数嵌套调用的代码,其执行如图7.2(b)所示。为便于理解,这里对图7.2(b)的每一个语句进行了编号。嵌套调用过程包含两大阶段:

第一阶段: 向前调用

(1) 首先执行 main()函数,当遇到语句11,即调用 a()函数时,CPU 将从 main()转去执行 a()函数,此时,main()函数的语句12尚未执行。为保证在执行完函数 a()后,能返回到语句12的位置继续执行,在转向函数 a()之前,至少[①]需要做以下准备工作 S:

S: 保存当前函数 a() 的所有局部变量、实参、返回地址 (这里是语句 12 的内存地址) 等信息。

可见,转向被调函数前的准备工作,在空间、时间上都将产生开销。

(2) 在 a()函数中执行到语句21,即调用 b()函数时,CPU 将从 a()转去执行 b()函数。此时,函数 a()的语句22尚未执行。为保证执行完函数 b()后,能返回到语句22的位置继续执行,在转向函数 b()之前,需要做与前述 S 一样的准备工作。

---

　　① 函数调用时的准备工作还包括为被调函数的局部变量分配内存空间、将控制转移到被调用函数的入口地址等。

（3）如果在 b()函数中继续调用函数 c()，其准备和转向步骤均如前所述。

第二阶段: 向后返回

（1）当执行到函数 c()时,其没有再调用其他函数了,则函数 c()在执行完语句 41 后结束,将向其主调函数 b()返回。返回到函数 b()调用 c()的语句的下一条语句,即语句 32 继续执行。为使 CPU 能顺利返回语句 32 继续执行,至少①需要做以下恢复工作 R:

> R:释放为被调函数分配的存储空间,获取在调用时保存的语句 32 的内存地址、主调函数的局部变量等信息。

可见,从被调函数向主调函数返回时,也将产生时间开销。

（2）令 CPU 从语句 32 的内存地址处读取指令并执行,一直执行到函数 b()结束后,再返回到其主调函数 a()的语句 22 位置,继续执行。

（3）每当一个函数执行结束,都需通过方法 R 恢复并返回到其主调函数,待主调函数执行结束后,再继续返回,直到返回到 main()函数。当执行完 main()的最后一个语句,程序执行即结束。

2. 函数嵌套调用分析

如前所述,函数嵌套调用具有如下特点。

（1）函数调用会产生额外的空间开销和时间开销。

函数调用时会产生空间开销,这是因为必须通过一定的保存机制,才能确保 CPU 在执行完被调函数后,返回到主调函数中,从调用的位置继续执行。这种保存机制需要计算机的内存支持。由于每一次调用都需分配新的存储空间用于保存相关信息,但计算机无法提供无穷无尽的存储资源,因此,事实上,函数嵌套调用不可能无休止地进行。也就是说,程序运行时,函数嵌套调用的层次不可能为任意多层。

函数调用会产生时间开销,这是因为每次调用都需要开辟内存并保存相关信息,每次调用返回时,需要释放内存并恢复相关变量的信息,这些操作都将产生时间开销。

函数调用产生的时空开销,本质是在函数模块切换调用时,因接口通信等而产生的额外开销。显然,随着函数嵌套层次增多,额外的时空开销也逐步增加。

从这一角度看,虽然函数是模块化程序设计的重要技术之一,它可以提高软件开发效率,但其同时也存在不可避免的时空开销问题。因此,从理论上说,C 程序的函数嵌套调用的层次可以是任意多层,但实际上函数嵌套调用的层次受时空开销的制约。

（2）被调函数总是返回到自己的主调函数中,而不是直接返回到 main()函数中。

注意,函数调用是逐级返回的,这类似于一个人走迷宫时的向前试探和往后回退。当从路口 A1 选择走向路口 A2 时,如果 A2 处无路可走,则将退回到 A1 处重新选择其他路口,而非直接返回到迷宫的起点。

---

① 函数返回时的恢复工作还包括保存被调函数的返回值等。

7.5　形参与实参的关系

7.5.1　函数为什么有参数

在进一步讨论函数的形参与实参的关系前,先来讨论一个问题:为什么有些函数有参数呢?

事实上,有些函数不需要传递任何数据给它,它就能独立完成其功能,例如,以下count()函数的功能是计算并输出1~100的整数的和。

```
void count()
{
    int i,sum=0;
    for(i=1;i<=100;i++)
        sum+=i;
    printf("%d",sum);
}
```

这里,由于数据范围已确定为1~100,函数count()无需接收任何外部数据就可以计算,这样的函数就不需要参数,是无参函数。

如果修改函数功能为:计算并输出1~n的整数的和。这里的n值不确定,而是根据具体问题来确定,因此,每次调用函数时,必须先指定n值,然后再调用函数计算。这样的函数必须对外有一个接口,以便能够接收来自主调函数传递的n值,否则函数将因n值不确定而无法计算。因此函数定义如下:

```
void count_n(int n)
{
    int i,sum=0;
    for(i=1;i<=n;i++)
        sum+=i;
    printf("%d",sum);
}
```

这里函数count_n有一个int类型的形参n,其值由主调函数指定,根据主调函数指定不同的n,函数计算得到不同的结果。

显然,函数的参数是函数对外的数据接口。通过形参,被调函数可以接收主调函数传递的数据,并据此进行计算。根据函数功能不同,其参数的个数、数据类型也各异。例如,找出任意三个整数的最大数问题,这样的函数就需要三个整型形参。

那么,在自定义函数时,应该把哪些变量作为函数的参数呢?这取决于一个函数必须从主调函数接收什么信息才能工作。

例如,去裁缝店做衣服时,必须携带衣服的布料和尺寸,否则裁缝就无法做出我们想

程序设计基础

要的衣服。这里的布料、尺寸,就是我们与裁缝之间的数据接口,它们应该被指定为形参。但是我们无需携带尺子、剪刀等工具,因为我们只需把布料和尺寸告诉裁缝,最后从裁缝手里取回做好的衣服就行了,而不关心裁缝用什么工具做衣服。因此,做衣服的过程是一个黑盒,裁缝使用的工具都是函数内部的变量,无需成为对外的接口参数。

7.5.2 值传递机制

前面已经介绍过,在定义有参函数时声明的参数为形参,在调用有参函数时指定的参数为实参。以下结合程序 7.1 分析形参与实参的关系。

【程序 7.1】 一个简单的有参函数。

```
int add(int x, int y)                       //定义处的 x 和 y 是形参
{
    return x+y;
}
int main()
{
    int x=20, y=30, z;
    z=add(x, y);                            //语句①:指定了两个实参 x 和 y
    printf("x=%d, y=%d, z=%d", x, y, z);
    return 0;
}
```

程序 7.1 的输出为:

```
x=20, y=30, z=50
```

该程序有两个函数,其中,main()函数在语句①处调用了 add()函数。调用时,实参与形参存在以下对应关系:

(1) 实参和形参在数量上、数据类型上、顺序上必须严格一致。

例如程序 7.1 中,函数 add()有两个整型形参 x 和 y,因此调用时指定了两个对应实参,且实参均为整型。其中,第一实参(x)对应第一形参(x),第二实参(y)对应第二形(y)。

(2) 无论实参与形参是否同名,它们的含义都不相同。

实参与形参可以同名,也可以不同名,它们的本质差异在于它们的生存期和作用域各不相同。那么,什么是生存期和作用域呢?

- 生存期:指变量在内存中占用存储空间的时间,即从给变量分配内存开始,到释放其内存空间为止的时间。对函数的形参来说,它的生存期,是从定义形参的函数执行开始,到函数执行结束为止,也就是说,函数的形参只在定义它的函数被调用时才分配内存单元,在调用结束时,即释放形参的存储空间。因此,当函数执行结束返回主调函数后,不能再使用其形参的值。

- 作用域:指变量的作用范围,也即变量能被整个程序中哪些模块所访问。一般来

说,函数形参的作用域只在定义该形参的函数内部。

例如,在程序 7.1 中,实参与形参的关系如表 7.1 所示。

表 7.1　实参与形参的生存期和作用域比较

参　　数	生　存　期	作　用　域
实参 x 和 y	从 main()函数执行开始,到 main()函数执行结束为止	在 main()函数内部
形参 x 和 y	从 add()函数执行开始,到 add()函数执行结束为止	在 add()函数内部

可见,在程序 7.1 中,虽然形参与实参同名,但它们的生存期和作用域各不相同。

当执行 main()函数时,为实参 x 和 y 分配内存空间,当调用 add()函数时,为形参 x 和 y 分配内存空间,因此实参 x 和形参 x、实参 y 与形参 y 各自拥有不同的存储空间,其物理位置完全不同。

(3) 实参与形参是值传递的关系。

当函数调用时,实参与形参是值传递的关系,也就是说,实参将其值复制给对应的形参,在函数中由形参参与计算。值传递的机制如图 7.3 所示。

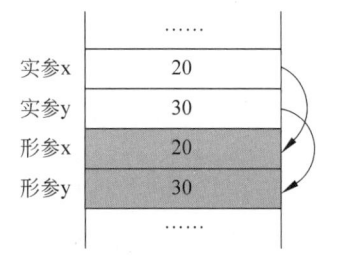

当开始执行 main()函数时,实参 x 和 y 分别被分配存储空间并初始化。当调用 add()函数时,形参 x 和 y 被分配存储空间,然后分别将实参 x 和 y 的值复制给(顺序上)对应的形参 x 和 y。在函数 add()中由形参 x 和 y 参与计算。

图 7.3　值传递中形参与实参的关系

由于存在值传递,因此在调用函数时,实参必须有确定的值,才能把其值传递给形参。实参可以是常量、变量、表达式等。例如,在程序 7.1 中,实参 x 和 y 的初始值分别为 20 和 30,当执行 add()函数时,形参 x 和 y 获得实参的值,因此函数中无需对形参赋值,即可进行计算。

(4) 值传递的数据传送是单向的。

从图 7.3 可见,实参与形参的物理地址是分离的,因此,无论在函数中怎样修改形参的值,都不会对实参产生任何影响,也就是说,只能把实参的值传给形参,不能把形参的值反向传给实参。

例如,将程序 7.1 修改为程序 7.2。

【程序 7.2】　函数的值传递机制。

```
int add(int x, int y)              //这里的 x 和 y 是形参
{
    printf("Add()\n");             //语句①
    x=200, y=300;                  //语句②
    return x+y;
}
```

程序设计基础

```c
int main()
{
    int x=20,y=30,z;
    z=add(x,y);                            //指定了两个实参 x 和 y
    printf("x=%d,y=%d,z=%d",x,y,z);
    return 0;
}
```

程序 7.2 的输出为：

```
Add()
x=20,y=30,z=500
```

当执行到语句①时,由于值传递的关系,数据在内存中的状态如图 7.4(a)所示,当执行到语句②时,将形参 x 和 y 分别修改为 200 和 300,此时,数据在内存中的状态如图 7.4(b)所示。

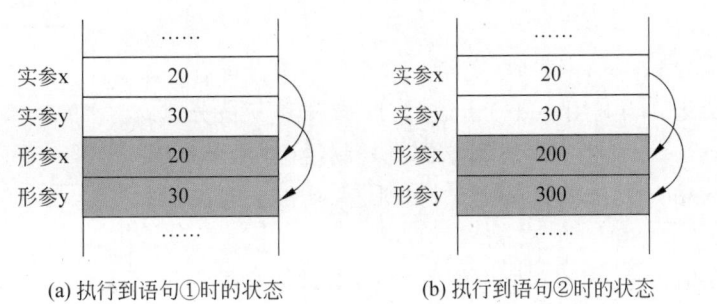

(a) 执行到语句①时的状态　　　　(b) 执行到语句②时的状态

图 7.4　执行到语句①、语句②时形参与实参的内存快照

由于实参与形参分别拥有不同的存储空间,因此,将形参 x 和 y 分别修改为 200 和 300,仅仅是修改了形参的存储空间的值,其对应的实参不受任何影响。当 add()函数执行结束,形参 x 和 y 的生存期结束,其存储空间被释放,返回到 main()函数中再观察实参 x 和 y,其值仍然分别是 20 和 30。

程序 7.3 进一步表明了值传递的单向传送关系。

【**程序 7.3**】　实参与形参的关系。

```c
void sway(int x,int y)                     //这里的 x 和 y 是形参
{
    int temp;                              //语句①
    temp=x, x=y, y=temp;                   //语句②
}
int main()
{
    int x=20,y=30;
```

```
    printf("x=%d,y=%d\n",x,y);          //输出:x=20,y=30
    swap(x,y);                          //指定了两个实参 x 和 y
    printf("x=%d,y=%d",x,y);            //输出:x=20,y=30
    return 0;
}
```

程序 7.3 的输出为:

```
x=20,y=30
x=20,y=30
```

本例中的形参与实参的关系如图 7.5 所示。

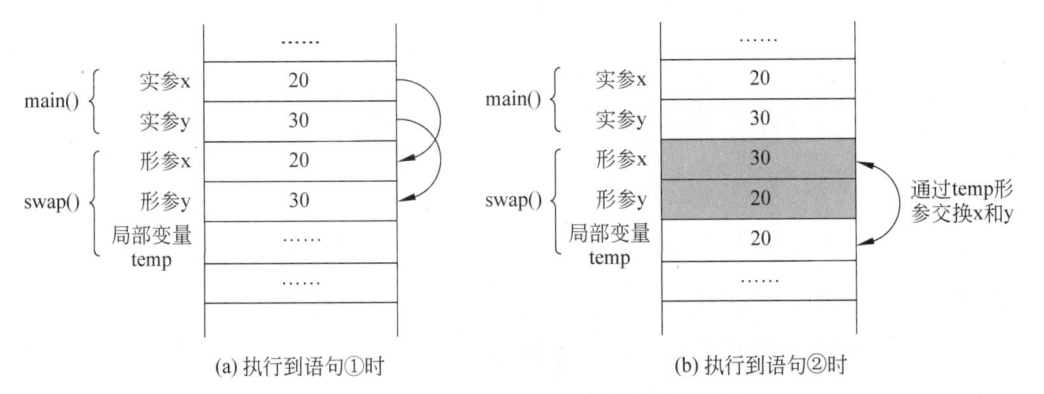

(a) 执行到语句①时　　　　　　　　(b) 执行到语句②时

图 7.5　函数 swap 调用时形参与实参的关系

在程序 7.3 中,main()函数定义了变量 x 和 y,它们被作为调用 swap()函数的实参。调用 swap()函数时,为其形参 x、y 和局部变量 temp 分配存储空间,通过值传递,将实参 x 和 y 的值分别复制给形参 x 和 y,当执行到语句①时,变量的内存快照如图 7.5(a)所示。

在 swap()函数中执行语句②,交换形参 x 和 y 的值,此时,实参 x 和 y 不受任何影响,仍保持其原值,因此执行完语句②后,变量的内存快照如图 7.5(b)所示。当 swap()执行结束,形参 x、y 和局部变量 temp 的生存期结束,其内存空间被释放,返回到 main()函数中,此时输出的是实参 x 和 y 的值,仍然分别是 20 和 30。

可见,C 语言的函数调用采用值传递机制,形参与实参各自拥有不同的存储空间,物理上完全分离,因此无论怎样修改形参,实参的值均不受影响。

7.6　函数的返回值

函数的返回值是指被调函数向主调函数返回的值。对函数的返回值有以下一些说明:

(1) 函数可以通过 return 语句向主调函数返回值。

```
return 表达式;
```

或者：

```
return (表达式);
```

return 语句的功能是计算表达式的值,并返回给主调函数。在函数中允许有多条 return 语句,但每次调用只能有一条 return 语句被执行,因此只能用 return 语句返回一个值。

(2) 函数返回值的类型与函数定义中的函数类型必须一致。

例如,在前面程序 7.2 中,add()函数的 return 语句的(x+y)的值是 int 型,因此 add()函数的类型也定义为 int 型。如果函数没有返回值,可以将其明确定义为 void 型,例如:

```
void s(int n)
{
    ......
}
```

不能在主调函数中使用 void 类型的函数的值。例如,对上述函数 s(),如下调用语句是错误的:

```
sum=s(n);                    //错误的调用
```

(3) 有返回值的函数可出现在表达式中。

例如,程序 7.2 的 main()函数中可有如下语句:

```
z=3.5+add(x,y);
```

该语句首先调用函数 add(),计算 x 和 y 之和并返回,再将其返回值与 3.5 相加。

7.7　局部变量与全局变量

7.7.1　局部变量

定义在函数内部的变量称为局部变量,也称为内部变量。局部变量的生存期仅在定义它的函数执行期间,其作用域仅限于定义它的函数内部,也就是说,局部变量不能被定义它以外的其他函数所使用。

例如:

```
int f1(int a)
{
```

```
        int b,c;                              //函数 f1 的局部变量有 a、b、c
        ......
    }
    int f2(int x)
    {
        int y,z;                              //函数 f2 的局部变量有 x、y、z
        ......
    }
    void main()
    {
        int x,y;                              //函数 main 的局部变量有 x、y
        ......
    }
```

上述代码中：

函数 f1() 有三个局部变量：b 和 c 为一般局部变量，形参 a 也是 f1() 的局部变量(它同时作为函数 f1() 对外的数据接口)。

函数 f2() 有三个局部变量：y 和 z 为一般局部变量，形参 x 也是 f2() 的局部变量(它同时作为函数 f2() 对外的数据接口)。

函数 main() 有两个局部变量，即 x 和 y。

从局部变量的生存期和作用域角度，这些变量的区别如表 7.2 所示。

表 7.2　不同函数的局部变量比较

局部变量	定义的函数	生　存　期	作　用　域
a、b、c	f1()	执行 f1() 起，到 f1() 执行结束为止	仅能在 f1() 函数内部访问
x、y、z	f2()	执行 f2() 起，到 f2() 执行结束为止	仅能在 f2() 函数内部访问
x、y	main()	执行 main() 起，到 main() 执行结束为止	仅能在 main() 函数内部访问

从表 7.2 可见，函数的局部变量有如下特点：

(1) 一个 C 程序中可能包含多个函数，可以在不同函数中使用同名的局部变量。这些变量虽然同名，但它们的生存期和作用域都不同，分配不同的存储单元，互不干扰，不会发生混淆。例如，前述代码中，函数 main() 的局部变量 x 和 y，与函数 f2() 的局部变量 x (形参)和 y 同名，这是允许的。

(2) main() 函数的局部变量只能在 main() 函数中使用，不能在其他函数中使用。

(3) main() 函数不能使用其他函数的局部变量，因为 main() 函数与其他函数是平行关系。

(4) 函数的形参是函数的局部变量。

(5) 可以在代码块中定义局部变量，它的作用域只在定义该变量的代码块内部。

例如：

程序设计基础

```
void example()
{
    int s=100;                  //语句①:s 的作用域在 main() 函数内
    {                           //代码块开始
        int s=20;               //语句②:s 的作用域在本代码块内
        printf("%d",s);         //语句③:输出 20
    }                           //代码块结束
    printf("%d",s);             //语句④:输出 100
}
```

以上代码在 example()函数中定义了变量 s,其初始值为 100,又在代码块内定义了一个变量 s,其初始值为 20。虽然两个 s 同名,但它们的生存期和作用域都不同,并不是同一个变量,两个变量 s 的差异如表 7.3 所示。

表 7.3　不同位置的同名变量比较

局部变量	定义的位置	生　存　期	作　用　域
s	语句①	执行 main()函数起,到 main()执行结束为止	仅在 main()函数内部访问
s	语句②	执行代码段起,到代码段执行结束为止	仅在代码段内部访问

在代码段中定义的 s,其作用域在代码段中,因此代码段的语句③处输出 s 为 20;在 main()中定义的 s,其作用域在 main()函数中,因此代码段结束后,语句④输出的 s 为 100。

7.7.2　黑盒的观点

函数的局部变量可看成是函数的私有变量。对任意一个函数 A,除其本身以外,任何其他函数都不能直接访问 A 的局部变量。可以说,函数 A 是一个黑盒,如图 7.6 所示。当需要使用函数 A 时,主调函数只需将其数据以实参的形式传给函数 A,函数 A 通过形参接收实参的值,计算后,将结果返回给主调函数,至于在函数 A 内部的一切数据,以及如何对这些数据进行操作,对主调函数来说都是不可见的。

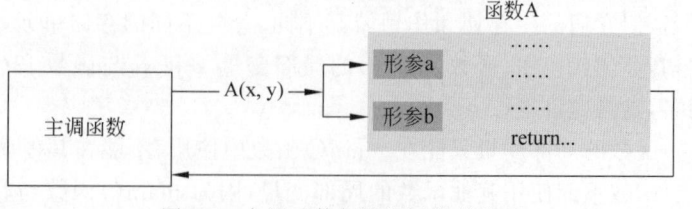

图 7.6　主调函数与被调函数的关系

黑盒体现了函数 A 对自身数据的保护,任何其他函数不能读取,更不能修改函数 A 的局部变量的值。主调函数只需按函数 A 要求的接口向其传递参数,并获得 A 计算的结果,而不必关心 A 的内部实现细节,这增加了函数 A 和主调函数各自的独立性的和可重用性,使它们既功能独立,又很容易根据问题需求进行整合。

7.7.3 全局变量

全局变量也称外部变量,它是定义在函数外部的变量。全局变量不属于某一个函数,它的作用域是从定义的位置起,到整个源程序结束的位置为止。在全局变量作用域内的所有函数,可以直接使用该全局变量。在全局变量作用域外的函数如需使用全局变量,须用关键字 extern 进行声明,才能使用该变量。图 7.7 是全局变量的作用域示意图。

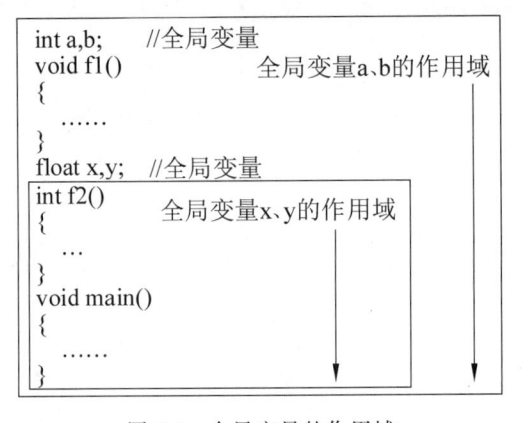

图 7.7　全局变量的作用域

图 7.7 中有四个全局变量,分别是整型的 a 和 b,float 型的 x 和 y,它们的作用域都是从定义的位置开始,到源文件结束的位置为止。其中,a 和 b 可被其作用域内的函数 f1()、f2()、main()直接访问,x 和 y 可被其作用域内的函数 f2()、main()直接访问,但 f1()函数不在其作用域内,因此 f1()不能直接访问 x 和 y。以下程序 7.4 进一步表明了全局变量的用法。

【程序 7.4】　全局变量的用法。

本问题的要求是:输入长方体的长、宽和高,调用函数 vs(),计算并返回长方体的体积及其三个面的面积。

我们知道,函数的 return 语句只能返回一个值,那么 vs()函数如何计算并返回四个值呢? 本例程序通过定义三个全局变量来解决这个问题。

```
#include <stdio.h>
int s1,s2,s3;                          //全局变量
int vs(int a,int b,int c)
{
    int volume;                        //vs()函数的局部变量
    volume=a * b * c;
    s1=a * b;                          //语句①
    s2=b * c;                          //语句②
    s3=a * c;                          //语句③
```

程序设计基础

```
        return volume;
    }
    int main()
    {
        int lenth,width,height,volume;              //main()函数的局部变量
        printf("Input length,width and height:");
        scanf("%d%d%d",&lenth,&width,&height);
        volume=vs(lenth,width,height);
        printf("volume=%d,s1=%d,s2=%d,s3=%d\n",volume,s1,s2,s3);     //语句④
        return 0;
    }
```

程序 7.4 的运行结果是：

```
Input length,width and height:3 4 5
v=60,s1=12,s2=20,s3=15
```

在本例程序中，main()函数定义了 4 个局部变量 lenth、width、height 和 volume，输入 lenth、width 和 height 后，调用 vs()函数进行计算。vs()函数将计算产生四个值，即长方体的体积和三个面的面积。

由于 vs()函数用 return 语句只能返回体积 volume，因此，本例程序定义了三个全局变量 s1、s2 和 s3，分别用于存放三个面的面积。s1、s2、s3 定义在源文件的开头，它们可以被函数 vs()和 main()无条件地访问。

在函数 vs()中，语句①~语句③计算三个面的面积并分别赋给 s1、s2 和 s3。当 vs()函数执行结束，s1、s2 和 s3 已经被赋值，因此，在 main()函数的语句④中输出 s1、s2 和 s3时，它们的值已经是三个面的面积了。

本例程序利用了全局变量可被其作用域内的所有函数访问的特点，在源文件开头定义了三个全局变量，使 vs()和 main()函数共享了这三个变量，它们前者修改 s1、s2 和 s3，后者则访问这三个变量的值，从而解决了 vs()函数无法同时返回四个值的问题。

在使用全局变量时，如果全局变量与其作用域内的函数的局部变量同名，则在局部变量的作用范围内，同名的全局变量被屏蔽，即这个全局变量不起作用。程序 7.5 示例了这种情况。

【程序 7.5】 全局变量的使用约定。

```
#include <stdio.h>
int a=3,b=10;                          //a、b 为全局变量
int max(int a,int b)
{
    int c;
    c=a>b? a:b;                        //语句②
    return(c);
```

```
}
int main()
{
    int a=8;                                //a 为局部变量
    printf("max=%d\n",max(a,b));             //语句①:a 为局部变量,b 为全局变量
    return 0;
}
```

程序 7.5 的运行结果是:

```
max=10
```

本例程序定义了两个全局变量 a 和 b,并在 main()函数中定义了局部变量 a,它与全局变量同名,此时,对 main()函数来说,同名的全局变量 a 被屏蔽,也就是说,main()函数不可访问全局变量 a,因此,在语句①处调用 max()函数时,实参 a 是 main()的局部变量,值为 8,而实参 b 则是全局变量,其值为 10。

同理,程序为 max()函数定义了两个形参 a 和 b。此时,形参与全局变量同名,同名的全局变量被屏蔽,在 max()中引用的 a 和 b 均是形参,因此,语句②中 a 和 b 的值分别是 8 和 10。

7.8   变量的存储类型

从变量在内存中的存储方式上,还可以将变量定义为静态存储方式和动态存储方式。

- 静态存储方式:是指在程序运行期间分配固定的存储空间的方式。
- 动态存储方式:是在程序运行期间根据需要动态分配存储空间的方式。

为了理解这两种存储方式,首先来看程序运行时数据在内存中的存储形式。一个 C 程序运行时占用内存的情况如图 7.8 所示。

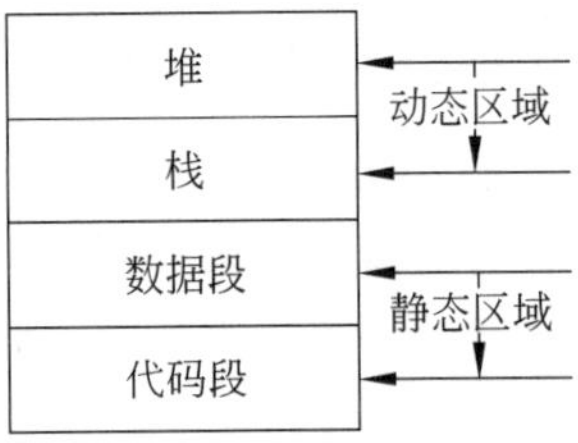

程序占用的内存空间包括静态区域和动态区域两部分。

(1) 静态区域包括代码段和数据段。

所有程序语句编译后所生成的可执行指令存储在代码段。而数据段主要存储全局变量、静态局部变量、程序中的常量等。

存储在静态区域的数据都是静态存储方式,其特点是数据自程序编译完成后就已经分配存储地址,在程序执行中其存储地址一直保持不变,直至程序运行结束。程序中的全局变量、静态变量、常量等都是静态存储方式。例如,全局变量存放在静态存储区,在程序执行过程中,全局变量一直占据固定的存储单元,不再重新分配内存单元,直至程序执行完毕再释放。

图 7.8   程序运行时占用内存的情况示意图

程序设计基础

(2) 动态区域包括栈和堆。

栈(stack)主要存放函数执行时的参数、函数的局部变量等,例如,函数的自动局部变量、函数的形参、函数调用的现场保护等就是使用栈空间。

堆(heap)一般由程序员通过动态内存分配的方式申请和释放。

存储在动态区域的数据都是动态存储方式。动态存储方式是指在程序运行期间,需要使用变量时才分配存储单元,使用完毕立即释放存储空间。

例如,函数的形参就是动态存储方式。在函数定义时并不给形参分配存储空间,只在函数被调用时,才进行分配,函数执行结束后立即释放形参的存储空间。如果一个函数被多次调用,则将反复分配和释放形参的存储空间。

在 C 程序中定义变量时,除了需要声明它的数据类型,还可以指定变量的存储类型,也就是它的存储方式。

1. auto 变量

auto 变量又称自动变量,它是动态存储方式。对函数的局部变量,如果不显式声明,都默认为是 auto 变量。另外,函数的形参和在函数的语句块中定义的变量,也都是 auto 变量。在调用函数时,系统给 auto 变量分配存储空间,在函数调用结束时自动释放这些存储空间。

自动变量用关键字 auto 进行存储类别的声明。例如:

```
int f(int a)                          //定义 f 函数,a 为形参
{
    auto int b,c=3;                   //定义 b、c 为自动变量
    ......
}
```

以上代码中,a 是函数 f() 的形参,b、c 是自动变量,对 c 赋初值 3。当调用函数 f() 时,为 a、b 和 c 分配存储空间(在动态存储区的栈中),执行完 f() 函数后,自动释放变量 a、b、c 的存储空间。

关键字 auto 可以省略,此时默认变量是自动变量,属于动态存储方式。

2. 用 static 声明局部变量

有时希望函数中的局部变量的值在函数调用结束后不消失且保留原值,这时可以指定该局部变量为静态变量,用关键字 static 进行声明。

程序 7.6 对比了静态变量和 auto 变量的区别。

【程序 7.6】 static 变量和 auto 变量的区别。

```
#include <stdio.h>
void f()
{
    static int x=1;                   //静态局部变量只初始化一次
    int y=1;
```

```
        printf("x=%d,y=%d\n",x,y);
        x++;
        y++;
    }
    int main()
    {
        int q=1;
        while(q<=5)
        {
            printf("%d:",q);
            f();
            q++;
        }
        return 0;
    }
```

本例程序的运行结果如下：

```
1:x=1,y=1
2:x=2,y=1
3:x=3,y=1
4:x=4,y=1
5:x=5,y=1
```

程序 7.6 在函数 f() 中定义了静态变量 x 和 auto 变量 y,main() 调用了函数 f() 五次，每次都执行 x++和 y++操作。

从运行结果看,每次调用函数 f() 时,y 的值始终为 1,而 x 的值在不断增 1。这是由于 y 为 auto 变量,是动态存储方式。每次调用函数 f() 时,给 y 分配存储空间并将其初始化为 1,当 f() 执行结束,释放 y 的存储空间,如果再次调用函数 f(),将重新给 y 分配存储空间并重新初始化,因此其在 f() 中输出的值始终为 1。

相反,x 被声明为 static 存储类型,是静态存储方式。它在函数 f() 开始运行时被分配存储空间,并被初始化为 1,其后 x 的存储空间不释放(即使函数 f() 执行结束),也不再被初始化。由于每次调用函数 f() 时,对 x 都访问同一存储空间,因此前一次调用 f() 后 x 的值可以继续参与下一次计算。所以,随着调用次数的增加,x 的值在 f() 中不断增 1。

我们将静态局部变量与 auto 变量进行对比如下：

(1) 静态局部变量属于静态存储方式,在静态存储空间内分配存储单元,在整个程序运行期间都不释放,而 auto 变量是动态存储方式,它使用动态存储空间,每次函数调用结束后即释放。可以说,用关键字 static 声明局部变量,实际上延长了该局部变量的生存期。

(2) 静态局部变量在编译时被赋初值,且只赋初值一次,而 auto 变量是在函数调用时赋初值,每一次调用函数,都重新初始化 auto 变量。

（3）如果定义局部变量时没有指定初始值，则静态局部变量将在编译时被自动赋初值为 0（对数值型变量）或空字符（对字符变量），而对于 auto 变量，如果不指定其初值，它的值将是不确定的。

程序 7.7 利用静态局部变量的存储特点计算了 1～5 的阶乘值。

【程序 7.7】 用静态局部变量计算 1～5 的阶乘。

```
#include <stdio.h>
int fac(int n)
{
    static int f=1;                              //语句①
    f=f * n;
    return(f);
}
int main()
{
    int i;
    for(i=1;i<=5;i++)
        printf("%d!=%d\n",i,fac(i));
    return 0;
}
```

程序 7.7 的运行结果如下：

```
1!=1
2!=2
3!=6
4!=24
5!=120
```

本例程序中，由于局部变量 f 被指定为 static 类型，因此，每次执行完 fac 函数后，f 的存储空间不释放，在下一次调用 fac() 函数时，也不重新初始化 f，而是使用前一次调用的计算结果，继续计算，因此，程序调用了 fac() 函数 5 次，最终得到了 1～5 每一个数的阶乘值。

读者可以分析，如果将程序 7.7 的语句①中的 static 去掉，本例程序的运行结果会怎样呢？

3. register 变量

如果程序中某个变量被频繁地读写，意味着需要反复访问内存，从而花费大量的存取时间。为此，C 语言提供了一种寄存器变量，这种变量存放在 CPU 的寄存器中。使用时，不需要访问内存，直接从寄存器中读写，从而提高程序执行效率。寄存器变量关键字 register 来声明。

程序 7.8 是一个使用 register 变量的示例。

【**程序 7.8**】 声明和使用 register 变量。

```
#include <stdio.h>
int fac(int n)
{
    register int i,f=1;
    for(i=1;i<=n;i++)
        f=f*i;
    return f;
}
int main()
{
    int i;
    for(i=0;i<=5;i++)
        printf("%d!=%d\n",i,fac(i));
    return 0;
}
```

本例程序中,函数 fac()的局部变量 f 和 i 都被频繁使用,因此将它们定义为寄存器变量。

使用 register 需要注意以下问题:

(1) 只有局部自动变量和形参才可以定义为寄存器变量。因为寄存器变量属于动态存储方式,凡需要静态存储的量,如全局变量、静态局部变量,都不能定义为寄存器变量。

(2) 一个计算机系统中的寄存器数目有限,不能定义任意多个寄存器变量。

(3) register 是一个"建议"型关键字,意指程序请求将该变量放在寄存器中,但最终该变量可能因为条件不满足不能成为寄存器变量,而被放在存储器中。这种情况编译并不会报错,也不影响程序的执行。

(4) 无论一个 register 变量最终是否被放在寄存器中,都不能用 & 运算符对 register 变量进行取址操作。例如,以下取 register 变量 i 的地址的操作是不合法的,编译会报错:

```
register int i;
int *p=&i;                                    //不合法,编译报错
```

4. 用 extern 声明全局变量

根据前面对全局变量的讨论,我们知道全局变量的作用域是从其定义处开始,到程序文件的末尾为止。如果在全局变量的作用域外的函数要引用全局变量,则必须用关键字 extern 声明该全局变量。

程序 7.9 是一个用 extern 声明全局变量的例子。

程序设计基础

【程序 7.9】 用 extern 声明全局变量。

```c
#include <stdio.h>
int high=3;
int trapezoid(int top,int bottom,int high)
{
    return((top+bottom) * high/2);
}
int main()
{
    extern top,bottom;                       //声明了定义在 main()函数之后的全局变量
    printf("Area of trapezoid is:%d",trapezoid(top,bottom,high));
    return 0;
}
int top=13,bottom=10;                        //定义了全局变量
```

本例程序计算并输出了一个梯形的面积。程序在第一行定义了全局变量 high，在最后一行定义了全局变量 top、bottom。这样，main()函数和 trapezoid()都在 high 的作用域内，但都在 top 和 bottom 的作用域外。此时，main()函数不能使用全局变量 top、bottom，如需使用，必须先用关键字 extern 声明这两个全局变量，即：

```c
extern top,bottom;
```

经过上述声明，就可以在 main()函数中合法使用 top 和 bottom 了。可见，用 extern 声明全局变量，实际上是扩展了全局变量的作用域。

7.9 函 数 原 型

我们知道，函数的执行与函数在源文件中的位置无关。无论将一个函数定义在源程序中的什么位置，都不会影响程序的执行(程序的执行过程是由调用关系决定的)。但是，一般情况下，应该满足"主调函数在后，被调函数在前"的条件，也就是说，C 程序中的一个函数，可以不加任何说明地调用它前面的其他函数。例如，在程序 7.9 中，main()函数可以直接调用它前面的函数 trapezoid()，但不能调用定义在它后面的函数。当程序中包含很多函数以及复杂的调用关系时，这一调用规则显然就不够灵活了。

设想一个函数 f1()调用了函数 f2()，而 f2()又调用了 f1()，这时已不满足主调在后、被调在前的条件，如果不做任何处理直接进行函数调用，编译就会报错。

例如，以下代码中，main()函数调用了定义在其后面的函数 a()和 b()，此时语句①、语句②编译会报错。这是由于编译器从源文件开头自上而下地进行代码解析和编译，当读取到语句①、语句②时，还没见到过函数 a()和 b()的定义(它们定义在这两条语句之

第 7 章　函数　141

后），因此无法对这两条函数调用语句进行判断。

```
int main()
{
    int x=3;
    float y=12.0,z;
    a(x,y);                                    //语句①：编译报错
    z=b(x,y);                                  //语句②：编译报错
    return 0;
}
void a(int x,float y)
{
    //......
}
float b(int x,float y)
{
    //......
}
```

为使上述代码能够被正确编译，需要在源文件的开头声明被调函数的原型。

函数原型是一条定义函数基本特性的语句，它包含函数名、函数返回值的类型、函数参数的类型三部分。事实上，如果把一个函数的首部末尾加上一个分号，它就是函数原型。

例如，上述代码中，在最前面加上函数 a() 和 b() 的原型，即：

```
void a(int x,float y);                         //声明函数 a() 的原型
float b(int x,float y);                        //声明函数 b() 的原型
int main()
{
    //......
    a(x,y);                                    //语句①
    z=b(x,y);                                  //语句②
    return 0;
}
//Definitions for a(),b()
```

添加函数原型声明后，编译器在语句①和语句②处就能够检查调用函数语句的正确性了。

通常将函数原型放在源文件的开头处，在所有函数的定义和头文件之前，且在所有函数的外部。这样，无论这个函数定义在源文件的什么位置，源文件中的其他函数都可以任意调用这个函数。

函数原型也可以省略形参的名字，例如前述函数 a() 和 b() 的原型可以声明如下：

程序设计基础

```
void a(int,float);
float b(int,float);
```

在程序中调用标准库函数时,无需编写它们的函数原型,但必须在源文件的开头用
♯include 包含该函数对应的头文件。

7.10 案例研究

【例 7.1】 温度转换函数问题。

温度是表示物体冷热程度的物理量,用来度量物体温度数值的标尺称为温标。温标
(thermometric scale)是为保证温度量值的统一和准确而建立的用来衡量温度的标准尺
度。1724 年,德国人华伦海特制定了华氏温标,用符号℉表示。华氏温标把纯水的冰点
温度定为 32 ℉,把标准大气压下水的沸点温度定为 212℉,中间分为 180 等份,每一等份
代表 1°。1742 年,瑞典天文学家安德斯·摄尔修斯提出了摄氏温标,用符号°C 表示。摄
氏温标是世界上使用较为广泛的温标之一,已纳入国际单位制[①]。摄氏温度和华氏温度
可以相互换算,其换算公式为:

$$℃=5×(℉-32)/9$$

例如,将华氏 90°换算成摄氏度:$5×(90-32)/9=5×58/9=32.2$

相应地,摄氏 30°转换后为华氏 86°。

本问题的要求是:编写一个温度转换函数,函数能将摄氏温度转成华氏温度,也可以
将华氏温度转成摄氏温度,计算的(摄氏或华氏)温度值范围为-1000.0~1000.0。函数
原型为:

```
double changeCF (double temperature, char type);
```

其中,参数 temperature 表示被转换的温度值,参数 type 表示要转换的温度类型:

如果 type 为'C',表示将 temperature 转换为摄氏温度;

如果 type 为'F',表示将 temperature 转换为华氏温度;

如果 type 非'C'和'F',则返回一个异常的温度值 10000.0。

1. 问题分析

输入数据: 问题要求编写的函数对外有两个接口,一个是表示温度值的
temperature,一个是表示温度类型的 type。其中,温度值 temperature 要求为 double 型,
需要处理的温度类型有两种,分别用'C'和'F'表示,因此,type 是 char 型的。

输出数据: 计算结果是一个温度值,是 double 类型的。根据函数要求,将返回计算

---

① 国际单位制(法语:Système International d'Unités,SI)于 1960 年第十一届国际计量大会通过,推荐各国采
用。目前,国际单位制共包含 7 个严格定义的基本单位,分别是长度(m)、质量(kg)、时间(s)、电流(A)、热力学温度
(K)、物质的量(mol)和发光强度(cd)。国际单位制是计量学研究的基础和核心。

第 7 章　函数　143

的温度值,因此函数返回值的类型为 double 型。

　　其他数据:可以在本例中设置一个辅助变量 temp,用于记录计算的温度值,函数最终返回这个 temp 的值,temp 的类型为 double。

2. 算法设计

　　根据问题描述,要求定义一个函数模块 changeCF(),用于转换温度并返回其值。函数 changeCF() 与 main() 函数的关系如图 7.9 所示。其中,待转换的温度值、转换类型由 main() 指定,通过 changeCF() 函数对外的接口(两个形参)传递给 changeCF() 函数,由 changeCF() 完成温度转换并返回其值,计算结果在 main() 函数中输出。

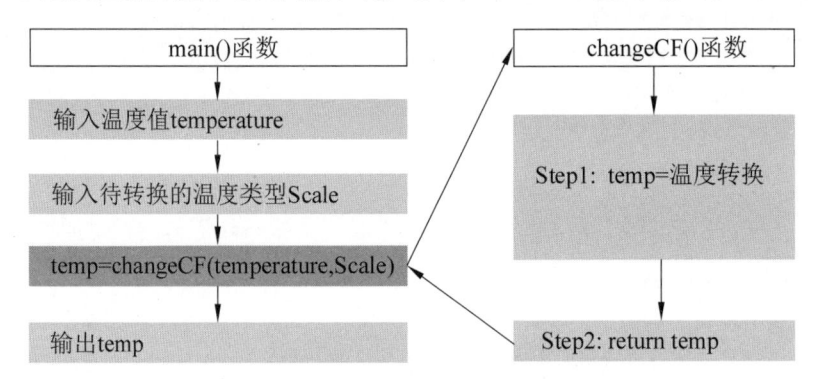

图 7.9　main() 函数与 changeCF() 函数的调用关系描述

　　对 changeCF() 函数,其功能是根据 type 判断是将摄氏温度转换为华氏温度,还是将华氏温度转换为摄氏温度。图 7.8 中,温度转换算法 changeCF 描述为:

算法　温度转换
输入:温度 $temperature$,转换的类型 $type$
输出:转换后的温度 $temp$

1: **function** changeCF($temperature$, $type$)
2: 　　**if** $type$ == 'C' **then**
3: 　　　　$temp \leftarrow 5 * (temperature - 32)/9$
4: 　　**else if** $type$ == 'F' **then**
5: 　　　　$temp \leftarrow 9 * temperature/5 + 32$
6: 　　**else**
7: 　　　　$temp = 10000.0$
8: 　　**end if**
9: 　　**return** $temp$
10: **end function**

---

3. 编程实现

【**程序 7.10**】　温度转换程序。

```
/*********************************************************
   Program7.10:温度转换程序
```

```
written by Sky.
12/10/2020. Copyright 2020
***********************************************************/
#include <stdio.h>
double changeCF(double temperature, char type)
{
    double temp;
    if(type=='C')
        temp = 5 * (temperature-32)/9;
    else if(type=='F')
        temp=9 * temperature/5+32;
    else temp=10000.0;
    return temp;
}
int main()
{
    double temperature;
    char type;
    printf("请输入待转换的温度值:");
    scanf("%lf",&temperature);
    printf("请输入待转换的温度类型:");
    fflush(stdin);                                //语句①:清空输入缓冲区
    scanf("%c",&type);
    printf("转换后的温度值为:%.1lf",changeCF(temperature,type));
    return 0;
}
```

4. 案例小结

本案例利用函数实现了温度转换。在编写函数时,应注意如下问题:

(1) 函数的实参与形参存在值传递的关系。当调用函数 changeCF()时,实参的值被复制给形参,在函数 changeCF()中,由形参参与计算。因此,在函数中不需要给形参 temperature 和 type 赋值。

(2) 本例程序的语句①使用了 fflush(stdin)函数,它的功能是清空输入缓冲区,通常是为了确保不影响后面的数据读取(例如在读完一个整数后紧接着读取一个字符,此时应先执行 fflush(stdin)。在本书后面的一些程序示例中,也用到了 fflush()函数来清空输入缓冲区。但应注意的是,fflush()函数仅被某些编译器支持(如 VC6、Dev C++ 等),而并非所有的编译器都支持该功能。也可以将语句①改写如下,用于清空输入缓冲区。

```
while(getchar())
    break;
```

7.11 本章小结

本章介绍了 C 程序中函数的相关概念和操作技术,包括如何定义函数、函数的值传递机制、函数嵌套调用的过程、函数的返回值,以及函数内部、外部变量的存储形式等。

函数是一种非常重要的程序设计技术,它体现了模块化程序设计的思想。这里从如下方面总结和回顾本章。

(1)函数体现了模块化程序设计的思想。函数使代码具有可重用性,提高了软件开发的效率和灵活性,但函数调用将产生时空开销,因此在函数嵌套调用时,随着嵌套调用层数的增加,程序运行的时空开销也会逐步增大。

(2)对有参函数,其形参与实参是值传递的关系。形参与实参可以同名,但含义不同,这种不同体现在它们的生存期与作用域各不相同。

(3)函数可以通过 return 语句返回一个值。对那些需要返回多个值的函数,应该怎么处理呢?将在第 10 章指针中进一步讨论这个问题。

(4)从变量的作用域角度,可将程序中的变量分为全局变量和局部变量,从变量的生存期角度,可将程序中的变量分为静态存储和动态存储。当程序中有许多同名变量时,从它们的生存期和作用域角度去分析,可以帮助我们清楚地区分它们的差异。

7.12 习 题

1. 函数是模块化程序设计的一种技术。简述一下函数的优点和可能带来的问题。

2. 为什么函数的局部变量一般采用动态存储方式?

3. 函数的形参也是函数的一种局部变量,它与定义在函数内部的局部变量有什么不同?

4. 算法设计:设计一个名为 timesSeven()的函数,该函数接收一个非负的整型形参。假设系统可记录的整数的最大值为 MAXINT,如果形参值的 7 倍超出了 MAXINT,函数返回 −1,否则返回形参值的 7 倍。请用伪代码或流程图描述算法。

5. 算法设计:设计一个名为 distance()的函数,该函数接收平面上两个点的坐标值(x1,y1)、(x2,y2),计算并返回这两个点之间的距离。请用伪代码或流程图描述算法。

6. 编写一个函数,判断接收的日期(包含年、月、日)是该年的第几天,在主调函数中输出判断的结果。建议函数原型为:

```
int cday(int year, int month, int day);
```

7. 编写一个函数,函数接收任意两个正整数值,计算并返回两者的最大公约数。建议函数原型为:

程序设计基础

```
int gcd(int numa, int numb);
```

8. 如有一个数列,其前两项分别为 1、1,从第三项开始,每一项都是其前两项之和,这个数列被称为斐波那契数列。如 1、1、2、3、5、8、13、21 是斐波那契数列的前 8 项。编写一个函数,函数计算并返回斐波那契数列的第 n 项的值。建议函数原型为:

```
int fibonacci(int n);
```

中 篇

程序与数据

第 8 章

数　　组

本章导读

在实际问题中,常常需处理具有大量同构元素的数据集。例如,全校学生的体育课成绩、图书馆全部图书的信息等,这些数据集不仅拥有多个数据元素,且数据元素都是同构的,即元素的数据类型相同。程序中需要存储这些数据,并根据问题需求对这些数据进行操作,例如统计全体同学的平均分、最高分、最低分,或者对图书馆的图书进行添加、删除、查询、修改等。显然,由于数据不是单个元素,而是一个列表或集合,对 2 万个学生同一门课程的成绩,无法通过定义 2 万个变量的方式来解决。这种情况下,需要一种能够存储大量同构元素的数据类型,以便对具有若干同构元素的数据集进行管理和操作。

数组是一种常用的构造数据类型,它能够存储大量的、同构的数据元素。本章将讨论数组的相关概念及操作方法。

本章主要内容

- 什么是数组。
- 如何定义并操作数组。
- 数组在内存中的组织形式。
- 一维数组的定义和操作方法。
- 多维数组的定义和操作方法。

8.1　什么是数组

到目前为止,所学习的数据类型都是简单数据类型,它们只能存储简单的数据元素,例如:

```
int x,y;
float k;
```

其中,x、y、k 分别只能存储一个整型或浮点型的数值。简单数据类型可用于解决很

程序设计基础

多实际问题,例如,如下问题:

> Q8.1:一个班有 40 个学生,输入他们同一门课程的成绩,计算这门课程的平均分。

一种解决 Q8.1 的思路是:首先计算全体学生成绩的总分,然后计算平均分。计算总分可用累加求和的方法。假设用 sum 标识总分,用 score 标识每一个学生的成绩,则 Q8.1 的算法描述为:

算法 计算平均分
输入:分数 *score*
输出:平均分 *average*

1: **function** Average
2:     $i \leftarrow 1$
3:     $sum \leftarrow 0$
4:     **while** $i <= 40$ **do**
5:         输入 *score*
6:         $sum \leftarrow sum + score$
7:         $i \leftarrow i + 1$
8:     **end while**
9:     $average \leftarrow sum/40$
10:    输出 *average*
11: **end function**

上述算法使用了一个简单变量 score,在 while 循环中接收 40 个分数,并对其求和。随着循环的进行,每次输入的分数,将覆盖前一个分数,当循环结束后,变量 score 中只记录着最后一个学生的成绩。下面将 Q8.1 的任务扩展为 Q8.2:

> Q8.2:一个班有 40 个学生,输入他们同一门课程的成绩(均为整数),计算这门课程的平均分,并计算每一个学生的成绩与平均分之间的差值。

在 Q8.2 中,不仅需要计算平均分,还需在得到平均分后,再计算每一个学生的分数与平均分的差值。显然,前述用一个简单变量 score 来统计总分的方法,对 Q8.2 就不适用了。因为 40 个学生成绩需要被反复用于计算,不能在统计总分之后,丢失前面输入的39 个分数。

在这类问题中,待处理的数据有多个,它们都具有相同数据类型,且在解题时需要反复使用它们的值,因此,需要一种新的数据类型,用于存储具有多个相同数据类型元素的数据集,由此引入了数组。

在程序设计中,为了处理方便,把具有相同类型的若干数据元素组织起来,这种具有相同类型的数据元素的集合称为数组。由于数组包含多个数据元素,因此,数组被称为是一种构造数据类型。

如下定义了一个 C 语言的数组:

```
int data[1024];
```

上述定义的数组名为 data,它是一个由 1024 个整数所构成的数据集。

对数组这种构造类型,在学习时应注意掌握三个问题:

(1) 数组元素的基类型:即数组是由什么类型的数据元素构造而成的。

(2) 数组元素的组织方式:即数组元素在内存中是如何组织和存放的。

(3) 如何引用数组元素:数组中包含若干数据元素,如何获取并访问每一个数据元素?

按照数组元素的类型不同,数组又可分为数值数组、字符数组、指针数组、结构数组等。本章介绍数值数组,其余将在以后各章陆续介绍。

8.2 一 维 数 组

8.2.1 一维数组的定义

一维数组(one dimensional array)也称单维数组(single dimensional array)或单下标数组(single subscript array),它是由相同数据类型的单一元素构成。在 C 语言中使用数组之前,必须先进行定义,其目的与定义程序中其他变量一样,是为了给数组分配存储空间。

一维数组的定义方式为:

```
数据类型 数组名[常量表达式];
```

其中:

(1) 数据类型是任意一种 C 语言的基本数据类型或构造数据类型。

(2) 数组名是用户自定义的标识符。

(3) 方括号中的常量表达式表示数据元素的个数,也称为数组的长度。

例如,如下定义都是合法的:

```
int a[10];                //定义整型数组 a,长度为 10,可存放 10 个整数
float b[10],c[20];        //定义浮点型数组 b,长度为 10,浮点型数组 c,长度为 20
char str[20];             //定义字符数组 str,长度为 20,可存放 20 个字符
```

定义数组时应注意以下问题:

(1) 数组的类型是指数组元素的类型。对同一个数组,其所有元素的类型都是相同的,即数组元素是同构的。

(2) 数组名的命名规则应符合 C 语言标识符的命名规定。

(3) 数组名不能与其他变量名相同。例如,以下定义是错误的:

```
void main()
{
    int data;
    float data[10];                 //数组名与前面的变量名重名,不合法
}
```

程序设计基础

（4）方括号中的常量表达式表示数组元素的个数，也称为数组的长度。

例如：

```
int scores[40];
```

其中 scores[40]表示数组 scores 有 40 个元素。一般地，数组的长度只能是符号常量或常量表达式，不能是变量[①]，如下声明方式是不合法的。

```
int n=100;
float data[n];                    //ANSI C 标准不允许动态定义数组
```

8.2.2 一维数组元素的引用

虽然数组是一个数据集，但一般不会整体使用[②]它。我们做一个类比，把数据元素放入数组，就如同将书本放入书架，此时可以说，数组是书架，而数据元素是书本。大多数时候，我们使用数组，是通过某种方法引用其元素，也就是取出书架中某一本指定的书，才能进行后续操作。

怎样才能引用数组的元素呢？通常用下标引用数组元素，其形式为：

```
数组名[下标];
```

在 C 语言中，数组元素的下标是该元素相对于数组的首地址（即第一个元素的内存地址）的偏移量，因此，下标总是从 0 开始。例如，对如下数组：

```
int a[5];
```

数组 a 中一共有 5 个元素，分别是 a[0]、a[1]、a[2]、a[3]、a[4]。由于可以通过下标（位置）来引用数组元素，因此，数组元素也称为下标变量。注意，数组元素虽然被称为下标变量，但每一个元素本质就是一个普通变量，它与普通变量的区别仅仅在于其引用形式不同。

数组元素的下标可以是整型常量、整型变量或整型表达式，例如，以下引用都是合法的：

```
a[3+1]=10;
position=2;
a[position]=100;
```

为了依次引用数组的全部元素，通常采用如下循环结构：

---

① C99 标准引入了变长数组，它允许使用变量定义数组长度。
② 字符数组常用于存放字符串，可以通过标准字符串处理函数对其进行整体操作。第 9 章将讨论它。

```
for(i=0; i<10; i++)
    printf("%d",a[i]);
```

程序 8.1 是一个完整的定义和引用一维数组的例子。

【**程序 8.1**】 一维数组的输入输出操作。

```
int main()
{
    int i,a[10];
    for(i=0;i<=9;i++)
        scanf("%d",&a[i]);        //语句①:从键盘输入数据,应指定数组元素的内存地址
    for(i=9;i>=0;i--)
        printf("%d ",a[i]);       //语句②:输出每一个数组元素的值
    return 0;
}
```

程序 8.1 通过一重循环结构,依次访问数组 a 中的每一个元素。

访问数组 a 时注意如下两点:

(1) 不是整体访问数组,而是分别访问每一个数组元素:由于数组元素有多个,用变量 i 标识其下标,i 的取值范围为 $0\sim9$。

(2) 每个数组元素都是一个普遍变量:语句①调用了 scanf() 函数,用于输入数据到数组元素中。与操作普通变量一样,对数组元素,在 scanf() 函数中必须指定数组元素的内存地址,即 &a[i]。

8.2.3 一维数组的存储

定义在函数内部的数组,是函数的局部变量。当函数执行时,为其内部定义的数组开辟内存空间。数组在计算机的内存中占据一段连续的存储空间。例如,对以下数组定义:

```
int c[6];
```

当为数组 c 开辟内存空间时,将为其分配连续 6 个整数的存储空间。数组中的元素按其下标顺序在内存中连续存放。如果整型数据占 4 字节,则数组 c 在内存中将被分配连续 24 字节,其存储形式如图 8.1 所示。

根据数组的存储形式,对数组的访问需注意理解以下几方面问题。

(1) 访问数组时应防止下标越界。

对长度为 n 的一维数组,其元素下标 i 的取值范围为 $0\sim n-1$。当通过下标引用数组元素时,下标必须在合法的取值范围内,如

	......
c[0]	6
c[1]	7
c[2]	8
c[3]	4
c[4]	2
c[5]	10
	......

图 8.1 一维数组在内存中的存储形式

果下标 i<0 或者 i>=n,都属于下标越界。例如:

```
int c[6];
c[6]=12;                          //语句①:数组元素的下标越界,是不合法的
```

上述数组 c 长度为 6,因此为数组 c 分配连续 6 个整数的存储空间。这 6 个整数的空间是程序能够操作的合法存储空间,所有超出该存储空间的内存访问,都是不合法的。本例中,语句①是向数组元素 c[6] 赋值,其示意图如图 8.2 所示。

图 8.2 的灰色区域为程序申请的合法数据空间,可见,c[6] 是相对于数组 c 的首地址偏移的第 7 个元素,已超出了程序能操作的数据空间。这意味着,程序试图访问未分配给它的内存空间,这种访问称为数组下标越界。

越界的后果是无法预期的,但该操作可能读写到内存中其他变量或对象的数据,甚至可能破坏代码,是

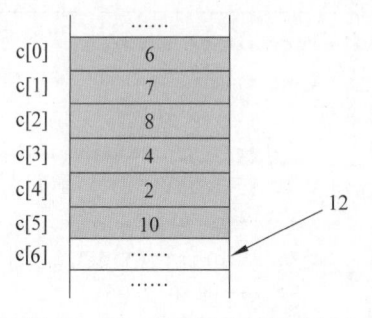

图 8.2 对一维数组的越界访问

非常危险的操作。对代码中潜在的下标越界问题,C 语言的编译器不会予以提示,仍然允许该程序运行。但是,一旦运行时出现对数组元素的越界访问,则可能发生运行时错误。因此,程序员在操作数组时,必须人工仔细排查,防止下标越界的情况发生。

(2) 一维数组的名字,表示这个一维数组的首地址,是一个地址常量。

例如,如下定义了一个长度为 6 的一维数组 c,其后的语句①和语句②,都是以十六进制形式输出数组 c 的首地址,其中;c 与 &c[0] 都表示数组的首地址,也就是数组的第一个元素的内存地址。

```
int c[6];
printf("%X",c);                   //语句①:输出数组的首地址
printf("%X",&c[0]);               //语句②:输出数组的首地址
```

由于数组名是一个地址常量,因此在程序运行时不能改变其值,例如:

```
int c[6];
c=5;                              //语句①:改变数组的首地址是不合法的
c[3]=5;                           //语句②:给数组元素赋值是合法的
```

以上语句①是不合法的,编译器将对其报错,因为 c 是数组名,是一个地址常量。在程序运行时,不能改变数组的首地址,因此不能以任何形式给 c 赋值。但是语句②是合法的,它是将整数 5 写入数组 c 的第 4 个元素的存储空间中去。

(3) 容易读取数组中指定位置的元素。

由于元素在内存中占据连续的存储空间,因此,下标为 0 的元素的内存地址尤为重要,它的内存地址被称为数组的首地址。只要知道数组的首地址,通过地址连续递增,就可逐个访问到数组的每一个元素。从这一角度看,访问数组中指定位置的元素是非常容

第 8 章　数组　155

易的。例如,如果要访问数组 c 的第 3 个元素,只需要描述为 c[2]即可,它表明要访问的元素位于与首地址偏移量为两个整数的地方。从内存地址看,元素 c[2]的内存地址,即是从 c[0]开始的第 9 字节(如果每个整数为 4 字节)。

8.2.4　一维数组的初始化

数组初始化,是指在定义数组的同时给数组元素赋予初值。数组初始化是在编译阶段进行的。这样将减少运行时间,提高效率。

一维数组初始化的一般形式为:

数据类型 数组名[常量表达式]={值 1,值 2,……,值 n};

其中,{}称为值列表,值列表中有多个数组元素的初始值,各值之间用逗号间隔。

以下是合法的初始化形式:

```
int a[10]={0,1,2,3,4,5,6,7,8,9};
double b[5]={1.5,2.0,1.8,4.9,7.3}
```

初始化时,按数组元素下标的顺序,依次将值列表的值写入数组元素。前述操作相当于:

```
a[0]=0; a[1]=1; …; a[9]=9;
b[0]=1.5; b[1]=2.0;…; b[4]=7.3;
```

C 语言对数组的初始化赋值还有以下几点规定:

(1) 可以只给部分元素赋初值。例如:

```
int a[10]={0,1,2,3,4};
```

这里的值列表中只有 5 个值,小于数组元素的个数 10,此时只给数组的前 5 个元素赋值,也就是说,a[0]~a[4]的值分别为 0~4,其后 5 个未初始化的元素值自动赋为 0[①]。虽然 C 语言标准规定了未初始化元素的默认值,但程序员仍应确认未初始化元素的值,尽量不直接使用未经程序初始化的内存中的数据。

(2) 只能对元素逐个赋值,不能给数组整体赋值。例如:

```
int a[10]={1,2,3,4,5,6,7,8,9,10};          //合法的赋值
int a[10]=1;                               //语句①:不合法的赋值
int a[10]; a=1;                            //语句②:不合法的赋值
```

---

① 　根据 C89 和 C99 标准:

10 If an object that has static or thread storage duration is not initialized explicitly,then: if it has arithmetic type,it is initialized to (positive or unsigned) zero;

21 If there are fewer initializers in a brace-enclosed list than there are elements or members of an aggregate,or fewer characters in a string literal used to initialize an array of known size than there are elements in the array,the remainder of the aggregate shall be initialized implicitly the same as objects that have static storage duration.

程序设计基础

以上语句①中，a[10]的下标越界，是不合法的赋值；语句②中，将整数 1 赋给 a，由于 a 是数组名，是一个地址常量，因此该赋值是不合法的。

（3）如果初始的值列表中给出了全部元素的初始值，则定义数组时可以不指定长度。例如：

```
int a[]={1,2,3,4,5};
```

上述操作是合法的。此时，默认数组 a 的长度为 5。

8.3 多维数组

8.3.1 双下标变量

在某些问题中，需要处理二维的表格。例如，一个文档集有如下 3 篇文章：

D0：This is a book.

D1：This is a table.

D2：I love the book.

文档集中的 8 个词项①及它们的编号分别为：（This,0）、（is,1）、（a,2）、（book,3）、（table,4）、（I,5）、（love,6）、（the,7）。每个词项在每篇文章中出现的频度如表 8.1 所示。

表 8.1 文档集中词项出现的频度表

词项 文档编号	this (0)	is (1)	a (2)	book (3)	table (4)	I (5)	love (6)	the (7)
D0	1	1	1	1	0	0	0	0
D1	1	1	1	0	1	0	0	0
D2	0	0	0	1	0	1	1	1

如果表名为 documents，则在文档 D2 中词项 book 出现的频度为 documents[2][3]。其中，documents 后面的两个方括号内的 2、3 分别标识了 book 在表中的行、列位置，也称为 book 在表中的行、列下标，因此，documents[2][3]也称为双下标变量。与一维数组一样，行、列下标分别标明了元素相对于表的第一行、第一列的位置偏移，因此它们均从 0 开始编号。

双下标变量可以使方程组的计算更简单，例如，求解一个二元一次线性方程组：

$$\begin{cases} 3x_1 - 5x_2 = 8 \\ -2x_1 + 9x_2 = -6 \end{cases}$$

它的一般表达式为：

---

① 这里我们说词项（term）而不是单词。在信息检索（Information Retrieval）系统中，词项通常表示不重复的单词。

第 8 章 数组 157

$$\begin{cases} a_{11}\,x_1 + a_{12}\,x_2 = b_1 \\ a_{21}\,x_1 + a_{22}\,x_2 = b_2 \end{cases}$$

可以写出一个该方程组的增广矩阵[①]：

$$\begin{pmatrix} a_{11}\,a_{12}\,b_1 \\ a_{21}\,a_{22}\,b_2 \end{pmatrix}$$

运用克莱姆法则可得：

$$x_1 = (b_1 \times a_{22} - b_2 \times a_{12})/(a_{11} \times a_{22} - a_{21} \times a_{12})$$
$$x_2 = (b_2 \times a_{11} - b_1 \times a_{21})/(a_{11} \times a_{22} - a_{21} \times a_{12})$$

因此，为求解方程组，可定义一个二维表 a(2×2)来存放方程组的系数 a11、a12、a21、a22，它们分别表示为：

```
a[0][0]  a[0][1]  a[1][0]  a[1][1]
```

另外定义一个一维表 b(长度为 2)来存放系数 b1、b2，它们分别表示为：

```
b[0]  b[1]
```

由此，可写出方程组的求解语句为：

```
x1=(b[0]*a[1][1]-b[1]*a[0][1])/(a[0][0]*a[1][1]-a[1][0]*a[0][1]);
x2=(b[0]*a[1][1]-b[1]*a[0][1])/(a[0][0]*a[1][1]-a[1][0]*a[0][1]);
```

可见，通过定义二维表 a 存储方程组系数，利用双下标变量 a[i][j]，可方便地描述二元一次方程组的求解。

8.3.2 二维数组的定义

在实际问题中，有很多数据是二维或多维的，因此 C 语言允许构造多维数组。多维数组元素有多个下标，下标标识了元素在数组中的位置，多维数组中的每一个元素就称为多下标变量。本节介绍 C 语言的二维数组的用法，多维数组可由二维数组类推得到。

二维数组定义的一般形式是：

```
数据类型 数组名[常量表达式 1][常量表达式 2];
```

其中，常量表达式 1 表示第一维的长度，常量表达式 2 表示第二维的长度。
例如：

```
int a[3][4];
```

声明了一个三行四列的数组 a，其数据元素的类型为整型。该数组中共有 3×4 个数据元素，每一个元素是一个双下标变量，即：

---

① 增广矩阵又称扩增矩阵，它是在系数矩阵的右边添上一列，这一列是线性方程组的等号右边的值。

程序设计基础

```
a[0][0],a[0][1],a[0][2],a[0][3]
a[1][0],a[1][1],a[1][2],a[1][3]
a[2][0],a[2][1],a[2][2],a[2][3]
```

8.3.3　二维数组元素的引用

二维数组的元素也称为双下标变量,可通过两个下标引用二维数组中的元素,其表示形式为:

```
数组名[下标][下标];
```

与一维数组一样,二维数组的两个下标分别都从 0 开始,下标应为整型常量或整型表达式。

例如:

```
int c[5][5];
c[3][4]=100;
```

其中,c[3][4]是数组 c 的第 4 行第 5 列的元素。

程序 8.2 是一个完整地定义和引用二维数组的例子。

【程序 8.2】　二维数组的输入输出操作。

```
#include <stdio.h>
int main()
{
    int i,j,a[3][5];
    for(i=0;i<3;i++)
    {
        for(j=0;j<5;j++)
            scanf("%d",&a[i][j]);              //语句①
    }
    for(i=0;i<3;i++)
    {
        for(j=0;j<5;j++)
            printf("%2d ",a[i][j]);            //语句②
        putchar('\n');
    }
    return 0;
}
```

程序 8.2 通过两重循环结构,依次访问数组 a 中的每个元素。

在访问二维数组时,应注意以下几方面问题。

（1）由于元素是双下标变量，分别用两个变量标识元素的行和列下标。对本例的二维数组 a，其行下标 i 的取值范围为 0～2，列下标 j 的取值范围为 0～4。与一维数组一样，对二维数组的下标，同样要避免出现越界的问题。

（2）语句①调用了 scanf() 函数，用于向数组输入数据。与操作普通变量一样，对双下标的数组元素，在 scanf() 函数中也必须指定元素的内存地址，即 &a[i][j]。

（3）虽然数组元素在描述上始终带着下标，但本质上，一个数组元素就是一个同类型的变量。例如，程序 8.2 中的 a[i][j] 本质就是一个整型变量，因此，所有对普通整型变量能进行的运算，都可以对 a[i][j] 进行同等操作。与同种数据类型的普通变量相比，双下标变量唯一的差异就是，它必须以双下标的方法来访问，其两个下标分别标识了该变量在二维数组中的位置。

（4）程序 8.2 中使用了 putchar() 函数，它是一个 C 语言的标准函数，用于输出单个字符。例如：

```
用法①:putchar('\n');
用法②:char ch='a';
        putchar(ch);
```

在用法①中，调用 putchar() 函数来输出单个字符常量\n，这里将产生一个换行。

在用法②中，调用 putchar() 函数来输出单个字符变量的值，这里将在屏幕上输出字母 a。使用 putchar() 函数时，需要包含头文件 stdio.h。

8.2.4　二维数组的存储

1. 二维数组的存储方法

二维数组在概念上是二维的，也就是说，其下标在两个方向上变化。但是，二维数组的元素在计算机内存中却是连续编址的，也就是说，二维数组中所有元素所占用的内存单元是按一维线性排列的。因此，存储二维数组的元素，即是将一个具有两个维度的数据集，放入一个一维的线性存储空间中去。对这一任务有两种解决方法，第一种是按行排列，即放完一行之后，再顺次放入第二行；第二种方法是按列排列，即放完一列之后再顺次放入第二列。在 C 语言中，二维数组是按行存储的。例如，以下二维数组 a 在内存中的存储形式如图 8.3 所示。

```
int a[2][3]={6,7,8,4,2,10};
```

以上定义了一个有 6 个元素的二维数组 a，并对其每个元素进行了初始化，其逻辑形式如图 8.3(a) 所示。虽然每个元素有两个维度的下标，但在将它们放入内存时，由于计算机的内存是一维的线性空间，因此，C 语言是先存放 a 的第 1 行，再存放 a 的第 2 行，每行的三个元素按其列下标依次存放，其存放形式如图 8.3(b) 所示。

2. 进一步分析二维数组

事实上，可以将二维数组看成是一个特殊的一维数组，例如，对以下数组：

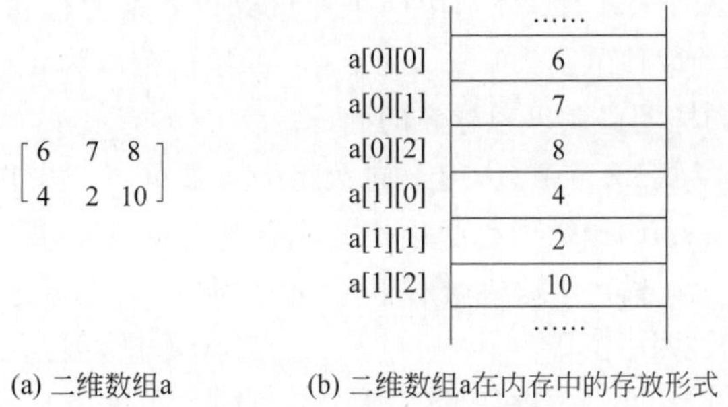

程序设计基础

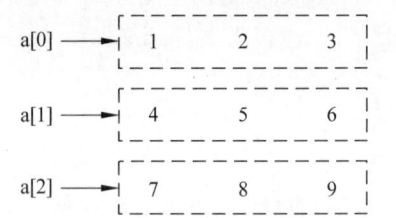

(a) 二维数组a   (b) 二维数组a在内存中的存放形式

图 8.3   二维数组在内存中的存储形式

```
int a[3][3]={1,2,3,4,5,6,7,8,9};
```

可将二维数组 a 看成一个矩阵,也可以将其看成是一个一维数组。这个一维数组中包含三个元素,它们可用二维数组名加一个下标的形式来表示,分别是:

```
a[0]   a[1]   a[2]
```

其中,每一个元素是二维数组 a 的一个整行,其本身又是一个一维数组,如图 8.4 所示,也就是说,a[0]、a[1]、a[2]分别是三个一维数组的名字。

图 8.4   将二维数组 a 看成是特殊的一维数组

在图 8.4 中,a[0]就是一个一维整型数组,它由三个整数构成,分别是

```
a[0][1]   a[0][1]   a[0][2]
```

如前面 8.2.3 节所述,一维数组的名字,表示的是这个一维数组的首地址,因此,a[0]、a[1]、a[2]分别是一个地址常量,表示它们所对应的一维数组的首地址,也即该一维数组的第一个元素的内存地址。

我们据此来说明以下代码:

```
printf("%X",a[0]);          //语句①:输出数组 a 的第一行、第一列元素的内存地址
printf("%X",&a[0][0]);      //语句②:输出数组 a 的第一行、第一列元素的内存地址
printf("%d",a[0][0]);       //语句③:输出数组 a 的第一行、第一列元素的值
```

其中,由于 a[0]代表数组 a 的第一行,即 a[0][0]这个元素的内存地址,因此语句①和语句②的运行结果是一样的,都是以十六进制形式输出数组元素 a[0][0]的内存地址,

语句③则是输出数组元素 a[0][0]的值。以此类推,对二维数组 a:

a[1]与 &a[1][0]是等价的
a[2]与 &a[2][0]是等价的

因此,在 C 程序中使用二维数组时,应注意区分如下用法:

(1) 当二维数组名后加一个下标,如 a[0],表示二维数组 a 的一个整行,它不是一个元素,而是一个地址常量。

(2) 当二维数组名后加两个下标,如 a[0][0],表示该二维数组的一个元素。

11.1 节中将进一步讨论二维数组的地址问题。

8.2.5 二维数组的初始化

可以在定义二维数组的同时,为各元素赋给初值,这称为二维数组初始化。例如,以下赋值形式都是合法的:

```
int a[3][3]={{8,7,9},{1,5,3},{6,12,4}};     //定义①
int a[3][3]={8,7,9,1,5,3,6,12,4};           //定义②
int a[3][3]={{8},{1},{6,4}};                //定义③
int a[][3]={{8},{1,5},{4}};                 //定义④
```

在上述定义中:

(1) 用嵌套的值列表标识二维数组的每一行。例如,定义①中,将 9 个初始值分成三个值列表,三个值列表用逗号分开,在它们的外面再嵌套一个值列表。此种方式中,每个值列表代表二维数组的一行,依次按值列表顺序将元素赋给数组元素。定义①相当于:

```
a[0][0]=8; a[0][1]=7;a[0][2]=9;
a[1][0]=1; a[1][1]=5;a[1][2]=3;
a[2][0]=6; a[2][1]=12;a[2][2]=4;
```

(2) 不指定值列表时,默认按行赋值。例如,定义②中,将 9 个初始值用逗号分开,构成一个值列表。在此种方式中,将 9 个初始值按元素在内存中存储的顺序依次赋值,也即按行赋值。因此,定义②与定义①的赋值结果是一样的。

(3) 可以只指定部分元素的初始值。例如,定义③中只有 4 个初始值,它们分别构成三个值列表,并按行进行赋值。其中,每一行缺失的初始值自动赋为 0。定义③相当于:

```
a[0][0]=8; a[0][1]=0;a[0][2]=0;
a[1][0]=1; a[1][1]=0;a[1][2]=0;
a[2][0]=6; a[2][1]=4;a[2][2]=0;
```

虽然 C 语言标准规定了未初始化元素的默认值,但程序员仍应确认未初始化元素的值,尽量不直接使用未经程序初始化的内存中的数据。

(4) 如果对全部元素赋初值,则第一维的长度可以不给出。例如:

程序设计基础

```
int a[3][3]={1,2,3,4,5,6,7,8,9};
```

也可以写为：

```
int a[][3]={1,2,3,4,5,6,7,8,9};
```

8.4 案例研究

【例 8.1】 一门课程的平均分问题。

现在回到 8.1 节提出的问题 Q8.2，该问题为：一个班有 40 个学生，输入他们同一门课程的成绩（均为整数），计算这门课程的平均分，并计算每一个学生的成绩与平均分之间的差值。

1. 问题分析

根据问题要求，需要处理的数据为 40 个学生的成绩，它们都是整数，需要计算的平均分为浮点数，每一个成绩与平均分的差值也是浮点型数据。因此对问题的输入、输出标识如下。

输入数据：用 scores 标识成绩的集合，它是一个长度为 40 的数组。

输出数据：分别用 average、difference 标识平均分、成绩与平均分的差值。

其他辅助标识符：用 i 标识访问 scores 的循环变量。

数据类型：scores 为整型数组，average、difference 均为浮点型，i 为整型。

2. 算法设计

根据问题需求，本案例的概要算法描述为：

算法 计算平均分
输出：平均分 *average* 成绩差值 *difference*

1: **function** AverDiffer()
2:　　计算并输出成绩的平均分
3:　　计算并输出每个成绩与平均分的差值
4: **end function**

其中，对步骤 2 细化为：

21: $average \leftarrow 0$
22: **for** $i = 0 \rightarrow 39$ **do**
23:　　输入 $scores[i]$
24:　　$average \leftarrow average + scores[i]$
25: **end for**
26: $average \leftarrow average/10$
27: 输出 $average$

第 8 章　数组　　163

对步骤 3 细化为：

31：**for** $i = 0 \rightarrow 39$ **do**

32：　　$difference \leftarrow scores[i] - average$

33：　　输出 $difference$

34：**end for**

---

3. 编程实现

【程序 8.3】　一门课程的成绩和平均分差值问题。

```
/*******************************************************
  Program8.3: 统计成绩的平均分,以及成绩与平均分的差值
  written by Sky.
  12/10/2020. Copyright 2020
*******************************************************/
#include <stdio.h>
#define NUMS 10
int main()
{
    int scores[NUMS],i;
    float average=0.0,difference;
    for(i=0;i<NUMS;i++)
    {
        scanf("%d",&scores[i]);            //语句①:输入数组元素的值
        average+=(float)scores[i];         //语句②:对 scores[i]做强制类型转换
    }
    average/=NUMS;
    printf("Average socre is:%.2f\n",average); //计算并输出平均分
    for(i=0;i<NUMS;i++)
    {
        difference = (float)scores[i]-average; //语句③:对 scores[i]做强制类型转换
        printf("%.2f ",difference);
        if((i+1)%5==0)                     //语句④:输出格式控制
            putchar('\n');
    }
    return 0;
}
```

---

4. 案例小结

本案例是一个简单的一维数组的应用,从以下几点来总结本案例。

(1) 使用数组时需要特别注意防止下标越界。

(2) 使用数组时,需要准确把握数组元素的基础数据类型。例如,本案例中,scores 是一个整型数组,因此,在语句①输入数据时,使用的格式符为%d,而在语句②和③中,

对 scores[i] 与 average 进行赋值或混合计算时,为保持与 average 数据类型的一致性,要进行强制类型转换。

(3) 由于数组包含多个元素,为了使输出更加清晰,本案例在语句④处做了输出格式控制,使输出为每 5 个数据一行。这是使程序交互界面友好的一种常见操作。还可以尝试使用更多的输出格式控制方法。

【例 8.2】 多门课程的平均分问题。

现在把问题扩展为 40 个学生的 3 门课的问题。问题描述为:有一张成绩单如表 8.2 所示,一个班有 40 个学生,输入他们三门课程的成绩(均为小数点后面保留一位小数),计算全班同学的总平均成绩,以及每一门课程的平均成绩。

表 8.2 学生成绩登记表

学　号	高 等 数 学	C　语　言	面向对象程序设计
121030701	80.5	82.5	91.0
121030702	60.6	75.0	77.0
……	……	……	……
121030740	71.0	79.3	82.5

1. 问题分析

根据问题要求,需要处理的数据为 40 个学生的 3 门课程的成绩,它们都是浮点数,需要计算的班级总平均分和每一门课的平均分也都是浮点数。不妨用一个二维数组存放 40 个学生 3 门课的成绩,再用一个一维数组存放各科平均成绩。因此,对问题的输入、输出标识如下:

输入数据:用二维数组 scores[N_students][N_courses]标识所有的成绩,其中,常量 N_students 为班级的学生数,常量 N_courses 为课程数。

输出数据:用一维数组 averages[N_courses]标识三门课程成绩的平均分,用变量 totalAverage 标识全班成绩的平均分。

其他辅助标识符:访问数组时,需要使用用于下标的变量。

数据类型:scores、averages、totalAverage 均为单精度浮点型数据。

2. 算法设计

根据问题需求,本例的概要算法描述为:

算法 统计 40 个学生 3 门课程的成绩
输出:课程平均分数组 *averages* 总平均分 *totalAverage*

1： **function** Averages()
2：　　初始化 *averages* 和 *totalAverage*
3：　　输入全班同学各门课程的成绩 *scores*
4：　　计算总平均分 *totalAverage*
5：　　计算每门课程的平均分 *averages*
6：　　Output *averages*, *totalAverage*
7： **end function**

第 8 章　数组　165

我们可以在输入全班学生成绩时统计成绩的总分,因此,对步骤 3、步骤 4 整合并细化为：

```
31：for i = 0 → N_students-1 do
32：    for j = 0 → N_courses-1 do
33：            输入 scores[i][j]
34：            totalAverage ← totalAverage + scores[i][j]
35：    end for
36：end for
37：totalAverage ← totalAverage /(N_students * N_courses)
```

步骤 5 为计算每一门课程的平均分,首先需统计表 8.2 中每一列的总分,然后计算每一列的平均分,并放入数组 average 对应的位置中,因此将步骤 5 细化为：

```
51：for j = 0 → N_courses-1 do
52：    for i = 0 → N_students do
53：            average[j] ← average[j] + scores[i][j]
54：    end for
55：    average[j] ← average[j]/ N_students
56：end for
```

3. 编程实现

【程序 8.4】　统计多门课程的平均分。

```
/********************************************************
  Program8.4:统计全班成绩的平均分和各门课程的平均分
  written by Sky.
  12/10/2020. Copyright 2020
********************************************************/
#include <stdio.h>
#define N_students 40                        //学生数
#define N_courses 3                          //课程数
int main()
{
    float totalAverage,averages[N_classes],scores[N_students][N_courses];
    int i,j;
    totalAverage=0.0;                        //初始化
    for(i=0;i<N_courses;i++)
        averages[i]=0.0;
    printf("input scores:\n");
    for(i=0;i<N_students;i++)                 //输入学生成绩并统计总分
    {
        for(j=0;j<N_courses;j++)
        {
```

```
            scanf("%f",&scores[i][j]);
            totalAverage += scores[i][j];
        }
    }
    totalAverage/= (N_students * N_courses);    //计算全班的平均分
    for(j=0;i<N_courses;j++)                      //统计各门课程的平均分
    {
        for(i=0;i<N_students;i++)
        {
            averages[j] += scores[i][j];
        }
        averages[j]/=N_students;
    }
    //输出统计结果
      printf("math:%.1f C_languag:%.1f OOP:%.1f\n", averages[0], averages[1],
            averages[2]);
      printf("totalAverage:%.1f\n", totalAverage);
    return 0;
}
```

4. 案例小结

本案例程序用二维数组存储了具有两个维度的数据表,也就是多个学生、多门课程的成绩表。本案例程序的编码并没有特别困难之处,只需要合理编写循环结构,并注意防止下标越界即可。

【例 8.3】 冒泡排序问题。

排序,就是使一组记录按照其某一个或某一些关键字的大小,递增或递减地排列。在计算机应用领域,排序有着广泛的应用场景。例如,将图书馆的图书按照某种编码顺序摆放。搜索引擎在检索用户输入的关键词后,对检索到的海量结果网页,按照用户个性化需求等重要性排序,将排序后的网页列表返回给用户。显然,经过排序后的图书、网页列表等信息,有助于提升用户访问数据(尤其是大规模数据)的效率。常见的排序算法有冒泡排序、选择排序、快速排序、堆排序等,这些排序算法运行时所需要的时间、空间开销各异,需根据具体的应用,选择合适的排序算法来解决问题。

本问题的要求是:对任意输入的 10 个学生的成绩,用冒泡排序法,按从小到大的顺序排序,然后输出排序后的结果。所有的学生成绩都是整数。

1. 问题分析

根据问题要求,需要处理的是一个含有 10 个元素的数据集,每个元素都是整数。问题中需要输入这 10 个分数,还需要输出它们(排序后的)。为方便描述(避免用 10 个不同的变量名来标识它们),可将 10 个分数放入一个一维数组。因此,对本问题的数据描述为:

输入数据:用 data 标识成绩数据集,它是一个长度为 10 的数组。

输出数据:数组 data 的元素。

第 8 章　数组　167

其他辅助标识符：用 i、j 标识算法中需要的循环变量,用 temp 标识在交换两个整数的值时的辅助变量。

数据类型：data 为整型数组,i、j、temp 均为整型。

2. 算法设计

根据问题需求,本例的概要算法描述为:

算法　冒泡排序算法
输入：数组 *data*
输出：数组 *data*

1：　**function** BubbleSort()
2：　　　输入学生成绩到数组 *data*
3：　　　对 *data* 进行冒泡排序
4：　　　输出数组 *data* 的元素
5：　**end function**

其中,对步骤 3 的冒泡排序算法分析如下。

冒泡排序(bubble Sort)是一种简单排序算法。它的排序策略是:依次比较数据集中相邻的两个元素,对不满足先后顺序(如从大到小)的两个元素,交换它们的位置。重复这一过程,直到数据集中所有元素排序完成。

例如,当数组 *data* 中有 6 个元素时,冒泡排序的过程如图 8.5 所示。

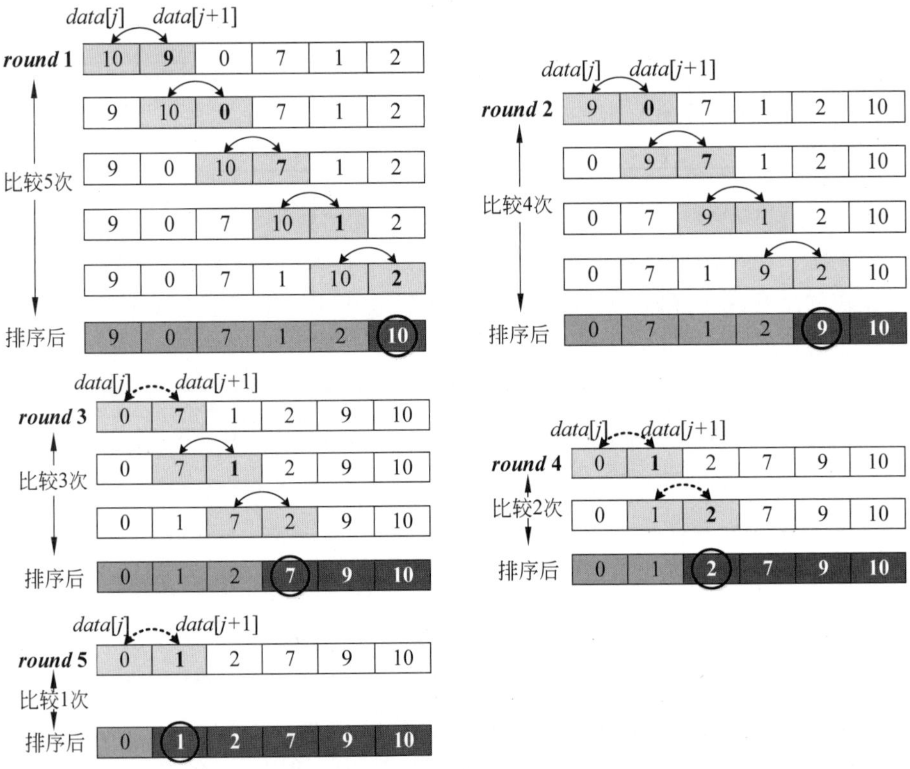

图 8.5　6 个数进行冒泡排序的过程

程序设计基础

（1）初始为 $round\ 1$，$data$ 中有 6 个元素需要排序，依次比较 $data$ 中相邻的元素：

① $data[0]$ 与 $data[1]$ 相比较，将小数往前换，大数往后换，因此 10 和 9 交换位置

② $data[1]$ 与 $data[2]$ 相比较，将小数往前换，大数往后换，因此 10 和 0 交换位置

③ $data[2]$ 与 $data[3]$ 相比较，将小数往前换，大数往后换，因此 10 和 7 交换位置

依次类推，6 个元素经过 $round\ 1$ 的 5 次比较，最后将 10 换到 $data$ 数组的末尾。此时，我们说 10 是第一个浮出水面的泡泡，它是 $data$ 中第一个已排好序的元素。此时，其他 5 个元素仍处于待排序状态，因此，还需进入 $round\ 2$，重复与 $round\ 1$ 一样的比较和交换。

（2）在 $round\ 2$ 中，$data$ 中有 5 个元素需要排序，依次比较 $data$ 中相邻的元素：

① $data[0]$ 与 $data[1]$ 相比较，将小数往前换，大数往后换，因此 9 和 0 交换位置

② $data[1]$ 与 $data[2]$ 相比较，将小数往前换，大数往后换，因此 9 和 7 交换位置

依次类推，显然，9 不必与最后一个元素 10 比较，因此，$round\ 2$ 中，5 个元素只需比较 4 次，将 9 换到 $data$ 数组的倒数第二个位置。此时，我们说 9 是第二个浮出水面的泡泡，它是 $data$ 中第二个已经排好序的元素。此时，其他 4 个元素仍处于待排序状态，因此，还需进入 $round\ 3$。

（3）重复前述过程，直至 $data$ 中全部元素排好序位置。

对前述排序过程分析如下：

① 对 $data$ 中的 6 个元素，冒泡排序需要做 5 个轮次，如果待排序的元素为 10 个，则需进行 9 个轮次的排序。因此，可以将算法的步骤 3 细化如下，其中用 i 标识排序的轮次：

31：**for** $i = 0 \rightarrow 8$ **do**
32： 　　　　进行一个轮次的排序，将本轮的最大值调整到 $data$ 的末尾
33：**end for**

② 每一轮排序的目标是将当前轮的最大值调整到数据集的末尾，为此，每一轮中需要比较若干次。由于随着排序轮次的增加，数据的有序区变长，无序区缩短，因此，每一轮排序中比较的次数逐步递减。对 6 个数排序问题，如果用 i 标识排序的轮次，用 j 标识每一轮中比较的次数，则 j 与 i 关系如下所示。

排序的轮次 i	每个轮次中比较的次数 j
1	5
2	4
3	3
4	2
5	1

可见，在第 i 个轮次中，需要比较的次数 j 为 $6-i$ 次。以此类推，对 10 个数排序的问题，在第 i 个轮次中，需要比较的次数 j 为：$10-i$ 次。因此，可以将算法的步骤 3 进一

步细化如下,其中,用 j 标识每一轮比较的次数,以 0 为初值,故 j 的终值为 $8-i$。

```
31: for i = 0 ➔ 8 do
32:     for j = 0 ➔ 8 − i do
33:             //进行两个元素的比较及交换
34:     end for
35: end for
```

③ 冒泡排序的特点是:每一次总是比较 $data$ 中相邻的元素。由于元素存放在数组中,相邻元素即是下标差 1 的元素,可标识为 $data[j]$ 与 $data[i+1]$。在比较时可能进行数据交换,例如:

```
if(data[j]>data[j+1])
    //则交换 data[j]与 data[j+1]的值
```

由此,进一步对步骤 3 细化如下:

```
31: for i = 0 ➔ 8 do
32:     for j = 0 ➔ 8 − i do
33:             if data[j] > data[j + 1] then
34:                     //交换 data[j] 与 data[j + 1]
35:             end if
36:     end for
37: end for
```

3. 编程实现

【程序 8.5】 冒泡排序算法。

```c
/*********************************************************
 Program8.5: 对 10 个整数进行冒泡排序
 written by Sky.
 12/10/2020. Copyright 2020
 *********************************************************/
#include <stdio.h>
#define N 10
int main()
{
    int data[N];
    int i,j,temp;
    for(i=0;i<N;i++)
        scanf("%d",&data[i]);
    for(i=0;i<N-1;i++)                      //N 个数比较 N-1 轮
    {
        for(j=0;j<N-1-i;j++)               //第 i 轮比较 N-1-i 次
```

程序设计基础

```
        {
            if(data[j]>data[j+1])                //冒泡排序比较相邻的两个元素
            {
                temp=data[j];data[j]=data[j+1];data[j+1]=temp;
            }
        }
    }
    for(i=0;i<N;i++)
        printf("%d ",data[i]);
    return 0;
}
```

4. 测试

设计测试数据时,应确保每一个分支都被测试到,同时考虑测试数据的典型性。建议本例程序设计测试数据(不限于)如表 8.3 所示。

表 8.3　测试数据设计方案

测 试 组 数	测 试 数 据	数据设计策略
1	1 2 3 4 5 6 7 8 9 10	数据初始有序
2	10 9 8 7 6 5 4 3 2 1	数据初始反序
3	0 0 0 0 0 0 0 0 0 0	数值全部相等
4	10 1 2 3 4 5 6 7 8 9	第一元素为最大值
5	1 10 2 3 4 5 6 7 8 9	第二元素为最大值
6	9 8 7 6 5 4 3 2 1 10	最后一个元素为最大值
7	-1 -2 -3 -4 -5 -6 -7 -8 -9 -10	均为负整数
8	-1 -1 -1 -1 -1 -1 -1 -1 -1 -10	前9个数相等
9	-10 -1 -1 -1 -1 -1 -1 -1 -1 -1	后9个数相等

5. 案例小结

(1) 算法流程分析。

对任意 n 个数,冒泡排序需要经过 n−1 个轮次的排序;在每一个轮次中,需要做若干次的比较,以完成一个数的排序,因此,冒泡排序算法是典型的两重循环结构。算法的外循环用于控制排序的轮次,内循环用于控制每一轮中比较若干次。

(2) 存储结构分析。

冒泡排序每一次总是比较相邻的两个元素,对数组来说,也就是下标相差为 1 的元素。因此,将数据集放在数组中进行冒泡排序,从算法描述的角度,是易于描述排序算法的。

(3) 时空开销分析。

从冒泡排序算法的时间开销看,在比较元素的值时,可能有元素交换位置。交换操作

第 8 章 数组 171

如下：

```
temp=data[j];  data[j]=data[j+1];  data[j+1]=temp;
```

由于每两个元素交换,都需进行 3 个赋值操作,每一个赋值操作都需要读和写内存。你应该已经想到,任何一种排序算法都不可避免地会有交换元素值的操作,因此,交换元素的值是影响排序算法耗时的主要原因。

从冒泡排序算法的空间开销看,除了待排序的原始数据需要用 data 数组存放外,算法中用到的辅助变量只有两个循环变量 i 和 j,另外,在交换元素时,还需一个辅助变量 temp。因此,无论是 10 个数排序,还是 10000 个数排序,冒泡排序算法需要的辅助空间大小是不变的[①]。

（4）冒泡排序算法的优化。

从图 8.4 的示例可见,对 6 个数进行排序时,并非一定要做完 5 轮。在图 8.4 的 *round* 4 中,两次比较都没有元素交换,实际上,当 *round* 3 结束时,*data* 已经有序了。可见,冒泡排序算法比较的轮次,可根据排序过程中数据集的状态进行调整。如果在某一轮排序中发现数据集已经有序了,则可以停止下一轮排序。更特别的情况如下,如果初始数据集就已经有序了,则冒泡排序只需进行一轮后,即可停止。

```
初始数据集:1 2 3 4 5 6 7 8 9
一轮比较后:1 2 3 4 5 6 7 8 9
```

实现冒泡排序优化的策略如下：

23：**for** $i = 0 \to 8$ **do**
24：　　**flag ← 1**
25：　　**for** $j = 0 \to 8 - i$ **do**
26：　　　　**if** $data[j] > data[j+1]$ **then**
27：　　　　　　//交换 $data[j]$ 与 $data[j+1]$
28：　　　　　　$flag \gets 0$
29：　　　　**end if**
30：　　**end for**
31：　　**if** $flag == 1$ **then**
32：　　　　*break*
33：　　**end if**
34：**end for**

我们对算法优化的部分进行了突出显示。其中,设置了一个标志位 flag,根据 flag 的值,观察在某一轮排序中是否有元素交换了位置。如果在某一轮比较中没有任何元素交换位置,则不再进行下一轮排序。

---

① 算法的空间复杂度分析中,把这种情形称为常数阶的空间复杂度。也就是说,算法所需的辅助存储空间与处理的数据规模无关。

8.5 本章小结

数组是一种非常常用的构造数据类型,本章介绍了数组的应用场景、数组的存储特点,还介绍了一维数组、二维数组的定义方法、元素的引用及操作方法。

我们从以下方面来回顾本章:

(1) 数组是程序设计中一种十分常用的构造数据类型。数组可以用于存放整数、浮点数,在后续的章节中,还将看到用数组存储字符、结构类型数据的示例。

(2) 数组可以是一维、二维或多维的,具体应该构造什么样的数组来存储数据,取决原始数据的组织形式,当然,也应该考虑操作数据的便捷性。例如,为了存储 5 个学生的 10 门课程的成绩,可以构造一个 5×10 的二维数组,也可以构造 5 个一维数组,具体怎样设计存储结构,需要根据问题的功能、数据操作的便捷性等进行分析和考虑。

(3) 数组元素在内存中占据一段连续的存储空间,这是数组的存储特性,这种存储特性为获取数组元素带来了很大的便利。例如,只需要写 data[5] 就可以获得一维数组 data 中第 6 个元素的值,而写 doc[5][7] 则可以获得二维数组 doc 中第 6 行第 8 列元素的值。然而,由于数据连续存储,令数组的动态操作十分不便。因此,如果需要对大规模数据进行频繁的添加、删除等动态操作,数组就不是一种非常理想的存储结构了。

8.6 习　　题

1. 数组的存储特点是什么?

2. 你认为在什么情况下可以使用数组? 请举例说明。

3. 有 25 个整数,它们被排列成 5 行、5 列的矩阵。你有哪些办法可以存储这 25 个整数到内存中? 按照你设计的存储方法,怎样输出第 3 行、第 4 列的数的值? 请写出输出语句。

4. 写一个算法,找到并输出一个整型数组(长度不超过 1000)中的最大值。可用伪代码或绘制流程图的方法。

5. 假设数组 numArray1 和 numArray2 的长度各为 500,写一个算法,将数组 numArray1 中的元素全部复制到 numArray2 中。可用伪代码或绘制流程图的方法。

6. 假设一个一维整型数组 data 长度为 100,写一个算法,输入 100 个数到数组 data 中,计算并输出这 100 个整数的平均值。可用伪代码或绘制流程图的方法。

7. 一个整型数组中存放有 20 个整数,编写程序,统计并输出该数组中素数的个数。

8. 编写程序,指定行数,输出杨辉三角。

例如,指定行数为 6,输出的杨辉三角如下:

```
1
1   1
```

第 8 章　数组　173

```
1    2    1
1    3    3    1
1    4    6    4    1
1    5    10   10   5    1
```

9. 任意输入 20 个整数,将它们从小到大排序,输出排序后的结果,并给出排序后的每个元素所对应的原来的次序。例如,

输入:27,3,25,27,14,39

输出:　3　　　2
　　　　14　　　5
　　　　25　　　3
　　　　27　　　1
　　　　27　　　4
　　　　39　　　6

10. 编写程序,将一个整型数组 a(长度不超过 1000)中的值按逆序重新存放。逆序前后数组 a 中的数据如下。请用原地工作方法解决本题。

原地工作是指算法所需要的辅助存储空间与处理数据的规模无关,也就是常数阶的空间复杂度。对本题来说,意味着 10 个整数逆序,与 1000 个整数逆序,需要的辅助存储空间是一样的。

	a[0]	a[1]	a[2]	a[3]	a[4]
逆序前	8	6	5	4	1
逆序后	1	4	5	6	8

11. 将一个整型数组(长度不超过 1000)初始化为有序的。然后新输入一个整数,将这个整数按原来排序的规律,插入到数组中合适的位置,使数组仍然保持有序。

例如,数组的元素初始为:

1 2 4 4 5 10 12

输入整数 3 后,数组元素变为:

1 2 3 4 4 5 10 12

12. 有一个 5 阶矩阵如图 8.6(a)所示。

1	2	3	4	5
6	7	8	9	10
11	12	13	14	15
16	17	18	19	20
21	22	23	24	25

(a) 原矩阵

1	2	3	4	5
21	22	23	24	25
11	12	13	14	15
16	17	18	19	20
6	7	8	9	10

(b) 操作(1)完成后

1	2	3	4	5
0	1	1	1	1
0	0	1	1	1
0	0	0	1	1
0	0	0	0	1

(c) 操作(2)完成后

图 8.6　矩阵的变化情况

程序设计基础

用一个一维数组 data 来存放它，data 的定义形式如下：

int data[]={1,2,3,4,5,6,7,8,9,10,11,12,13,14,15,16,17,18,19,20,21,22,23,24,25};

请完成以下操作：

(1) 将矩阵的第 2 行和第 5 行元素对换，然后输出矩阵为 5 行、5 列的形式(图 8.6(b))。

(2) 对图 8.6(b)的矩阵，用主对角线(指矩阵的左上角到右下角的对角线)上的元素分别去除相应行的元素，形成一个新的矩阵(图 8.6(c))并输出。

第9章

字　符　串

本章导读

本章将讨论如何处理字符串,实际上,本章是第 8 章数组的延伸。在实际问题中,一个人名、一本书名、一个地址、一个身份证号码,都是字符串。在图书信息管理、交通信息管理、教务信息管理等各种信息管理系统中,字符串这种数据无处不在。不过,C 语言并没有提供字符串这种数据类型,当程序需要处理字符串时,一般可通过char 型的数组来存储字符串。

本章将介绍如何存储和处理字符串,另外,C 语言提供了丰富的字符串处理函数,本章也将介绍这些函数的操作方法。

本章主要内容

- 如何创建字符串变量。
- 如何访问字符串中的元素。
- 如何使用字符串数组。
- 常用的字符串处理函数。

9.1　什么是字符串

字符串(string)是由若干个字符所构成的一个序列,例如,一本书的名字(*The C Programming Language*)就是一个字符串。在实际问题中,尤其是在以业务逻辑管理为主要任务的信息管理系统中,字符串广泛出现。人名、地址、身份证号码、登录账号和密码等是字符串,在搜索引擎的搜索框中输入的检索关键词,也是字符串。在自然语言处理[①]中,一句话,或者一段新闻文本,都可以看成是字符串。

在 C 语言中,用双引号作为字符串常量的定界符,一对双引号之间的内容会被编译

---

① 　自然语言处理(Natural Language Processing,NLP)是计算机科学领域与人工智能领域的一个重要方向。自然语言处理主要研究能实现人与计算机之间用自然语言进行有效通信的理论和方法,是融语言学、计算机科学、数学于一体的科学,其研究主要应用于机器翻译、舆情监测、自动摘要、文本分类、自动问答、中文 OCR 等方面。

程序设计基础

器视为字符串,以下是两个使用字符串常量的例子:

```
printf("This is a string!");
printf("Hello string\n!");
```

以上语句调用了 printf()函数,其中:

```
"This is a string!"
"Hello string\n!"
```

是两个字符串常量,它们是包含在一对双引号中的若干个字符。调用 printf()函数时,将这两个字符串作为函数参数,在屏幕上输出这两个字符串(双引号不输出)。将字符串中所包含的字符数称为字符串的长度。例如,上述两个字符串的长度分别是 17、14。

在 C 语言中,前述两个字符串常量的存储形式如图 9.1 所示,一般来说,每个字符在内存中以 ASCII 码的形式存储。

This is a string!

	T	h	i	s		i	s		a		s	t	r	i	n	g	!	\0
ASCII码	72	104	105	115	32	105	115	32	97	32	115	116	114	105	110	103	33	0

Hello string!\n

	H	e	l	l	o		s	t	r	i	n	g	!	\n	\0
ASCII码	72	101	108	108	111	32	115	116	114	105	110	103	33	10	0

图 9.1 字符串的存储形式

注意,C 语言在存储字符串常量时,编译系统会自动在串末尾添加一个 ASCII 码值为 0 的特殊字符,也就是\0,作为串结束标记,将这个字符称为空字符。所以,一个字符串在内存中占用的字节数比其实际长度多 1。例如,图 9.1 的两个字符串分别包含 17、14 个字符,它们在内存中分别占用 18、15 个字节。

再看一个字符串存储的例子。图 9.2 是字符串常量"A"和字符常量'A'的存储形式。虽然"A"只包含一个字符,长度为 1,但它在内存中存储时末尾有一个\0,因此实际占用两字节,相对地,字符型常量'A'则仅占用一字节。

"A"

	A	\0
ASCII码	65	0

'A'

	A
ASCII码	65

图 9.2 字符串与字符的存储形式对比

9.2 字符串的存储

9.2.1 一维字符数组的定义和初始化

C 语言没有专门的字符串变量,通常用一个字符数组来存放一个字符串。字符数组的定义形式与前面介绍的数值数组相同。

例如,以下定义了一个一维字符数组 c,它的长度为 10,它在内存中将被分配连续的 10 字节,其中可以存放 10 个字符:

```
char c[10];
```

字符数组允许在定义时进行初始化赋值。
例如:

```
char c[10]={'P', 'r', 'o', 'g', 'r', 'a','m'};
```

将值列表中的字符依次赋给字符数组 c 的每一个元素,赋值后 c 在内存中的状态如图 9.3 所示。

数组3

P	r	o	g	r	a	m			
80	114	111	103	114	97	109	0	0	0
c[0]	c[1]	c[2]	c[3]	c[4]	c[5]	c[6]	c[7]	c[8]	c[9]

图 9.3 字符数组初始化后的存储形式

其中,数组 c 在内存中占 10 个字节,从 c[0]~c[6] 的 7 字节,依次被赋值为'P'、'r'、'o'、'g'、'r'、'a'、'm',分别以字符的 ASCII 码形式存储在内存中。其余 c[7]~c[9] 未赋值,这种情况下,这三个元素由系统自动赋予\0,即 ASCII 码为 0。

如果对全体元素赋初值,也可以省去其长度声明。例如:

```
char c[]={'P', 'r', 'o', 'g', 'r', 'a','m'};
```

这里没有指定数组 c 的长度,但根据给定的 7 个初始字符,数组 c 的长度被认为是 7。
前述初始化方式,都是用单个字符作为初始值,进行逐个元素的初始化。在 C 语言中,也可以用字符串对数组进行整体初始化赋值。
例如:

```
char c[]={"Program"};
```

这里将字符串"Program"作为初始值。初始化后,数组 c 在内存中的存储形式如图 9.4 所示。

数组c

P	r	o	g	r	a	m	\0
80	114	111	103	114	97	109	0
c[0]	c[1]	c[2]	c[3]	c[4]	c[5]	c[6]	c[7]

图 9.4 字符数组整体初始化后的存储形式

前面在介绍字符串常量时,我们已经知道字符串总是以\0 作为串的结束符。当把"Program"存入数组 c 时,同时也把结束符\0 存入了数组 c,因此,"Program"的串长为 7,但其实际占 8 字节,也就是说,经过初始化后,数组 c 的长度被认为是 8 字节。

程序设计基础

用字符串方式进行整体初始化,比用单个字符逐个初始化要多占一个字节,用于存放字符串结束标志\0。因此,如果需要对字符数组进行整体初始化,则数组长度应该比字符串长度多 1,或者赋初始值时不指定数组长度,由系统自行处理。例如:

```
char c[8]={"Program"};          //语句①数组长度为 8,比字符串的长度多 1
char c[]={"Program"};           //语句②数组长度为 8,由系统自动处理
char c[7]={"Program"};          //语句③不合法的赋值
```

以上语句①和语句②初始化操作的结果是完全一样的,但语句③是不合法的,因为对 c 用字符串"Program"进行整体初始化,实际需要占用 8 字节,但数组长度指定为 7,只分配 7 字节的存储空间,这种操作实际将导致数组访问越界。

9.2.2　二维字符数组的定义和初始化

可以定义一个一维字符数组,用于保存一个字符串,同样地,也可以定义二维字符数组,用于保存多个字符串,例如:

```
char name[5][10]={"Angel","Jack"," Catherine","Eric","Elizabeth"};
```

这里定义并初始化了一个二维数组。初始化时采用了整体赋值的方式,每一个元素都是一个字符串。初始化后的 name 数组如图 9.5 所示。

	name[0][0]	name[0][1]	name[0][2]	name[0][3]	name[0][4]	name[0][5]	name[0][6]	name[0][7]	name[0][9]	name[0][9]
name[0]	A	n	g	e	l	\0	\0	\0	\0	\0
name[1]	J	a	c	k	\0	\0	\0	\0	\0	\0
name[2]	C	a	t	h	e	r	i	n	e	\0
name[3]	E	r	i	c	\0	\0	\0	\0	\0	\0
name[4]	E	l	i	z	a	b	e	t	h	\0

图 9.5　二维字符数组整体初始化以后的存储形式

我们知道,可以将二维数组的每一行看成是一个元素,这个元素本身又是一个一维数组。因此,数组 name 中一共包含五个元素,分别是 name[0]、name[1]、name[2]、name[3]、name[4]。每一个元素代表二维数组的一个整行,是一个一维字符数组,其中可以放一个字符串。因此,在初始化 name 时,一共给了 5 个字符串。每个字符串的长度不同,但最长的"Catherine"和"Elizabeth"的长度为 9,因此每个字符串最多占用 10 字节。每一个字符串的末尾被置为\0。对那些长度不足 9 位的字符串,未赋初始值的地方也被自动置为\0。

9.2.3　字符数组的引用

1. 逐个引用数组元素

对字符数组,可以通过下标法,对其中的元素进行逐个访问。以下程序 9.1 是一个逐个访问一维字符数组的例子。

第 9 章　字符串　179

【程序 9.1】　对一维字符数组的逐个元素访问。

```
int main()
{
    char string[5];
    int i;
    for(i=0;i<5;i++)
        scanf("%c",&string[i]);
    for(i=0;i<5;i++)
        printf("%c",string[i]);
    return 0;
}
```

程序 9.1 中定义了一个长度为 5 的字符数组 string,通过一个一重循环结构,依次往数组中输入 5 个元素的值,然后再将每一个字符 string[i]逐个输出。本例程序用下标法逐个访问数组 string,其操作方法与其他类型数组的操作方法是完全一样。

程序 9.2 是一个逐个访问二维字符数组的例子。

【程序 9.2】　对二维字符数组的逐个元素访问。

```
#include <stdio.h>
int main()
{
    int i,j;
    char name[][5]={{'A','p','p','l','e',},{'p','e','a','r'},{'G','r','a',
'p','e'}};
    for(i=0;i<=2;i++)
    {
        for(j=0;j<=4;j++)
            printf("%c",name[i][j]);
        printf("\n");
    }
    return 0;
}
```

对二维数组,如果在初始化时全部元素都赋给初值,其第一维下标的长度可以不指定。例如,在程序 9.2 中,定义二维字符数组 name 时并没有指定它的行数,但对它初始化的值列表中给出了 3 个子值列表,每一个值列表的字符数不超过 5,因此,name 被认为是一个具有 3 行的二维数组,每行可存放 5 个字符。

2. 整体引用数组元素

除了可以逐个引用字符数组的元素外,还可以以字符串的方式,对字符数组的元素进行整体访问。

在程序 9.3 中,printf()函数以字符串的方式对字符数组进行了整体输出。

【程序 9.3】 整体输出一维字符数组的值。

```
#include <stdio.h>
int main()
{
    char name[]={"Apple"};
    printf("%s",name);
    return 0;
}
```

程序 9.3 中定义了一个字符数组 name,并未指定其长度,但用字符串"Apple"进行了整体初始化,因此 name 数组的长度被认为是 6,其实际存储形式如下:

name | A | p | p | l | e | \0 |

程序调用 printf()函数,使用格式符%s 输出 name 中的字符串。

格式符%s 的含义是,从输出列表中指定的内存地址开始,依次输出内存单元中的字符,一直到遇到\0 为止。程序 9.3 中,printf()的函数的输出列表为 name,name 是字符数组的名字,代表其所存储的字符串的首地址,本例也就是字母'A'的内存地址。因此,printf()函数从字母'A'所处的内存地址开始,将其中存储的字符逐个输出,一直输出到遇到\0 为止。

虽然从程序 9.3 中,我们看不到\0 字符,但如前面所提到的,由于对 name 进行了整体初始化,因此,在内存中,字母 e 的后面会自动添加一个\0,正是这个\0 可以确保当%s 输出到字母 e 后停止输出。

需要注意的是,格式符%s 要求输出表列必须为字符串的首地址,例如以下操作:

```
printf("%s",name);                    //语句①是合法的
printf("%s",&name[0]);                //语句②是合法的
printf("%s",name[0]);                 //语句③是不合法的
```

其中语句①和语句②都为%s 指定了字符串的首地址,它们的运行结果是完全一样的。但是语句③中的 name[0]并不是一个字符串的地址,而是一个字符变量,因此语句③的操作是不合法的。

也可以用 scanf()函数对字符串进行整体输入,如程序 9.4 所示。

【程序 9.4】 整体输入一个字符串。

```
#include <stdio.h>
int main()
{
    char no[13];
```

```
        scanf("%s",no);
        printf("%s",no);
        return 0;
    }
```

程序 9.4 定义了一个长度为 13 的字符数组 no,它可存储一个长度不超过 12 的字符串。程序调用 scanf()函数,往数组 no 输入一个字符串,输入的字符串长度必须小于 13,以留出一字节用于存放串结束标志\0。

在 scanf()函数中使用了格式符%s,输入列表为数组 no 的名字,其具体操作如下。

从键盘输入一个字符串,将其中的字符依次存入以 no 为起始地址的内存单元中。这里要注意,scanf()的输入列表必须是一个字符的地址(这里是字符串 no 的首地址)。

例如,以下语句①和语句②是合法的,语句③是不合法的。

```
scanf("%s",no);                    //语句①是合法的
scanf("%s",&no[0]);                //语句②是合法的
scanf("%s",no[0]);                 //语句③是不合法的
```

在使用 scanf()函数输入字符串时,字符串中不能含有空格,否则将把空格作为字符串的结束符。例如,当输入的字符串中含有空格时,程序 9.4 的运行结果为:

```
输入:I'm fine.
输出为:I'm
```

从输出结果可见,空格以后的字符都未能被放入字符串中。

对二维字符数组也可以用字符串的整体操作方法,此时,用二维字符数组的每一行存储一个字符串。程序 9.5 是一个对二维字符数组进行整体访问的例子。

【程序 9.5】 对二维字符数组的整体访问。

```
#include <stdio.h>
int main()
{
    char no[5][13];
    int i=0;
    while(i<5)
    {
        gets(no[i]);              //语句①:输入一个字符串,no[i]是字符串的首地址
        i++;
    }
    i=0;
    while(i<5)
    {
        puts(no[i]);              //语句②:输出一个字符串,no[i]是字符串的首地址
```

程序设计基础

```
        i++;
    }
    return 0;
}
```

本程序定义了二维字符数组 no,正如前面所提到的,no 可以看成是一个一维数组,它包含 5 个元素,分别是 no[0]、no[1]、no[2]、no[3]、no[5],分别代表 no 的一个整行。可以说,no[0]、no[1]、no[2]、no[3]、no[5]分别是 5 个字符串的名字,也就是 5 个字符串的首地址。

本例使用了两个新的函数,gets()和 puts()函数,分别用于整体输入和整体输出字符串。调用 gets()和 puts()函数时,需要把字符串的首地址作为函数的参数,因此,在程序9.5 的语句①和语句②处,分别将 no[i]作为 gets()和 puts()函数的实参。

除了输入和输出函数,C 语言还提供了丰富的字符串处理函数,可以调用这些函数来实现对字符串的基本操作。

以下详细介绍了 gets()、puts()以及其他一些常用的 C 语言标准字符串处理函数。

9.3 字符串处理函数

C 语言中没有处理字符串的特殊运算符,前面所介绍的算术运算符、赋值运算符等运算符,对字符串都是不适用的,但 C 语言提供了丰富的字符串处理函数来处理字符串。C语言的字符串处理函数大致可分为字符串的输入/输出、合并、修改、比较、转换、复制、搜索等几类。其中,使用字符串输入输出函数应包含头文件 stdio.h,使用其他字符串处理函数应包含头文件 string.h。

1. 字符串输出函数 puts()

函数原型:

```
int puts(char * str);
```

函数功能:把字符指针① str 所指向的字符串输出到标准设备,即在屏幕上显示该字符串。输出时如果遇到\0,将\0 转换为换行符。puts()函数的返回值为一个换行符,若出错则返回 EOF。

【程序 9.6】 puts()函数的用法。

```
#include <stdio.h>
int main()
```

---

① 第 10 章将详细讨论指针。这里,可以将字符指针理解为字符的内存地址,也就是字符串的首地址,或者其字符串中某一个字符的内存地址。

第 9 章　字符串　183

```
{
    char c[]={"Program"};
    puts(c);                              //整体输出字符串
    return 0;
}
```

　　程序 9.6 中定义了一个字符数组 c,用字符串"Program"对数组 c 进行了整体初始化,然后调用 puts()函数整体输出 c 中的内容。调用 puts()函数时,将字数数组 c 的首地址作为函数的参数。

　　puts()函数从指定的地址开始,依次输出每一个字符,直到遇到\0 为止。puts()函数的功能也可以由 printf()来实现,即:

```
printf("%s",c);
```

　　如果需要按一定的格式输出字符串,则通常使用 printf()函数。

2. 字符串输入函数 gets()

函数原型:

```
char * gets(char * str);
```

　　函数功能:从标准设备读取一行字符串,存入字符指针 str 所指向的内存区域中,用 \0 替换读入的换行符。gets()函数返回字符指针 str,即字符串的首地址,出错时返回 NULL。

　　【程序 9.7】　gets()函数的用法。

```
#include <stdio.h>
int main()
{
    char string[15];
    gets(string);
    puts(string);
    return 0;
}
```

　　程序 9.7 定义了一个字符数组 string,其长度为 15,表明 string 中只能存放长度不超过 14 的字符串。程序对数组 string 进行了简单的输入和输出操作。

　　输入时,调用 gets()函数,将数组的首地址 string 作为参数。gets()函数读取用户从键盘输入的字符串,将其中的字符依次存放到以 string 为首地址的地址中。

　　对一般的字符串输入,用 scanf()函数也可以实现,即:

程序设计基础

```
scanf("%s",string);
```

与 scanf() 函数不同的是,gets() 函数允许在输入的字符串中含有空格,也就是说,gets() 函数并不以空格作为字符串输入结束的标志,而是以回车作为输入结束标志。

3. 字符串连接函数 strcat()

函数原型:

```
char * strcat(char * s1,char * s2);
```

函数功能:把字符指针 s2 所指向的字符串连接到字符指针 s1 所指向的字符串的后面,并删去字符串 s1 原有的串结束标志\0。函数返回字符指针 s1。

【程序 9.8】 strcat() 函数的用法。

```
#include <stdio.h>
#include <string.h>
int main()
{
    char name1[16]={"My name is "};
    char name2[10];
    printf("Please input your name:");
    gets(name2);
    strcat(name1,name2);              //把两个数组的名字作为函数 strcat() 的实参
    puts(name1);
    return 0;
}
```

程序 9.8 定义了两个字符数组 name1 和 name2。程序用字符串"My name is"对 name1 进行了整体初始化,对 name2 的数据从键盘输入。

程序调用了 strcat() 函数,把数组 name1 和 name2 的首地址作为函数的两个实参,将字符数组 name2 的所有元素全部复制到 name1 中字符串的尾部,实现两个字符串的连接。注意,在使用 strcat() 函数前,程序要包含头文件 string.h。

如果从键盘输入"Jack",则程序运行前后,数组 name1 和 name2 中存储的情况如图 9.6 所示。

运行前

| name1 | M | y | | n | a | m | e | | i | s | | \0 | \0 | \0 | \0 | \0 |

| name2 | J | a | c | k | \0 | \0 | \0 | \0 | \0 | \0 |

运行后

| name1 | M | y | | n | a | m | e | | i | s | | J | a | c | k | \0 |

| name2 | J | a | c | k | \0 | \0 | \0 | \0 | \0 | \0 |

图 9.6 字符串 name1 和 name2 连接前后的存储情况

第 9 章　字符串　　185

连接前,name1 和 name2 数组中存储着初始化的字符串,每个串尾都自动添加了\0,对数组中没有初始化的位置,也都自动初始化为\0,如图 9.6 中灰色区域所示。在调用 strcat()函数时,从 name2 的第一个字符 J 开始,将 name2 的全部字符(连同\0)逐个复制到 name1 的尾部,复制时从 name1 的第一个\0 的位置开始写入。连接前后的 name2 数组不会发生变化。

注意,字符数组 name1 应定义足够的长度,否则不能全部装入被连接的字符串。

4. 字符串复制函数 strcpy()
函数原型:

```
char * strcpy(char * s1,char * s2);
```

函数功能:把字符指针 s2 指向的字符串复制到字符指针 s1 指向的存储空间中,串结束标志\0 也一同复制过去。

【程序 9.9】　strcpy()函数的用法。

```
#include <string.h>
#include <stdio.h>
int main()
{
    char string1[16], string2[]={"This is a test!"};
    strcpy(string1, string2);
    puts(st1);
    return 0;
}
```

程序 9.9 定义了两个字符数组 string1 和 string2。程序没有指定 string2 的长度,但用一个字符串"This is a test!"对 string2 进行了整体初始化,因此数组 string2 的长度被认为是 16。程序没有对 string1 赋初始值。

程序调用 strcpy()函数,将 string2 中的字符串复制到 string1 中。程序运行前后,数组 string2 和 string1 中存储的情况如图 9.7 所示。

运行前

| string2 | T | h | i | s | | i | s | | a | | t | e | s | t | ! | \0 |

| string1 | \0 | \0 | \0 | \0 | \0 | \0 | \0 | \0 | \0 | \0 | \0 | \0 | \0 | \0 | \0 | \0 |

运行后

| string2 | T | h | i | s | | i | s | | a | | t | e | s | t | ! | \0 |

| string1 | T | h | i | s | | i | s | | a | | t | e | s | t | ! | \0 |

图 9.7　字符串 name1 和 name2 连接前后的存储情况

应该注意的是,在调用 strcpy()函数时,string1 所对应的存储区域的长度不应小于字符串 sring2 的长度,否则不能将 string2 全部存入字符串 string1 中。

5. 字符串比较函数 strcmp()

函数原型：

```
int strcmp(char * s1,char * s2);
```

函数功能：对字符指针 s1 和字符指针 s2 所指向的字符串按照 ASCII 码的大小进行比较。函数的返回值为比较的结果，分如下三种情况：

如果：① s1＝ s2，返回值为 0；

② s1＞s2，返回值＞0；

③ s1＜s2，返回值＜0。

【程序 9.10】 strcmp()函数的用法。

```c
#include <stdio.h>
#include<string.h>
int main()
{
    int k;
    char string1[15],string2[]={"Program"};
    gets(string1);
    k=strcmp(string1,string2);
    if(k==0)printf("string1 = string2");
    if(k>0)printf("string1 > string2");
    if(k<0)printf("string1 < string2");
    return 0;
}
```

程序 9.10 定义了两个字符数组 string1 和 string2，用字符串"Program"对 string2 进行了整体初始化，对 string1 没有赋初始值，而是通过 gets()函数从键盘向 string1 输入字符串。

程序调用 strcmp()函数，将 string1 和 string2 分别作为其实参。strcmp()函数有一个整型的返回值，程序定义了整型变量 k 接收这个返回值。分别输入以下测试字符串，程序输出结果如下：

输 入	输 出	结 果 分 析
program	string1 ＞ string2	字母'p'的 ASCII 码大于'P'，"program"的 ASCII 码大于"Program"
Orogram	string1 ＜ string2	字母'O'的 ASCII 码小于'P'，"Orogram"的 ASCII 码小于"Program"
Program	string1 ＝ string2	"Program"的 ASCII 码等于"Program"

6. 求字符串的长度函数 strlen()

函数原型：

```
unsigned strlen(char * s);
```

函数功能：求字符指针 s 所指向的字符串的长度,其中,只统计有效字符的个数,不计算字符串结束标志\0。函数的返回值为字符串的长度值。

【程序 9.11】 strlen()函数的用法。

```
#include <stdio.h>
#include <string.h>
int main()
{
    int lenth;
    char s[]={"This is a book!\n"};
    lenth=strlen(s);
    printf("The lenth of the string is %d.",lenth);
    return 0;
}
```

程序 9.11 定义了一个字符数组 s,用字符串"This is a book! \n"对 s 进行了初始化。在调用 strlen()函数时,将数组 s 的名字,也就是字符串的首地址作为实参。由于 strlen()函数有一个整型的返回值,因此,程序中定义了一个整型变量 lenth 接收 strlen()函数的返回值。

运行程序 9.11,将在屏幕输出如下结果:

```
The lenth of the string is 16.
```

在统计字符个数时,转义字符\n 被看成是一个字符,同时,也不统计字符串末尾的\0,因此,该字符串的长度为 16。

9.4 案 例 研 究

【例 9.1】 密码问题。

许多应用系统在使用前必须先登录,才能获得相关使用权限。登录时,一般要求输入用户账号、密码等信息,只有输入正确的账号和密码时才能登录。通常,密码是由字母、数字以及其他字符所构成的字符串。

本问题的要求是:已知系统有三个用户,也知道他们的登录密码,设计一个登录程序,要求登录者输入用户名和密码,如果密码正确,提示"Login successful!",如果输入三次错误的密码,则输出"Login failed!"。

本问题中:假定登录者输入的用户名肯定是正确的,且用户名和密码都是长度不超过 16 位的字符串,同时用户名是唯一的。

1. 问题分析

根据问题的要求,需要处理的用户名、密码都是字符串,可以用一个二维字符数组来存储用户名,再用一个二维字符数组来存储密码。由于用户名和密码是已知的,可采用初始化的方式给数组赋值。在模拟登录时,需要输入用户名和密码,它们分别是一个字符串。因此,对本问题的数据描述为:

输入数据:

用 users 标识用户名,它是一个有含 3 行、17(用户名最多含 16 个字符)列的二维字符数组。

用 passwords 标识密码,它是一个有含 3 行、17(密码最多含 16 个字符)列的二维字符数组。

数组 users 和 passwords 采用初始化的方式赋值。

用 user 标识当前登录的用户名,它是一个长度为 17 的一维字符数组。

用 password 标识当前登录用户的密码,它是一个长度为 17 的一维字符数组。

user 和 password 在程序运行时输入。

输出数据:输出字符串"Login successful!"或"Login failed!"

其他辅助标识符:用 i、j 标识算法中需要的循环变量。

2. 算法设计

根据问题需求,每个用户都分别有各自的密码。因此,首先应输入用户名 user 和 password,然后根据 user 的值,去 passwords 中查找该 user 的真实密码,再将 password 与真实的密码对比,如果两个密码相同,则登录成功;如果不同,则将计数器 count 增 1,重复这一过程,直到 count 达到 3 为止,此时登录失败。

由此,本案例的概要算法描述为:

算法 模拟登录问题
输出:提示信息 *login successful*! 或 *login failed*!

```
1: function Login()
2:     初始化用户名数组 users,用户密码数组 passwords
3:     输入 user
4:     count ← 0
5:     while count < 3 do
6:         输入 password
7:         if user 的密码是 password then
8:             输出"Login successful!"
9:             return
10:         end if
11:         count ← count + 1
12:     end while
13:     输出"Login failed!"
14:     return
15: end function
```

第 9 章 字符串　189

算法的步骤 7 为判断用户 user 输入的 password 是否正确。那么,用户 user 的真实
密码到底是什么呢? 它存放在 passwords 中的什么地方呢?

经过初始化以后,users 和 passwords 两个数组中的数据存储如图 9.8 所示,两个数
组中的每一个元素都是一个字符串。

users[0]	**Angel**			passwords[0]	**123456@abc**
users[1]	**Smith**	— i=1 →		passwords[1]	**ruby@3210**
users[2]	**Jone**			passwords[2]	**Cc23456_1**

图 9.8　根据用户名读取密码的示意图

根据登录者输入的 user,首先查找 users 数组,确定 user 在 users 中的位置,也就是
user 的密码在 passwords 中的位置。例如,如果登录者输入 Smith,则查找 users 数组后
可得到 Smith 的位置为 1,因此,passwords[1]就是 Smith 的密码,即 rubu@3210。

根据前述分析,为了找到 user 的真实密码,首先需要扫描 users 表,找到 user 在该表
中的位置 i,则 passwords[i]就是 user 的真实密码,由此将本问题的算法细化如下:

```
1: function Login()
2:     初始化用户名数组 users,用户密码数组 passwords
3:     输入 user
4:     count ← 0
5:     while count < 3 do
6:         输入 password
7:         for i = 0 → 2 do
8:             if users[i] 与 user 相等 then
9:                 break;
10:            end if
11:        end for
12:        if passwords[i] 与 password  相等 then
13:            输出"login successful!"
14:            return
15:        end if
16:        count ← count + 1
17:    end while
18:    输出"login failed!"
19:    return
20: end function
```

3. 编程实现

【程序 9.12】　密码问题。

```
/******************************************************
    Program9.12:密码问题
    written by Sky.
    12/10/2020. Copyright 2020
```

```
      *********************************************************/
      #include <stdio.h>
      #include<string.h>
      int main()
      {
          char users[3][17]={"Angel","Smith","Jone"};
          char passwords[3][17]={"123456@abc","ruby@3210","Cc23456_1"};
          char user[17],password[17];
          int count=0,i;
          printf("Login name:");
          gets(user);
          while(count<3)
          {
              printf("Password:");
              gets(password);
              for(i=0;i<3;i++)
              {
                  if(strcmp(users[i],user)==0)
                                          //语句①:使用 strcmp 函数比较两个字符串是否相等
                      break;
              }
              if(strcmp(passwords[i],password)==0)
                                          //语句②:i 一定小于 3,因为 user 一定在 users 中
                  break;
              count++;
          }
          if(count==3)
              printf("Login failed!");
          else printf("Login successful!");
          return 0;
      }
```

4. 测试

运行程序 9.12,一组能成功登录的测试结果如下:

```
Login name:Smith
Password:ruby@3210
Login successful!
```

如果输入三次错误的密码,则无法成功登录,测试结果如下:

```
Login name:Jone
Password:cc23456
Wrong password!
Password:Cc234567
Wrong password!
Password:cc23456_1
Wrong password!
Login failed!
```

只要在三次以内输入正确密码,就可以成功登录,对这种情况的测试结果如下:

```
Login name:Angel
Password:123456
Wrong password!
Password:123457@
Wrong password!
Password:123456@abc
Login successful!
```

5. 案例小结

本案例利用了字符串来模拟一个应用系统的登录过程。由于用户名和密码都有多个,且都是字符串,因此使用了二维字符数组来存储多个用户名和密码。

从对字符串的操作看,在输入用户名和密码时,调用了 gets() 函数进行整体输入,使输入操作更具有灵活性,可以输入任意长度(不超过 16 位)的字符串,且字符串中可以含有空格。

本案例中,由于 users 和 passwords 都是二维字符数组,当它们的名字后面只有一个下标时,分别表示其对应行的首地址,因此在语句①和语句②中,表达式 users[i] 和 passwords[i] 分别表示两个一维字符数组的首地址,即两个字符串的首地址。

另外,本案例为了比较两个字符串是否相同,调用了 strcmp() 函数,当函数返回值为 0 时,表明两个字符串相等。这里应该特别注意,对两个字符串不能直接用关系运算符比较大小,如下操作都是不合法的:

```
if(users[i]==user)          //不合法的关系运算
if(passwords[i],password)   //不合法的关系运算
```

【例 9.2】 统计文章中单词的词频问题。

统计一篇文章中出现的单词的词频,是自然语言处理(Natural Language Processing, NLP)中一种十分重要而基础的操作。通过词频统计,可以感知到一篇文章有别于其他文章的特征,根据统计的词频,可以将一篇文章从一个字符串变成一种基于词频的数值表示,从而为进一步的文本信息挖掘和计算奠定基础。

例如,有两篇英文短文章 d1 和 d2,每个单词之间用空格分开:

程序设计基础

d1: The book is in my bag.

d2: There is a book in my bag. The pen is in my bag.

分析 d1 和 d2,它们总共包括的单词有 The、book、is、in、my、bag、pen、There 和 a。

用上述单词构成一个词典表,每个单词有唯一的编号,例如:

单词	The	book	is	in	my	bag	pen	there	a
编号	0	1	2	3	4	5	6	7	8

接着统计每个单词在文章中出现的次数,由此将 d1 和 d2 表示为如图 9.9 所示的形式:

vocab	The	book	is	in	my	bag	pen	There	a
d1	1	1	1	1	1	1	0	0	0
d2	1	1	1	2	2	2	1	1	1

图 9.9 用单词的词频来表示两个文本

图 9.9 就是文章 d1 和 d2 的词频向量表示,此时,d1 和 d2 从原本的字符串变成了可计算的数值型向量。

本问题的要求是:从键盘输入三篇英文文章,每一篇文章的长度不超过 80 个字符。统计每一篇文章中的单词词频,得到每一篇文章的词频向量表示。为简化问题,假定文章中不包含标点符号,每个单词之间用一个空格分开,文章中的词项[①]总数不超过 120 个。

1. 问题分析

根据问题的要求,三篇英文文章可以用一个二维字符数组进行存储。每一篇文章是一个长度不超过 80 的字符串,二维字符数组定义如下:

```
char documents[3][81];
```

为了得到每一篇文章的词频向量,首先需要建立词典 vocab,其中包含三篇文章共有的英文单词,vocab 是一个包含若干个单词字符串的二维数组,其定义如下:

```
char vocab[120][13];        //考虑词项总数不超过 120 个,每个单词的长度不超过 12
```

由于在输入文章前,文章实际中包含的单词总数是未知的,为准确记录实际的单词数,需要一个辅助变量 vocablenth,它的定义如下:

```
int vocablenth=0;           //用于记录 vocab 中实际的单词数
```

每一篇文章的词频向量中存储的全部是整数,可以用一个一维的整型数组来表示,本问题中一共有三篇文章,因此形成一个词频矩阵,其定义如下:

---

① 在 8.3.1 节讨论过词项,你可以前往查看并阅读更多相关资料。

第 9 章　字符串　193

```
int Doctf[3][120];        //每一行表示一篇文章的词频向量,一个词频向量的长度为120,
                          //即 vocab 中的词项数
```

2. 算法设计

根据问题需求,本问题的概要算法描述为:

算法　统计文档集的词频向量
输入:记录文章的数组 *documents*
输出:词频向量数组 *Doctf*

1: **function** DOCTF()
2:　　输入三篇文章到 *documents* 中
3:　　*vocablenth* ← 0
4:　　初始化数组 *Doctf* 为全 0,数组 *vocab* 为空
5:　　提取 *documents* 中所有词项放入 *vocab*,*vocablenth* ← 词项总数
6:　　统计 *documents* 中每一篇文章的词频,依次填入数组 *Doctf* 中
7:　　**return**
8: **end function**

其中,对步骤 5 分析如下。

为了提取 documents 中所有的词项,应该依次访问每一篇文章 documents[i],取出其中的每一个单词 word,将它们放入 vocab 中。由于 vocab 中的单词不能重复,因此在将一个 word 加入 vocab 之前,首先需要查询 vocab,看 word 是否已经在 vocab 中,如果不在,则加入该单词;如果已经存在,则忽略该单词。因此对步骤 5 细化如下:

501:　**for** $i = 0 \to 2$ **do**
502:　　　$k \leftarrow 0$
503:　　　**for** $pos = 0 \to strlen(documents[i] - 1)$ **do**
504:　　　　　**if** $documents[i][pos] == $ ' ' or $documents[i][pos] ==$ '.' **then**
505:　　　　　　　**if** *word* 不在 *vocab* 中 **then**
506:　　　　　　　　　将 *word* 添加到 *vocab*
507:　　　　　　　　　$word[0] \leftarrow 0$
508:　　　　　　　　　$k \leftarrow 0$
509:　　　　　　　**end if**
510:　　　　　**else**
511:　　　　　　　$word[k] \leftarrow documents[i][pos]$
512:　　　　　　　$k \leftarrow k + 1$
513:　　　　　**end if**
514:　　　**end for**
515:　**end for**

其中,步骤 511 和 512 用于将文档 documents[i] 的字符拼凑成一个单词。步骤 505 需要判断某个单词 word 是否在 vocab 中,为此,需要依次访问 vocab 中的每一个单词,将 word 与 vocab 中的单词依次比较。请读者自行分析步骤 505 和步骤 6 的细化过程。

3. 编程实现

【程序 9.13】 统计文档集的词频向量。

```
/********************************************************
  Program9.13: 统计文档集的词频向量
  written by Sky.
  12/10/2020. Copyright 2020
*********************************************************/
#include <stdio.h>
#include <string.h>
int main()
{
    char documents[3][81];
    char vocab[120][13];
    int Doc_tf[3][120]={{0},{0},{0}};
    int i,vocab_lenth=0;
    printf("Please input 3 documents:\n");
    for(i=0;i<3;i++)
    {
        printf("document %d:",i);
        gets(documents[i]);
    }
    for(i=0;i<3;i++)
    {
        char word[13];
        int pos,k=0,r,len=strlen(documents[i]);
        for(pos=0;pos<len;pos++)            //访问 doucuments[i]中的每一个字符
        {
            if(documents[i][pos]==' '||documents[i][pos]=='.')
                                            //遇到空格,则准备添加单词
            {
                word[k]='\0';
                for(r=0;r<vocab_lenth;r++) //将 word 与 vocab 中的每一个单词比较
                {
                    if(strcmp(word, vocab[r])==0)   //找到相同单词,则 break;
                        break;
                }
                if(r==vocab_lenth)              //如果 word 不在 vocab 中,则添加 word
                {
                    strcpy(vocab[r],word);
                    vocab_lenth= vocab_lenth+1;
                                            //添加一个 word,令 vocab 长度增 1
                }
                word[0]='\0';               //一个 word 处理结束,将其置为空串
                k=0;
```

```
        }
        else word[k++]=documents[i][pos];
                                    //没遇到空格时,将字符逐个写入 word
    }
}
for(i=0;i<3;i++)
{
    char word[13];
    int pos,k=0,r,len=strlen(documents[i]);
    for(pos=0;pos<len;pos++)        //访问 doucuments[i]中的每一个字符
    {
        if(documents[i][pos]==' '||documents[i][pos]=='.')
                                    //遇到空格,则准备添加单词
        {
            word[k]='\0';
            for(r=0;r<vocab_lenth;r++) //将 word 与 vocab 中的每一个单词比较
            {
                if(strcmp(word, vocab[r])==0)
                                    //找到相同单词,则对应单词的词频增 1;
                    Doc_tf[i][r]++;
            }
            word[0]='\0';              //一个 word 处理结束,将其置为空串
            k=0;
        }
        else word[k++]=documents[i][pos];
                                    //没遇到空格时,将字符逐个写入 word
    }
}
puts("--------------------------------------------------");
printf("%12s","vocab:");
for(i=0;i<vocab_lenth;i++)
        printf("%5s",vocab[i]);
printf("\n-------------------------------------------------\n");
for(i=0;i<3;i++)
{
    printf("documents%2d:",i);
    int r;
    for(r=0;r<vocab_lenth;r++)
        printf("%5d",Doc_tf[i][r]);
    putchar('\n');
}
puts("--------------------------------------------------");
}
```

4. 测试

程序 9.13 的运行结果如图 9.10 所示。

```
Please input 3 documents:
document 0:The book is in my bag.
document 1:There is a book in my bag The pen is in my bag.
document 2:Both the book and the pen are in my bag.

       vocab:  The book   is    in    my   bagThere   a  pen Both   the   and   are

documents 0:    1    1    1    1    1    1    0    0    0    0    0    0    0
documents 1:    1    1    2    2    2    2    1    1    1    0    0    0    0
documents 2:    0    1    0    1    1    1    0    0    1    1    2    1    1
```

图 9.10　统计三篇英文文章的词频向量的结果

5. 案例小结

本案例将 C 语言的字符串用于自然语言处理中的文本词频统计问题。

(1) 从数据存储方面。

本案例问题需要对多篇文章分别进行处理,将每一篇文章看成是一个字符串,因此解题时使用了二维字符数组,用于存储多个字符串。在设计本案例程序所需存储的数据时,应注意各个数组维度的一致性,例如:

```
char documents[3][81];
char vocab[120][13];
int Doc_tf[3][120]={{0},{0},{0}};
```

其中 documents 的第一维与 Doc_tf 的第一维长度相同,都表示三个文档,vocab 的第一维与 Doctf 的第二维长度相同,都表示至多有 120 个单词。

特别注意,在开始详细的算法设计之前,必须先分析数据,对数据进行描述,设计好存储方法,然后再进行算法设计,这是能够流畅地进行算法设计的重要前提。

(2) 从本案例问题的设计背景方面。

本案例问题进行了一系列的简化。例如,限定输入数据为英文,且每个单词之间固定用一个空格分隔开。另外,还限定除文本的末尾有一个句号(.)外,文本中间的其他位置都没有任何标点符号,从而简化了读取文本中每一个单词的操作方法。

基于程序 9.13,你可以进一步考虑在文本格式不规范时,例如,在文本的开头、结尾或单词之间分别有若干个空格等,应该如何进行设计的问题? 还有,如果文本是中文的,又应该如何进行分析和处理?

9.5　本章小结

字符串是一种非常常用的数据,应用软件系统中的许多数据都以字符串的形式存在。

本章介绍了 C 语言处理字符串的一般方法,包括如何存储字符串、如何对存储在字符数组中的字符串进行操作等。为了实现对字符串的访问,可以调用 C 语言提供的字符

第9章 字符串　197

串操作标准函数,例如 gets()、puts(),以及其他字符串处理函数。

通过本章我们知道,C 语言可以通过字符数组来存储字符串,那么为什么我们在前面数组的章节中,没有介绍字符串呢? 这是因为,与整型、浮点型数组相比,对字符串的操作有其独有的特点。

(1) 字符数组中的一串字符可以被整体访问(只要这串字符的末尾有\0,具有字符串的结构)。

(2) C 语言对字符串类型的数据没有专门的运算符。也就是说,你可以在程序中对两个整数或浮点数使用算术运算符,也可以用关系运算符比较两个整数或浮点数的大小,还可以用赋值运算符(=),将一个整型变量赋给另一个整型变量,但是,这些运算符对字符串都是不可行的。

如果需要比较两个字符串的大小,应该调用标准函数 strcmp(),如果想把一个字符串复制给另外一个字符串,不能使用赋值运算符(=),而应该调用函数 strcpy()来实现。

在回顾本章时,应注意对比所了解的数据类型之间的差异,包括它们的存储形式、操作方法,尝试分析和理解不同数据类型的适用场景及原因,从而能够在具体问题中,合理地选用适当的数据类型来进行求解。

9.6　习　　题

1. 你认为应该用什么方法来存储一个人的身份证号码?

2. 有两个字符串,分别是 string1 和 string2,请问应该如何判断它们是否相等?

3. 编写程序,输入任意长度的字符串(串长不超过 1024),统计其中大写字母和小写字母的个数,并输出统计结果。例如:

输入:AAaaBBb123CCccccd
输出:upper = 6, lower = 8

4. 编写程序,输入任意长度的字符串(串长不超过 1024),输出其中 ASCII 码最大的字符。

5. 编写程序,将字符数组 s2 中的字符串(串长不超过 1024),复制到字符数组 s1 中,要求不能调用字符串库函数 strcpy()函数。

6. 将一个字符串(串长不超过 1024)中的字符按由小到大的顺序排序,输出排序后的字符串。

7. 输入一个字符串(串长不超过 1024),统计其中各小写字母出现的次数,然后按字母出现的多少顺序输出(先输出字母出现次数多的,如果出现次数相同,则按字母表顺序输出,对不出现的字母不输出)。

例如,

输入:5b3a+4-hdeh5dh?
输出:　h　　3

```
d    2
a    1
b    1
e    1
```

8. 一篇文章共有 3 行文字，每行有 80 个字符。编写程序，分别统计和输出该文章中大写字母、小写字母、数字字符、空格及其他字符的个数。

9. 编写程序，输入一串单词(不超过 100 个)，单词间用逗号分隔，然后提取出每一个词项，将它们分行输出。假设输入的单词中只包含英文字母和逗号。例如：

输入：John,Jack,John,Peter,Hans,
输出：
John
Jack
Peter
Hans

第10章 指　针

本章导读

本章将学习如何使用指针。指针是 C 语言中编程中最重要的技术环节之一,能否正确理解和使用指针,是判断我们是否掌握 C 语言的标志之一。同时,指针也是 C 语言中较难掌握,尤其是较难灵活应用的一种技术,它需要我们在操作程序中的数据时不断审视计算机的内存,从程序代码与计算机内存的关系视角,理解程序的执行过程。

本章主要内容

- 什么是指针。
- 指针变量的定义和引用方法。
- 如何使用指针访问一维数组。
- 如何使用指针访问字符串。

10.1　为什么使用指针

指针是 C 语言中一种非常重要的数据类型,运用指针编程是 C 语言最主要的风格之一。通过使用指针变量,可以很方便地操作数组和字符串,可以自定义许多复杂的数据结构,还能像汇编语言一样操作内存地址,从而编写出高效的程序。

在本书前面的章节中,在没有使用指针类型的情况下,已经能够解决很多问题,那么,到底在哪些应用场景下需要使用指针呢?

例如,在第 7 章的函数中讨论了黑盒的观点。一个函数的局部变量,只能通过值传递的方式共享给其他函数。值传递可以使函数有效地保护自己的局部变量,但在某些应用情景中,还需要实现跨函数地操作变量,如程序 10.1 所示。

【程序 10.1】 函数的值传递机制。

```
void sway(int x, int y)        //这里的 x 和 y 是形参
{
```

```
    int temp;
    temp=x; x=y; y=temp;
}
int main()
{
    int x=20,y=30;
    printf("x=%d,y=%d\n",x,y);              //语句①:输出 x=20,y=30
    swap(x,y);                              //指定了两个实参 x 和 y
    printf("x=%d,y=%d",x,y);                //语句②:输出 x=20,y=30
    return 0;
}
```

在程序 10.1 中,main()函数希望通过调用 swap()函数,来交换 main()函数的局部变量 x 和 y 的值,但实际上程序 10.1 无法实现该功能。

可以看到,虽然在语句①与语句②之间调用了 swap()函数,但语句①和语句②的输出结果却一样,这是因为这里使用的是普通变量 x 和 y 作为 swap()函数的参数,根据值传递的机制,无论在函数中如何修改形参,对应的实参的值都不会发生变化①。如果这里将变量 x 和 y 的地址作为函数的实参传递给 swap()函数,就可以轻松解决这个问题。

还有一种指针的应用情景。通常用 return 语句将函数的处理结果返回给主调函数,但 return 语句只能带一个返回值。在实际问题中,要求函数带多个返回值的情况非常多,例如找出并返回全班前 10 个学生的成绩,找到并返回一个数据集中的所有素数等。这类问题用一个 return 语句无法解决,但利用指针,却可以很容易地实现从一个函数返回多个值给主调函数。

另外,我们都知道内存是计算机系统最宝贵的资源之一。通常程序使用如下方式可申请一段连续的内存空间:

```
int data[2048];
```

如果在函数中定义以上数组 data,则 data 的生存期是从函数运行开始,到函数运行结束为止。在整个函数运行期间,数组 data 的存储空间是不会被释放的。但实际上,有些数据空间在函数运行尚未结束时,就已经不再使用,如果能及时释放这些存储空间,就可以提高程序对内存的使用效率。上述定义方式申请的存储空间,是无法主动释放的,但如果通过使用指针,结合动态内存分配方法,就可以较好地解决这一问题。

此外,在更为复杂的数据结构②的应用场景中,指针还可以用于构建单链表、二叉链表、图的邻接表等,从而能够构建出更为复杂、多样的数据存储形式。

---

①　关于值传递的这一特点,在程序 7.3 中已进行了详细分析,可以回到程序 7.3 去查看相关分析。
②　这里的结构(structure)是指数据集的元素之间存在的一种或多种特定的关系,这种关系可能是一对一、一对多或者多对多的。根据元素之间的关系的不同,数据集也有不同的存储策略。

10.2 什么是指针

指针的概念很简单,它就是内存地址。

在运行计算机程序时,程序需要处理的数据都是存放在内存中的。一般把存储器的1字节称为1内存单元,不同类型的数据所占用的内存单元数不等,例如,在目前的大多数编译系统中,整型占4字节,字符型数据占1字节等,在第3章已详细讨论过这个问题。

为了正确地访问这些内存单元,必须给每个内存单元一个唯一的编号,根据这个编号,即可准确地定位到该内存单元,这个编号就称为内存地址,也就是所说的指针。

在程序中定义一些变量,给这些变量命名,通过变量的名称可以对计算机的内存进行读或写操作,这种访问数据的方法,称为直接访问。

例如:

```
int x,y,data[1024];
```

这里定义了三个变量,x、y 和 data 分别是它们的名称,也就是变量所对应的内存空间的代名词。在使用变量 x、y 和 data 所对应的内存空间时,可以通过书写变量的名称,直接引用变量的内存空间,例如:

```
x=10;
y=100;
data[0]=35;            //这是一个下标变量的名称,下标 0 表明了该变量在 data 中的位置
```

还可以用间接的方式访问内存。例如,假设有一个变量 p,它专门用于存储其他整型变量的内存地址,则可对 p 进行如下赋值:

```
int x=10;
p=&x;
```

这里将变量 x 的内存地址赋给了 p,变量 p 中就存储了一个内存地址,即 p 存储了一个指针。

现在来进一步明晰两个概念:什么是指针? 什么是指针变量?

指针是内存地址,而指针变量是变量。指针变量中可以存放一个内存地址,也就是说,指针变量是用于存放指针的变量。指针与指针变量的关系可以认为是:

指针是指针变量的值。

例如,前面变量 p 与 x 的关系如图 10.1 所示。

从图 10.1 可以看到变量 x 有自己的内存空间,它的内存地址为 0x0100,整数 10 被存储在 x 的内存单元中,同时,变量 p 也有自己的内存空间,它的内存地址为 0x0025,p 的内

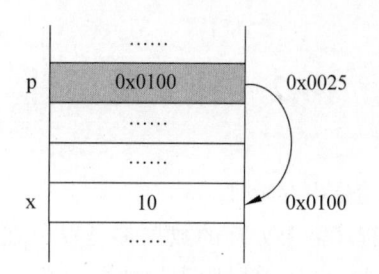

图 10.1 指针变量与普通变量的关系

存单元中存放的是 x 的内存地址,即 0x0100,因此,可以形象地说,变量 p 指向了变量 x。

这里的变量 p 就是一个指针变量,而 p 中存放的值,就是变量 x 的指针。

10.3 指针变量的定义和引用

10.3.1 指针变量的定义

在 C 语言中,允许定义指针变量来存放指针。指针变量的定义形式为:

```
类型声明符    *指针变量名;
```

例如,下面定义了一个整型的指针变量 p:

```
int * p;
```

定义指针变量包括三部分内容:

(1) 给指针变量命名。指针变量的命名与其他任何数据类型的变量一样,应该是一个合法的 C 语言标识符。例如,上述定义的指针变量名为 p。

(2) 用星号(*)表示 p 是一个指针变量。

(3) 必须要有指针变量的数据类型声明符,表示指针变量所指向的变量的数据类型。

例如,上述定义了一个整型指针变量 p,它可以指向一个整数,也就是说,可以把一个整型数据的内存地址赋给 p。

也可以声明其他类型的指针变量,例如,如下声明都是合法的:

```
float * p1;                  //p1 是指向浮点型变量的指针变量
char * p2;                   //p2 是指向字符型变量的指针变量
```

应该注意的是,指针变量只能指向其同类型的数据,例如,以上定义的 p1 只能指向浮点型的数据。

10.3.2 指针变量的引用

指针变量与普通变量一样,使用之前必须先定义,而且必须赋予具体的值。给指针变量赋值时,只能赋予其地址,而不能赋予任何其他类型的数据。在程序运行时,程序中变量的地址是由编译系统分配的,这些内存地址对用户完全透明,用户并不知道变量的具体地址,但可以通过取地址运算符,也即 & 运算符,指明变量的内存地址。

例如:

```
int x=20;
int * p;
p=&x;                                        //给指针变量 p 赋值,令变量 p 指向 x
```

上述操作定义了一个整型变量 x,还定义了一个整型的指针变量 p,将 &x 赋给 p,令指针变量 p 中保存着 x 的内存地址。上述操作后,内存中变量的存储状态如图 10.2 所示。

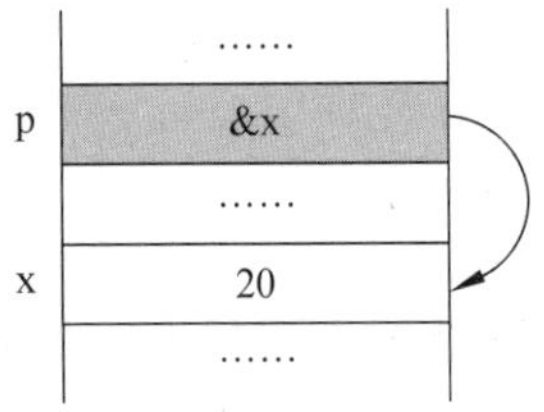

图 10.2 忽略了 x 在内存中的具体地址值(事实上,高级语言的程序员无需知道这个具体的值是多少,仍可以正常地编写应用程序),将其地址描述为 &x。对指针变量 p,它作为一个变量,拥有自己的内存空间,只不过其内存空间中只能写入一个整型数据的内存地址。

可以说,经过赋值后,指针变量 p 指向了 x。

对指针变量也可以用以下方式赋值,这种情形称为指针变量的初始化。

图 10.2 赋值后的指针变量
与普通变量的关系

```
int x=20;
int * p=&x;                                  //给指针变量 p 赋值,令变量 p 指向 x
```

注意,上述操作是将 &x 赋给了指针变量 p,而不是将 &x 赋给 * p。也就是说,在定义指针变量时,星号(*)仅仅只是一个类型声明符,它表明该变量是指针类型。星号并不是指针变量名称的一部分,因此,在引用指针变量时,其名称中不能带星号。

在引用指针变量时,还有一个特别需要注意的地方,即不能把一个自定义的常数赋给指针变量,故下面的赋值是错误的:

```
int * p;
p=1200;                                      //这是一个错误的赋值
```

10.3.3 间接运算符(*)

当定义了一个指针变量,并对其进行初始化后,就可以通过这个指针变量来访问它所指向的数据,这种访问方式称为间接访问。

在 C 语言中,为利用指针变量间接访问其他变量提供了一个运算符,即间接运算符(*),也称间址运算符,或取消引用运算符(dereferencing operator),它用来取一个指针变量所指向的变量的值。

程序 10.2 表明了间接运算符(*)的使用方法。

204　程序设计基础

【程序 10.2】 使用运算符间接访问数据之一。

```c
int main()
{
    int x=20;
    int * p;
    p=&x;
    printf("%d ",x);                        //语句①
    printf("%d", * p);                      //语句②
    return 0;
}
```

程序 10.2 定义了一个整型变量 x,还定义了一个整型指针变量 p,将 x 的内存地址赋给 p,令变量 p 指向变量 x。

程序在语句①处调用 printf()函数,输出 x 的值,这是用变量 x 的名称直接引用它的值,称为对 x 的直接访问。

程序在语句②处调用 printf()函数时,输出列表是表达式 * p,注意,这里的 * 是一个间接运算符,它首先取变量 p 所指向的变量的值,然后将该值输出,这种方式是对 x 的间接访问。

因此,程序 10.2 中的语句①和语句②的输出结果是一样的,都是整数 20,这是因为:

> x 与 * p 是等价的

通过 * 运算符,可以访问指针变量所指向的内存空间,既可以读取该内存空间的值,也可以向其写入数据,程序 10.3 描述了这一操作。

【程序 10.3】 使用运算符间接访问数据之二。

```c
#include <stdio.h>
int main()
{
    int x=20;
    int * p;
    p=&x;                                   //语句①
    * p=29;
    printf("%d %d\n",x, * p);
    return 0;
}
```

程序 10.3 并没有难以理解的语句,它在语句①处将指针变量 p 指向变量 x,然后通过 * p 对 x 进行间接访问,将 * p 赋值为 29,即将变量 x 赋值为 29。

本例程序虽然没有复杂的逻辑,却包含一个非常重要的对指针的操作方式,也就是指

第 10 章 指针

针变量初始化。假设删掉其语句①，则代码变成如下形式，其中包含一个非常严重的错误：

```
int * p;
* p=29;                                    //这是一个非法操作
```

以上代码定义了指针变量 p，但并未对 p 赋值，也就是说，并没有将一个合法的、可访问的内存地址赋给 p，此时说指针 p 是悬空①的。

在这种状态下，p 指向内存中的什么地方，完全取决于 p 所拥有的内存空间中的一个随机值。后面进行 * p 运算时，将 29 写入 p 指向的内存单元中，这是非常危险的，因为此时在并不清楚指针 p 指向内存中什么地方的情况下，试图将那个内存空间的值修改为 29，这一操作可能引发程序运行时错误，使应用程序在运行过程中因崩溃而终止。

对悬空指针的操作并不是每次都一定会发生程序运行时错误，但从指针悬空的机制看，可以设想，如果悬空的指针指向了操作系统的核心进程（虽然实际上现代操作系统多数已有防护机制），那么这个进程有可能因意外的写操作而异常，进而导致操作系统崩溃。或者，如果这个悬空的指针指向了硬件驱动，如打印机、内存、CPU 调度或温度控制等，那更严重的后果就是引起计算机硬件的损毁。

是什么原因引起指针悬空的呢？其原因是没有给指针变量赋予一个合法的内存地址，从而使程序通过指针访问了不合法的数据空间。因此，在使用指针变量前，一定要对其初始化，赋予其一个合法的地址值，才能做进一步的操作。

也可以用以下方法初始化指针变量：

```
int * p=NULL;
```

这里将指针变量 p 初始化为 NULL②。NULL 是一个定义在 C 语言的标准库中定义的常量，它通常定义在头文件 stddef.h 中。

下面再来看两个指针变量及 * 运算符的例子。

程序 10.4 的任务是：输入两个变量 x1 和 x2 的值，然后利用指针变量交换 x1 和 x2 的值，令 x1 的值不小于 x2 的值。

【程序 10.4】 使用指针变量交换变量的值之一。

```
#include <stdio.h>
int main()
{
    int x1,x2,temp;
    int * p1=&x1, * p2=&x2;
```

---

① 如果没有对指针变量进行合理的赋值，将导致指针变量指向不合法的数据空间。本书将这种情况称为指针变量是悬空的。

② C 语言标准没有对 NULL 指向内存中的什么地方做出规定。NULL 表示的具体地址值，取决于系统的实现。因此，不能简单地将 NULL 等同于整数 0。

程序设计基础

```
    scanf("%d%d",&x1,&x2);                        //语句①
    if(x1<x2)
    {
        temp= * p1;
        * p1= * p2;
        * p2=temp;                                 //语句②
    }
    printf("%d %d\n",x1,x2);
    printf("%d %d", * p1, * p2);
    return 0;
}
```

如果从键盘输入 12 和 34,则程序 10.4 的运行结果为:

```
输入:12 34
输出:34 12
     34 12
```

这里可以用图 10.3 来描述程序运行后的各变量的值的情况。图 10.3(a)和图 10.3(b)分别为执行程序 10.4 的语句①和语句②后,内存中各变量的快照。

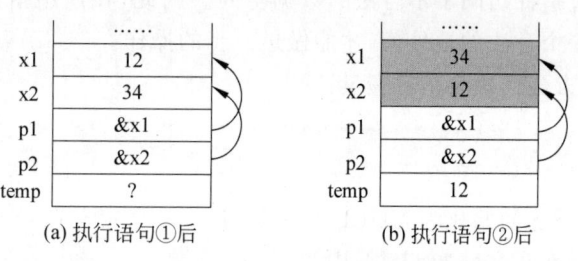

(a) 执行语句①后   (b) 执行语句②后

图 10.3　运行程序 10.4 过程中的内存快照

程序 10.4 定义了两个指针变量 p1 和 p2,它们分别指向变量 x1 和 x2,还定义了一个辅助变量 temp,用于进行两个变量值的互换。这里的 temp 是整型的,因为被交换的两个数是整数。初始时并未给 temp 赋值,因此执行语句①后各变量的值如图 10.3(a)所示。

如果 x1 比 x2 的值小,则需要交换它们的值,交换的语句是:

```
temp= * p1;
 * p1= * p2;
 * p2=temp;                                        //语句②
```

以上语句使用 * 运算符来交换 * p1 和 * p2 的值,执行语句②后,各变量的值如图10.3(b)所示。可见,交换 * p1 和 * p2,本质就是交换 x1 和 x2 的值,而执行前后指针变量 p1 和 p2 的值并未发生变化。

下面将程序 10.4 做一些修改,以使读者更清楚地理解 * 运算符的作用。

第 10 章　指针　207

【程序 10.5】　使用指针变量交换变量的值之二。

```
#include <stdio.h>
int main()
{
    int x1,x2;
    int * p1=&x1, * p2=&x2, * temp=NULL;
    scanf("%d%d",&x1,&x2);                  //语句①
    if(x1<x2)
    {
        temp=p1;
        p1=p2;
        p2=temp;                            //语句②
    }
    printf("%d %d\n",x1,x2);
    printf("%d %d", * p1, * p2);
    return 0;
}
```

如果从键盘输入 12 和 34,则程序 10.5 的运行结果为:

```
输入:12 34
输出:12 34
     34 12
```

图 10.4 描述了程序运行后各变量的值的情况,图 10.4(a)和图 10.4(b)分别为执行完语句①和语句②后,内存中各变量的快照。

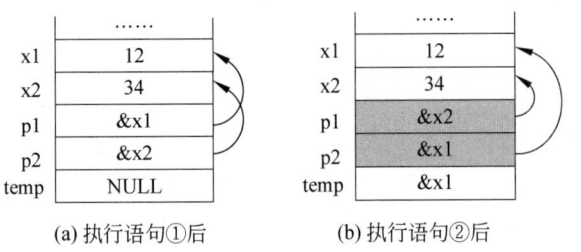

(a) 执行语句①后　　　(b) 执行语句②后

图 10.4　运行程序 10.5 过程中的内存快照

程序 10.5 定义了两个指针变量 p1 和 p2,让它们分别指向变量 x1 和 x2,还定义了一个辅助变量 temp,用于进行两个变量值的互换。这里的 temp 是整型的指针变量。为避免出现悬空指针,将 temp 初始化为 NULL。

执行语句①后变量的值如图 10.4(a)所示。

如果 x1 的值比 x2 小,则需要交换它们的值,使用的交换语句为:

程序设计基础

```
temp=p1;
p1=p2;
p2=temp;                                    //语句②
```

这里是交换了 p1 和 p2 的值,本质就是交换了这两个变量"手中"持有的指针,令它们分别指向与初始时不同的变量,因此,执行语句②后,各变量的值如图 10.4(b)所示。即:

```
交换前:p1 指向 x1      交换后:p1 指向 x2
交换前:p2 指向 x2      交换后:p2 指向 x1
```

可见,在程序 10.5 执行前后,指针变量 p1 和 p2 的值发生了变化,但是 x1 和 x2 的值并未改变。该程序并未实现交换 x1 和 x2 的值的目标。

10.3.4 指针变量的更多运算方法

除了进行 * 运算,还可以对指针变量进行赋值运算、部分算术运算和部分关系运算。

1. 赋值运算

指针变量的赋值运算有以下几种形式。

(1) 指针变量初始化。

把一个变量的地址赋给指向相同数据类型的指针变量,例如:

```
int a, * pa;
pa=&a;                              //把整型变量 a 的地址赋给整型指针变量 pa
```

(2) 把一个指针变量的值赋给相同类型的指针变量。

指针变量的本质仍然是一个变量,因此,可以将一个指针变量的值赋给另一个相同类型的指针变量。例如:

```
int a, * pa=&a, * pb;
pb=pa;                              //把变量 a 的地址赋给指针变量 pb
```

前述 pa 和 pb 均是指向整型变量的指针变量,因此它们可以相互赋值。这里将 pa 的值赋给 pb,赋值后,指针变量 pa 和 pb 同时都指向变量 a。

(3) 把一个数组的首地址赋给相同类型的指针变量。

我们现在已经知道,数组的名字就是数组的首地址,也就是数组的第一个元素的内存地址。可以把这个内存地址,赋给相同类型的指针变量。例如:

```
int data[5], * p;
p=data;                            //数组的名字就是数组的首地址
p=&a[0];                           //数组第一个元素的地址就是数组的首地址
```

上面的两个操作都是把数组的首地址赋给 p。经过赋值,指针变量 p 指向数组 data 在内存中的第一个元素。读者可以试想一下,此时 * p 表示的是什么呢? 在 10.4 节指针

第 10 章　指针　　209

与一维数组的关系中,将进一步讨论这个问题。

(4) 把一个字符串的首地址赋给相同类型的指针变量。

也可以把字符串的首地址赋给字符类型的指针变量,例如:

```
char * q;
q="Program";
```

或用初始化赋值的方法,对字符指针变量赋值:

```
char * q="Program ";
```

上述两个操作是等价的,都是将字符串常量"Program"的首地址赋给指针变量 q,令 q 指向该字符串的第一个字符,即字符 P。这里应特别注意,上述操作并不是把 "Program"这个字符串全部装入指针变量,而只是把字符 P 的内存地址赋给了变量 q。

读者也可以进一步试想,此时的 * q 表示的是什么呢? 在 10.5 节指针与字符串的关系中,将进一步讨论这个问题。

2. 算术运算

(1) 对单个指针变量的运算。

可以对单个指针变量加上或减去一个整数 n。设 p 是一个指针变量,以下操作都是合法的:

```
int * p;
……
p=p+n;                              //语句①
p=p-n;
p++;                               //语句②
p--;
++p;
--p;
```

将指针变量 p 加或减一个整数 n 的意义是,把指针 p 往当前所指向位置的前面或后面移动 n 个元素的位置。注意,指针变量向前或向后移动一个元素,并不是内存地址加 1 或减 1。

当执行上述语句①时,指针变量 p 的值是在当前内存地址的基础上,增加了(sizeof (int) * n),也就是内存地址增加 n 个整数的字节数。当执行上述语句②时,指针变量 p 的值是在当前内存地址的基础上增加了(sizeof(int)),也就是一个整数的字节数。

也就是说,对指针变量执行算术运算的加法、减法操作,是以数据元素为单位来修改指针变量的值,而不是以字节为单位来修改的。同样,当执行表达式"p--/p++/++p/ --p"时,具体指针变量 p 的值改变多少,取决于 p 是一个指向什么类型数据的指针变量。

前述对指针变量 p 的算术运算,一般只在 p 指向数组这样的数据集时才使用,因为如果 p 指向的不是一个数组,而是单个变量,则执行"p=p+n;",将指针向后移动 n 个元素

程序设计基础

的位置,这一操作是没有意义的。

(2)对两个指针变量之间的运算。

对两个相同类型的指针变量 px 和 py,可以对它们进行减法运算和关系运算。

减法运算如下:

```
printf("%d",px-py);
```

两个指针变量的差是它们所指向的数据之间相差的元素个数。它实际是将两个指针值(地址)相减之后的差值,除以它们所指向的数据元素的大小(字节数)。

例如,如果 px 和 py 是指向 int 类型的两个指针变量,设 px 的值为 2020H,py 的值为 2000H,而 int 型数据在内存中占 4 字节,则 px-py 的结果为(2020H-2000H)/4＝5,表示 px 与 py 之间相差 5 个元素。

对两个指针变量进行减法的运算,一般只在两个指针变量指向同一个数组时才使用,否则执行该运算没有实际意义。

另外,两个指针变量不能进行加法运算,例如,px＋py 操作是不合法的。

两个相同类型的指针变量可以进行关系运算。这一操作也通常用于两个指针变量同时指向同一个数组的情景。例如:

```
int data[10];
int * p=data, * q=data;
if(p==q) ……                               //语句①
if(p<q) ……                                //语句②
if(p>q) ……                                //语句③
```

这里指针变量 p 和 q 都指向了数组 data,其中:

语句①为判断 p 和 q 是否指向了同一个数组元素;

语句②为判断 p 所指向的元素是否位于 q 的前面,即处于数组中的低地址位置;

语句③为判断 p 所指向的元素是否位于 q 的后面,即处于数组中的高地址位置。

10.4　指针与一维数组

10.4.1　定义访问一维数组的指针

通过前面的章节,相信你已熟悉了数组的存储形式。数组是一个数据集,它由若干个数组元素(下标变量)构造而成,所有元素在内存中被分配一段连续的内存空间,每个数组元素按其下标的先后顺序在内存中连续存放。对一维数组,其数组名就是这段连续的存储空间的首地址,也就是数组中第一个元素的内存地址。

除了使用下标法访问数组的每一个元素外,也可以用指针法来访问数组元素。为此,需要定义一个指针变量,并令该变量指向数组的第一个元素。

第 10 章 指针　211

例如：

```
int data[5]={1,3,5,7,9};
int *p;                    //定义 p 为指向整型变量的指针
p=data;                    //令 p 指向数组 a 的第一个元素,等价于:p=&data[0]
```

上述语句定义了一个数组 data,还定义了一个指针变量 p,并将数组 data 的首地址赋给了变量 p。由于数组 data 是 int 型的,所以指针变量 p 也必须定义为 int 型的指针变量。赋值后,指针变量 p 与数组 data 在内存中的状态如图 10.5 所示。其中,p 的值为 &data[0],此时指针变量 p 指向了 data 的第一个元素,即 data[0]。

这里提请读者要特别注意,由于图 10.5 是个示意图,因此将指针变量 p 与数组 data 在内存中的位置放在一起,这使得指针变量 p 与数组 data 看起来占用了连续的内存空间。但实际情况并非一定如此,只能说数组 data 中的 5 个元素在内存中一定是连续的。

	......
p	&data[0]
data[0]	1
data[1]	3
data[2]	5
data[3]	7
data[4]	9

在本章后续的图例中也采用了这种描述方法,后续不再对此进行说明。

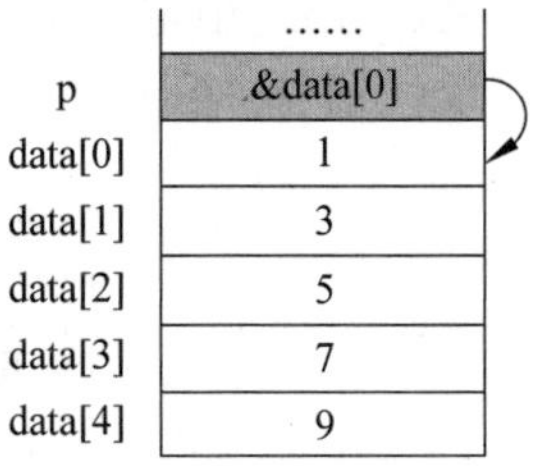

图 10.5　一维数组与其指针的关系示意图

根据图 10.5 所描述的指针变量 p 与数组 data 之间的关系,以下两组表达式的值分别是等价的：

```
(1) p    data   &data[0]
(2) *p   *data   data[0]
```

第(1)组是三个地址值,它们都表示数组 data 的首地址。其中,由于 p 是指针变量,因此 p 的值是可以被改变的。例如,以下操作是合法的,它将数组元素 a[2]的内存地址赋给变量 p,赋值后,变量 p 指向了 data 的第 3 个元素：

```
p=&a[2];
```

第(1)组中的 data、&data[0]虽然也都是地址,但它们都是地址常量,即程序运行时不可改变的量。在使用时,应注意对 p 与 data、&data[0]进行区分。

第(2)组是三个元素的值,它们都表示数组 data 中的第一个元素的值。

10.4.2　用指针引用一维数组元素

根据对指针变量进行算术运算的规则,如果一个指针变量 p 已经指向数组中的某一个元素,则 p+1 将指向该元素的下一个元素。利用这一操作,可以用指向数组的指针,实现对每一个数组元素的访问。程序 10.6 是一个用指针访问一维数组元素的例子。

【程序 10.6】　用指针访问一维数组。

```
#include <stdio.h>
int main()
```

```c
{
    int data[5],i;
    int * p=data;
    for(i=0;i<5;i++)
        scanf("%d",p+i);                    //语句①:p+i 等价于 &p[i]
    for(i=0;i<5;i++)
        printf("%d ", * (p+i));             //语句②: * (p+i)等价于 p[i]
    return 0;
}
```

程序 10.6 中定义了一个长度为 5 的整型数组 data,令指针变量 p 指向 data 中的第一个元素。这样,表达式 p+i 就是数组中下标为 i 的元素的内存地址,也就是说:

p+i 与 &p[i]是等价的

由于数组 data 的长度为 5,其元素下标 i 的取值范围是 0～4,因此,程序 10.6 使用了一个一重循环结构,通过不断改变 i 的取值,依次取到了 p+0、p+1、p+2、p+3、p+4 一共 5 个元素的内存地址。

程序 10.6 调用 scanf()函数时,将输入列表的地址指定为 p+i,也就是指定了数组中下标为 i 的元素的内存地址,其语句①与以下语句是等价的:

scanf("%d",&p[i]);

同样,语句②在调用 printf()函数时,将输出列表指定为 * (p+i),也就是取指针(p+i)所指向的元素的值,因此,语句②与以下语句是等价的:

printf("%d",p[i]);

当执行完语句①后,假设从键盘输入:

1 3 5 7 9

则指针变量 p 与数组 data 在内存中的快照如图 10.6 所示。

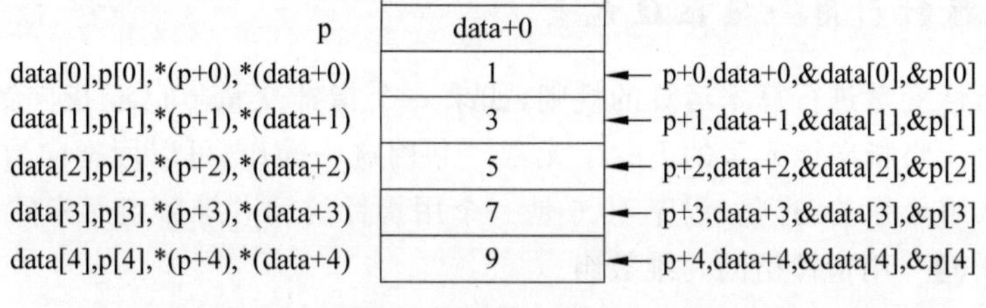

图 10.6 运行程序 10.6 的语句①后的内存快照

从图 10.6 可以看出,以下两组表达式是等价的:

```
p+i  data+i  &data[i]  &p[i]
* (p+i)  * (data+i)  data[i]  p[i]
```

通过使用指针,可以用以下两种方式来引用数组元素:

(1) 下标法:即用 data[i]或 p[i]的形式访问数组元素。这里 p[i]的写法是合法的,因为 p 与 data 是等价的,都表示数组 data 的首地址。

(2) 指针法:即用 * (data+i)或 * (p+i)的形式访问数组元素。其中 data 是数组名,p 是指向数组的指针变量,由于 p 的初值是 data,因此 p+i 和 data+i 都表示数组中下标为 i 的元素的内存地址。

由此,可以将程序 10.6 改写成如程序 10.7 所示的三种常见的等价形式。

以下我们结合程序 10.7,说明用指针法、下标法访问数组需要注意的问题。

(1) 程序 10.7_C 中,p 是指针变量,它的值可以被改变,因此程序 10.7_C 用表达式 p++来访问数组元素。在其语句①中,随着反复执行 p++的操作,将不断改变指针变量 p 的值,最后当循环变量 i 的值为 5 时,for 循环结束,此时,指针变量 p 已经指向了 data 的第 5 个元素后的元素,也就是说,此时,指针变量 p 指向了数组以外的元素。

为了能够从头输出 data 的元素值,程序 10.7_C 的语句②做了一个非常重要的赋值操作,即将数组的首地址重新赋给 p,令指针 p 重新指向 data 的第一元素。

【程序 10.7】 用指针访问一维数组的更多形式。

```
//程序 10.7_A
#include <stdio.h>
int main()
{
    int data[5],i;
    for(i=0;i<5;i++)
        scanf("%d",data+i);
    for(i=0;i<5;i++)
        printf("%d ", * (data+i));
    return 0;
}
```

```
//程序 10.7_B
#include <stdio.h>
int main()
{
    int data[5],i, * p=data;
    for(i=0;i<5;i++)
        scanf("%d",&p[i]);
    for(i=0;i<5;i++)
        printf("%d ",p[i]);
    return 0;
}
```

```
//程序 10.7_C
#include <stdio.h>
int main()
{
    int data[5],i, * p=data;
    for(i=0;i<5;i++)
        scanf("%d",p++); //语句①
    p=data;              //语句②
    for(i=0;i<5;i++)
        printf("%d ", * (p++));
    return 0;
}
```

在接下来的输出中,程序 10.7_C 使用表达式 * (p++)依次访问数组元素的值,由于++是后置,该表达式实际包含以下两个操作:

```
* p
p++
```

也就是说,先输出 * p 的值,然后令指针 p 增加 1。通过重复这一步骤,最终指针变量 p 移动到数组 data 的第 5 个元素的后面。

(2) 虽然 p+i 和 data+i 都表示数组元素的地址,但 data 是一个地址常量,因此表达式 data++是不合法的。

（3）由于必须防止访问数组元素时越界，因此程序中需要特别注意指针的当前状态，以防止指针越界的情况发生。

10.5　指针与字符串

在 C 程序中，字符串也是用数组来存放的，因此也可以用指针来访问字符串。由于字符串中存储的都是字符，因此，可以通过定义字符型的指针变量来访问字符串。

程序 10.8 是一个用指针访问字符串常量的例子。

【**程序 10.8**】　用指针访问字符串之一。

```
#include <stdio.h>
int main()
{
    char * string="I love China!";
    printf("%s",string);
    return 0;
}
```

程序 10.8 定义了一个字符型的指针变量 string，并对它进行了初始化。

其中，需要特别注意对初始化操作的理解：

```
char * string="I love China!";
```

该操作并不是把整个字符串赋给了 string，而是将字符串"I love China!"的首地址赋给了 string，令指针 string 指向了该字符串的第一个字符，也就是 I。

程序 10.8 调用 printf()函数输出了字符串常量 string 的值，使用的格式符为%s，因此在 printf()函数的参数列表中使用的是 string 的首地址，也就是 string。

也可以把程序 10.8 改写为程序 10.9。

【**程序 10.9**】　用指针访问字符串之二。

```
#include <stdio.h>
int main()
{
    char * string;
    string="I love China!";                        //语句①
    printf("%s",string);
    return 0;
}
```

第 10 章　指针　　215

程序 10.9 的语句①也是将字符串"I love China!"的首地址赋给了 string。

在有些问题中,需要逐个访问字符串中的每一个字符,例如,统计字符串中有多少个空格,或统计字符串中有多少个标点符号等。对这类问题,可以用数组来存储字符串,然后用下标法或指针法逐个访问字符串的每一个字符,实现相应操作。

程序 10.10 是一个统计字符串中有多少数字字符的例子。其功能是:输入一个字符串(长度不超过 80 个字符),统计并输出其中有多少个数字字符(字符'0'～字符'9')。

【程序 10.10】 统计字符串中有多少数字字符。

```c
#include <stdio.h>
int main()
{
    char string[81], * p=string;
    int i=0, counter=0;
    gets(p);                                  //语句①
    while( * (p+i)!='\0')                      //语句②:当未到达串的尾部时
    {
        if( * (p+i)>='0'&& * (p+i)<='9')
            counter++;
        i++;
    }
    printf("counter=%d", counter);
    return 0;
}
```

程序 10.10 定义了一个字符数组 string 和一个字符指针变量 p。首先对指针变量初始化,令 p 指向数组 string 的第一个元素,然后调用 gets() 函数,往字符数组 string 输入数据。

语句①调用了 gets() 函数,其调用语句如下:

```c
gets(p);
```

这里将 p 作为实参,因为 p 是字符型的指针,它是字符数组 string 的首地址。

为了统计字符串中数字字符的个数,需要从字符串的起始位置开始,逐个访问每一个字符,直至访问到字符串的结束符\0 为止。本程序在访问每个字符时,采用了指针法,用 * (p+i)来获取每一个字符的值,其中,i 是数组元素相对于数组首地址 p 的偏移量。由于通过 gets() 函数输入的字符串长度不确定(只知道不超过 80 个字符),因此,程序用一个 while() 循环控制实现对字符的逐个访问,while 的条件如下:

```c
while( * (p+i)!='\0')
```

也可以写成:

```
while(p[i]!='\0')
```

或者

```
while(string[i]!='\0')
```

上述几个语句都是等价的。

10.6 内存的使用

内存是计算机系统中十分宝贵的存储资源,相信你已经了解,在程序运行过程中,程序指令和数据,都需要占用内存资源,因此,合理使用内存,提高其使用效率,是值得程序员思考的问题。

到目前为止,我们的程序对内存的使用都是"静态"的,也就是说,初始时为数据分配存储空间,等到函数或程序执行结束,再由系统回收这些存储空间。但是,在很多应用场景中,我们事先并不能准确地确定数据的规模。例如,统计100篇文档中,不重复的单词有多少个?对该问题,我们很难提前预期100篇文档中不重复的单词数。再如,管理学校图书馆的图书时,需要用一个表来记录所有图书的信息,由于图书数是动态变化的,那么这个表应该多大合适呢?

由于很难准确估计数据大小,因此,往往采用预估一个足够大的存储空间的方法,例如:

```
char words[2000][13];  //预期100篇文档中不重复单词数不超过2000个,每个长度不超过13
BOOK books[100000];    //假设每本书是一个BOOK,预期馆藏图书不超过100000本
```

显然,这样申请的存储空间,很可能存在大量的闲置,而在某些情况下,又可能出现数据量超出存储空间大小的情况。

还有一个问题是,无法主动释放已不需要的存储空间。例如,以上定义的数组words和books,一旦被分配存储空间,就只能等待函数或程序执行结束,才能由系统回收其存储空间。

C语言的动态内存分配(dynamic memory allocation)机制为应对前述问题提供了一种解决方案。它允许程序在执行时根据实际需要申请存储空间,使程序员不用预期数据的大小,仍可以实现整个数据的存储。另外,动态内存分配还允许程序在不需要这些存储空间时,主动释放它们,以便系统能够重新利用这些存储空间。

动态内存分配功能完全依赖于指针的概念,在使用动态内存分配时,不可避免地会用到C语言的指针。

常用的C语言动态内存分配函数有malloc()、calloc()、realloc(),以及释放动态分配的内存的函数free()。以下介绍了malloc()和free()函数的用法。

第 10 章 指针 217

10.6.1 动态内存分配：malloc()函数

在程序中,定义变量的本质是为了开辟存储空间,把程序需要处理的数据放到申请到的存储空间中,由程序代码来做进一步的处理。例如：

```
void exe()
{
    int x;
    float data[1024];
    ......
}
```

在函数 exe()中定义了变量 x 和 data,表明 exe()函数需要申请一个整数的存储空间,以及 1024 个浮点型数据的存储空间。x 和 data 从 exe()函数开始执行时被分配存储空间,在 exe()函数执行过程中,其存储空间一直不会释放,直到 exe()函数执行结束时,x 和 data 的生存期结束,它们的存储空间被释放。

那么,在程序中,只有这种定义变量的方式才能申请到存储空间吗？

在 C 程序中,还可以通过调用 malloc()函数,在程序运行时申请需要使用的存储空间。使用 malloc()函数需要包含头文件 stdlib.h。

调用 malloc()进行动态内存分配的形式如下：

```
int * p=(int *)malloc(sizeof(int));
```

调用 malloc()函数时,将需要申请的内存的字节数作为函数参数,malloc()函数返回所分配的存储空间的首地址。由于 malloc()函数调用后返回一个地址,因此需要用一个指针变量接收该函数的返回值。

例如,以上语句请求分配一块大小为 sizeof(int)字节的存储空间,即一个整数的存储空间。malloc()函数返回分配到的存储空间的首地址,该语句用一个整型指针变量 p 来接收这个内存地址,这样,在后续的操作中,通过 * p 运算,就可以对申请到的存储空间进行读写了。

以上语句在调用 malloc()函数时,对其返回值进行了强制类型转换,将函数的返回值的类型转换成(int *)。malloc()函数是一个一般用途的函数,可为任何类型的数据分配内存,它返回的是一个 void 类型的指针,也就是 void *。虽然有些 C 编译器会把 malloc()返回的地址自动转换成赋值语句左边的指针变量的类型,但还是建议使用强制类型转换的方法,将 malloc()函数的返回值显式地转换成赋值运算符左边的类型。

还可以通过 malloc()函数申请一段连续的内存空间,例如：

```
float * q=(float *)malloc(sizeof(float) * 1024);
```

这条语句请求分配 1024 个浮点类型数据的存储空间,malloc()函数返回这段数据空间的首地址,定义了一个浮点型的指针变量 q 来接收这个内存地址。此时 q 指向了一段连续的浮点型的数据空间,q 就等同于是一个数组的首地址。

程序设计基础

通过调用 malloc() 函数,理论上可以申请任意大小的存储空间,但是实际能申请的字节数,受限于计算机中未被占用的内存大小等因素制约。

如因某种原因不能分配请求的内存,malloc() 函数将返回一个 NULL 指针。因此,在调用 malloc() 函数时,一般用如下方法确定申请存储空间是否成功:

```
float * q=(float *)malloc(sizeof(float) * 1024);
if(!q)
{
    //申请动态内存分配失败后的相关操作
}
```

通过这种方法,程序可以在动态内存分配失败后做出合理的响应,而不是无论是否分配成功,都对该内存空间进行操作,因为访问不合法的数据空间可能引起应用程序崩溃等错误。

10.6.2 释放动态分配的内存

动态内存分配所申请的存储空间是在内存堆[①]中。虽然在程序运行结束时,堆中分配的内存会被自动释放,但最好能在使用完这些内存后立即主动释放,即使当前程序尚未结束也如此。

释放动态分配的内存的方法为调用 free() 函数,其操作为:

```
float * q=(float *)malloc(sizeof(float) * 1024);
if(!q) free(q);
```

将要释放的存储空间的地址 q 作为参数,调用 free() 函数,即可释放 q 所指向的内存。在上述代码中,q 指向的是一个可存放 1024 个浮点型数据的内存块,通过 free(q),可将该内存块整个释放。

这里需要特别注意,为了能够释放动态内存分配的空间,必须知道这个内存空间的首地址。在某些情况下,有可能在程序运行过程中不断进行动态内存分配,且一直不释放,糟糕的是,程序没有采用合理的手段把动态分配的内存空间的地址记录下来,这就将导致那些未被记录的内存空间无法被释放,从而引起内存泄漏[②]。

例如:

```
while(1)
{
    float * q=(float *)malloc(sizeof(float) * 1024);
    //在数据集 q 上做一些操作
}
```

---

① 堆(heap)是计算机内存中的一段空间。如果在程序执行时进行动态内存分配,通常是分配堆上的存储空间。对不再使用的动态内存分配的空间,应及时主动释放它,以便能重用堆的存储空间。

② 如果程序没有主动释放其不再使用的动态分配的内存,那么这些未被释放的内存既不被当前程序所用,又因未释放而不能被其他程序使用,从而造成内存浪费,也被称为内存泄漏(Memory Leak)。对某些需要长时间的运行程序,内存泄漏可能造成系统崩溃。

第 10 章　指针　219

上述代码在 while 循环中不断进行动态内存分配,每一次都用指针变量 p 记录所分配的地址,如果不合理地保存每一次的 q 值,则前一次申请的内存地址,将因新申请内存地址的写入而丢失。这样不断迭代,由于前面申请的内存无法释放(因为不知道这些内存的地址),将引起内存泄漏,最终使程序占用完所有的内存。

对动态内存分配申请到的存储空间,可以在不需要使用的时候,随时将它们释放。仅从这一点看,动态内存分配在内存使用的灵活性和效率方面,比定义变量分配内存的方法更好。当然,动态内存分配要求程序员必须十分谨慎地使用这些存储空间。

10.7　指　针　函　数

C 程序中可以定义一种函数,它的返回值为指针,称为指针函数。

指针函数本质是属于函数的概念之一,之所以在本节讨论它,是因为指针函数必须借助指针的相关技术才能实现。程序 10.11 是一个指针函数的例子。

【**程序 10.11**】　一个指针函数的例子。

```
#include <stdio.h>
#include <stdlib.h>
#define NUMS 6
//初始化函数:申请 NUMS 个整数空间并赋值
int * init()
{
    int * q=NULL,i;
    q=(int *)malloc(sizeof(int) * NUMS); //语句①:申请 NUMS 个整数的存储空间
    for(i=0;i<NUMS;i++)
    {
        scanf("%d",q+i); //输入整数
    }
    return q;                          //语句②:返回 NUMS 个整数的首地址
}
//输出函数:输出 NUMS 个整数的值
void prn(int * p)
{
    int i;
    for(i=0;i<NUMS;i++)
    {
        printf("%d ",* (p+i));          //输入整数
    }
}
int main()
{
```

```
    int * p=NULL;
    p=init();                          //语句③:申请存储空间并初始化赋值
    prn(p);
    free(p);                           //语句④:释放申请的存储空间
}
```

本例程序是一个利用指针函数输入并操作数据的例子。其中,init()函数就是一个指针函数,它的原型为:

```
int * init();
```

在 init()函数的语句①处,用 malloc()函数申请了 NUMS 个整数的存储空间,当 init()函数执行结束时,该存储空间并不会释放,仍然可以访问,因此,init()函数将该存储空间的首地址返回给主调函数,如语句②所示。

程序在 main()函数中定义了指针变量 p 并初始化为 NULL,接着调用 init()函数申请内存空间并进行数据赋值。由于 init()函数返回了所申请到的数据的内存地址,因此在语句③处接收该函数的返回值,将其赋给指针变量 p。这里应该特别注意,init()函数的返回值是整型指针类型的,因此变量 p 也是整型指针,赋值运算符两端的数据类型必须完全一致。

使用指针函数返回内存地址,是一种常用的函数间通信方式。在本例程序中,init()函数返回的指针能够被 main()函数接收并使用,是因为 init()函数用动态内存分配的方法分配了存储空间,因此,即使函数执行结束,申请的存储空间仍然可以访问,故可以将其地址返回给主调函数。显然,我们一定要在某个合适的时候主动释放这些存储空间,如程序的语句④所示。

10.8 案例研究

【例 10.1】 指针作为函数参数问题。

问题背景:在第 7 章函数中讨论了黑盒的观点。对一个函数 a 中的局部变量 x 和 y,其作用域只在函数 a 内部,任何除函数 a 以外的其他函数都无法访问 x 和 y。然而在有些问题中,需要让其他函数能够访问 x 和 y,这种访问分两种。

一种是其他函数使用 x 和 y 的值,但并不修改它们。例如,在以下代码中,main()函数调用 max()函数,用来找出 main()函数的两个局部变量 x 和 y 的较大数。

```
int max(int x,int y)
{
    return(x>y? x:y);
}
int main()
```

第 10 章　指针　221

```
{
    int x=20,y=30,m;
    m=max(x,y);
    printf("%d",m);
    return 0;
}
```

上述代码将 x 和 y 作为函数的实参,通过值传递机制,将实参 x 和 y 的值赋给对应的形参 x 和 y,在 max() 中比较形参 x 和 y 的大小,并返回较大值。这里是通过值传递机制,让函数 max() 访问到了 main() 的局部变量 x 和 y 的值,但这种访问是浅层的。根据值传递机制,由于实参与形参在生存期、作用域方面各不相同,其物理位置完全分离,因此如果在函数 max() 中修改形参 x 和 y 的值,对实参 x 和 y 没有任何影响。

另一种应用是需要被调函数修改主调函数的局部变量的值,例如:

```
void swap(int x,int y)
{
    int temp;
    temp=x; x=y; y=temp;
}
int main()
{
    int x=20,y=30,m;
    swap(x,y);                    //调用 swap() 函数,交换两个变量 x 和 y 的值
    printf("%d %d",x,y);
    return 0;
}
```

上述 main() 函数调用 swap() 函数,希望通过 swap() 函数交换 main() 函数的局部变量 x 和 y 的值,根据值传递机制,我们知道上述代码是无法完成这个任务的。

那么,应该如何操作,才能让被调函数能够修改主调函数的局部变量呢?

本问题的要求是:main() 函数有两个局部变量 x 和 y,它们都已经被赋予了初始值。现在需要调用一个函数,让函数来交换 x 和 y 的值。其中,假设 x 和 y 都是整数。

1. 问题分析

本问题要求编写一个能够交换两个变量的值的函数,这里用 swap 来标识它的名字。swap() 函数用于交换 main() 函数中的两个局部变量 x 和 y 的值。

2. 算法设计

根据值传递的机制,由于 x 和 y 是 main() 函数的局部变量,如果用普通变量作为 swap() 函数的参数,将变量 x 和 y 的值传递给 swap() 函数,是无法改变 x 和 y 的值的。为了让 swap() 函数能够修改 x 和 y 的值,必须让 swap() 函数直接去内存中访问实参 x 和 y。因此,调用 swap() 函数时,采用如下形式:

```
swap(&x,&y);
```

注意,调用时并非传递 x 和 y 的值,而是将 x 和 y 的地址传递给 swap()函数。显然,swap()函数根据得到的内存地址,通过使用 * 运算符,就可直接访问 main()函数的局部变量 x 和 y。

为实现上述调用,swap()函数需要用两个指针类型的形参来接收主调函数传来的内存地址。因此,swap()函数的原型如下:

```
void swap(int * px,int * py);
```

其中:

形参 px、py:整型指针变量,分别存放被交换的两个整数的内存地址。

返回值:无返回值。

在 swap()函数中进行如下操作,就可以修改 main()函数的局部变量 x 和 y。

```
temp= * px;
* px= * py;
* py=temp;
```

3. 编程实现

【程序 10.12】 指针变量作为函数参数。

```
/*******************************
  program10.11: 指针变量作为函数参数
  written by Sky.
  12/10/2020. Copyright 2020
*******************************/
#include <stdio.h>
void swap(int * px,int * py)
{
    int temp;
    temp= * px; * px= * py; * py=temp;
}
int main()
{
    int x=20,y=40;
    int * px=&x, * py=&y;
    swap(px,py);                          //语句①
    printf("%d %d",x,y);                  //语句②
    return 0;
}
```

本程序在执行语句①和语句②后的内存快照如图10.7(a)和图10.7(b)所示。

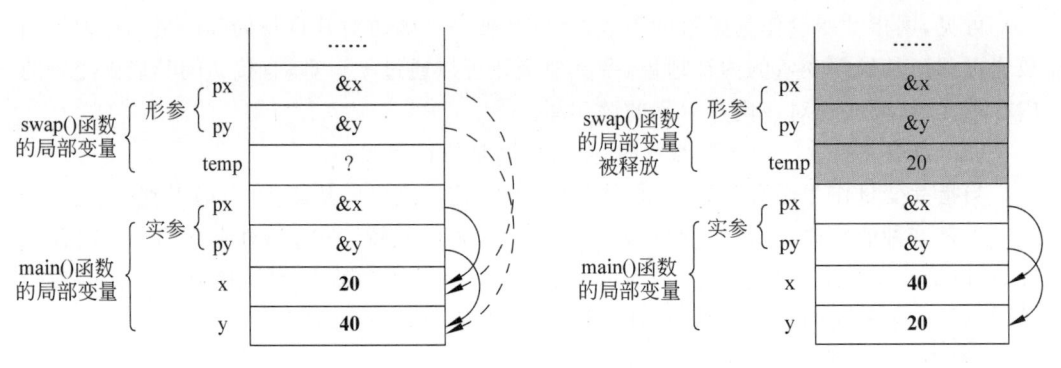

(a) 执行语句①后的内存快照　　　　　　　(b) 执行语句②后的内存快照

图10.7　程序10.11执行时的内存快照

执行语句①时调用swap()函数,此时为形参px、py及局部变量temp分配内存单元。根据值传递机制,将实参px和py的值传递给对应的形参px和py,此时传递的是main()的局部变量x和y的内存地址。经过值传递后,形参px和py获得了x和y的内存地址。这时,实参指针px和py与形参指针px和py分别同时指向了x和y。此时,在swap()函数中修改*px和*py,就是修改x和y本身。

执行语句②后,swap()函数执行结束,其所有的局部变量被释放。返回main()函数中执行语句②,可见在内存中x和y的值已经被改变了。

程序10.12运行后在屏幕输出:

```
40 20
```

4. 案例小结

本案例是指针变量作为函数参数一个典型应用。结合本案例,回答下面两个非常重要的问题:

(1) 在什么情况下,才需要将指针变量作为函数的参数呢?

如果一个函数a()需要将自己的局部变量的值给函数b()使用,那么用普通变量作为函数的参数即可,调用形式为:

```
b(x,y);
```

这种情形下,函数b()只能使用函数a()的局部变量x和y的值,但无法修改x和y的值。

如果一个函数a()需要将自己的局部变量共享给函数b()使用,且允许函数b()修改其局部变量的值,那么必须用指针变量作为函数的参数,调用形式为:

```
b(&x,&y);
```

这种情形下,函数b()不仅能使用a()的局部变量x和y的值,还可以修改x和y

程序设计基础

的值。

可见,用指针变量作为函数的参数,可以突破一个函数对其自身局部变量的保护。函数通过共享其局部变量的内存地址,令其他函数可以通过 * 运算,直接访问其局部变量的内存单元,从而实现对该内存单元的读和写。

(2) 当指针变量作为函数参数时,是否仍然是值传递呢?

当指针变量作为函数参数时,仍然是值传递,这一点可以从图 10.7(a) 得到答案。

正是这种值传递,才使实参与形参的值相等,也就是说,它们都对应着相同的内存地址,可以访问同一个内存空间。只不过由于此时实参、形参都是指针,因此实参向形参传递的不是一个普通的数值,而是指针变量的值,即传递了一个地址。

【例 10.2】 数组作为函数参数问题。

C 语言中有一个标准字符串复制函数 strcpy(),它的原型如下:

```
char * strcpy(char * string1,char * string2);
```

该函数的功能是把字符指针 string2 指向的字符串复制到字符指针 string1 指向的存储空间中,串结束标志符'\0'也一同复制过去。我们在需要进行字符串复制时,一般会调用 strcpy() 函数。

本问题的要求是:设计一个我们自己的字符串复制 my_strcpy() 函数。函数可以接收两个字符串 string1 和 string2,并将 string2 整个复制到 string1 中去。假设字符串的长度不超过 1024,调用 my_strcpy() 函数前后字符串 string1 和 string2 的状态如下:

1. 问题分析

本问题中需要处理的是两个字符串,这里用两个字符数组分别存放这两个字符串,用 string1 和 string2 来标识字符数组的名字。将 string2 作为源串,string1 作为目标串,即将 string2 复制给 string1。

根据问题说明,string2、string1 的长度不超过 1024 个字符,其定义为:

```
char string1[1025],string2[1025];
```

需要设计的函数名为 my_strcpy。

2. 算法设计

为实现串复制功能,可以从源串 string2 的首地址开始,将 string2 中的每一个字符,逐个复制到 string1 中,重复这一过程,直到遇到 string2 的串结束标志符'\0'为止。

第 10 章　指针　　225

为了通过函数 my_strcpy()来实现串复制功能,需要将两个字符串传递给函数,这两个字符串是两个字符数组。

那么,怎样才能将两个数组传递给被调函数呢?

在 C 程序中,一个函数向另一个函数共享数组的方式是,将其数组的首地址传递给被调函数。当被调函数获得了数组的首地址,就可以通过 * 运算符,直接在内存中访问主调函数中的数组。因此,本例中,对 my_strcpy()的调用方法是:

```
my_strcpy(string1,string2);          //第一实参为目标串的地址,第二实参为源串的地址
```

这一调用形式意味着主调函数向被调函数传递了两个数组的首地址,它们是两个字符型的指针。

被调函数 my_strcpy()为了能接收两个字符串的首地址,需要用两个字符型的指针变量作为形参。因此,函数 my_strcpy()的原型为:

```
void my_strcpy(char * stirng1,char * string2);
```

其中:

形参 string1,string2:字符型指针变量,分别代表目标串和源串的首地址。

返回值:无返回值。

3. 编程实现

【程序 10.13】　数组作为函数参数实现字符串复制。

```
/*******************************
   program10.13: 数组作为函数参数
   written by Sky.
   12/10/2020. Copyright 2020
*******************************/
#include <stdio.h>
void my_strcpy(char * string1,char * string2)
{
    while((* string1= * string2)!='\0')
    {
        string1++;
        string2++;
    }
}
int main()
{
    char s1[1024],s2[1024], * string1=s1, * string2=s2;
    gets(s2);
    my_strcpy(string1,string2);              //语句①
    puts(s1);                                //语句②
```

```
    return 0;
}
```

本程序中,main()函数定义了两个字符数组 s1 和 s2 用于存储两个字符串。为了进行字符串复制,main()函数需要把两个数组传给 my_strcpy()函数,使该函数能访问 main()的局部数组。在本例程序中定义了两个指针变量 string1 和 string2,分别记录 s1 和 s2 的首地址(注意,这并不是必需的,实际上 s1 和 s2 本身就是首地址)。

程序在执行语句①和语句②时的内存快照如图 10.8(a)和图 10.8(b)所示。

(1) 执行语句①时,main()把两个数组的地址 string1 和 string2 作为实参,根据值传递机制,my_strcpy()函数通过其形参 string1 和 string2 接收这两个内存地址。此时,实参 string1 和 string2、形参 string1 和 string2 都分别指向了字符数组 s1 和 s2。

在函数 my_strcpy()中执行以下表达式:

```
 * string1= * string2
```

就是函数通过指针 * 运算,直接访问 main()的局部数组的元素,把形参指针 string2 指向的字符,赋给形参指针 string1 指向的字符。

(2) 执行语句②时,my_strcpy()已经结束,其所有的局部变量的存储空间被释放。程序返回 main()函数执行,此时数组 s2 的字符串已被写入 s1 中。

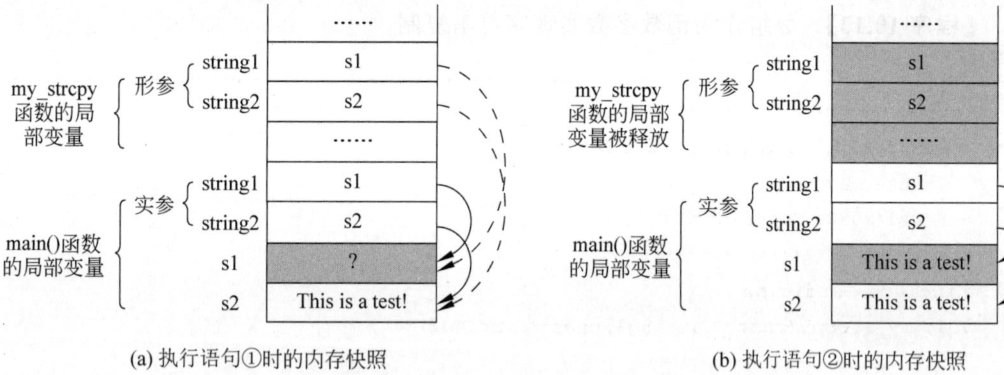

(a) 执行语句①时的内存快照   (b) 执行语句②时的内存快照

图 10.8 程序 10.13 执行时的内存快照

(3) my_strcpy()函数用循环结构对指针指向的字符数组 s1 和 s2 进行逐个元素访问。

本程序的循环结构为:

```
while(( * string1= * string2)!='\0')
{
    string1++;
    string2++;
}
```

它等价于以下结构：

```
while(1)
{
    * string1= * string2;
    if( * string1=='\0')break;
    string1++;
    string2++;
}
```

这样做的好处在于，当 while() 循环结束时，字符串 s2 末尾的'\0'已经被写入 s1 了。

4. 案例小结

本案例程序是一个数组作为函数参数的例子，它本质就是指针作为函数参数。我们结合本程序回答以下两个问题：

（1）在 C 程序中，一个函数怎样将自己的局部数组共享给其他函数使用？

程序不需要在其他函数中复制一份数组的拷贝，而是把数组的首地址传递给其他函数。其他函数通过获得的数组首地址，就可以直接从内存中去访问该数组的元素。

这样共享数组的方式不需要消耗额外的存储空间，数组在内存中只有一个副本。这种访问是一种深层共享，显然，其他函数既可以读取数组的值，也可以修改其值。

本案例程序中，数组 s1 就是这样被修改的。

（2）C 程序中，一个函数如何返回多个值？

本例程序中，数组 s1 是包含多个元素的数据集。函数 my_strcpy() 访问 s1 并往其中写入了多个字符。当函数 my_strcpy() 结束时，虽然它没有返回任何值，但实际上数组 s1 已经被写入了多个值。可以说，用这种方法，函数 my_strcpy() 本质上是返回了多个值，不过这不是通过 return 语句来实现的。

在下面的例 10.3 中，再看一个用指针返回多个值的例子。

【例 10.3】 从函数返回多个值。

在第 7 章中提到，函数通过 return 语句只能返回一个值，那么如果希望函数能返回多个值，应该怎么办呢？实际上，除了通过 return 语句外，直接通过函数的形参也是可以返回值的。

本问题的要求是：设计一个 getPrimes() 函数。该函数可以接收两个整数 start 和 end，并返回这两个数之间的不超过 5 个的素数（含 start 或 end）。

1. 问题分析

本问题中，函数 getPrimes() 需要两个整型形参，用于接收查找素数的起止区间，分别用 start 和 end 来标识它们。

函数 getPrimes() 将找到不超过 5 个的素数，可以用一个长度为 5 的整型数组来存放它们，但是不能把数组定义在 getPrimes() 函数内部，因为函数 getPrimes() 的局部数组将在函数执行结束时被释放。可以在主调函数中定义一个一维数组用于存放 5 个素数，将该数组的首地址传给 getPrimes() 函数，使主调函数与 getPrimes() 函数共享这个数组，为

程序设计基础

此,函数 getPrimes()需要一个指针类型的形参接收数组的地址,用 primesList 来标识它。

由于找到的素数个数不确定(0~5 个),因此 getPrimes()函数还应返回实际找到的素数个数,以便主调函数进行访问。由此,函数 getPrimes()的原型如下:

```
int getPrimes (int start,int end,int * primesList);
```

其中:

形参 start、end:整型变量,分别代表判断素数的开始位置和结束位置。

形参 primesList:5 个素数的整型数组的首地址。

返回值:实际找到的素数个数。

2. 算法设计

根据问题需求,getPrimes()函数的概要算法描述为:

算法 返回 *start* 和 *end* 之间的多个素数
输入:起始位置 *strat*,结束位置 *end*,数组 *primesList*
输出:素数个数 *count*

1: **function** Primes(*strat*,*end*,*primesList*)
2:     *count* ← 0
3:     **for** $i = start \to end$ **do**
4:         **if** i 是素数 **then**
5:             $*(primeList + count) \leftarrow i$
6:             *count* ← *count* + 1
7:             **if** *count* == 5 **then**
8:                 break;
9:             **end if**
10:         **end if**
11:     **end for**
12:     **return** *count*
13: **end function**

---

3. 编程实现

【**程序 10.14**】 用指针从函数返回多个素数之一。

```
/**************************************
  program10.14:用指针从函数返回多个值
  written by Sky.
  12/10/2020. Copyright 2020
**************************************/
#include <stdio.h>
#include <math.h>
#define N 5
//**************************************
```

```c
//isPrime: 判断某个整数是不是素数
//int num: 被判断的整数
//返回值:int,如果 num 是素数,返回 1,否则返回 0
//************************************
int isPrime(int num)
{
    int limit,i;
    if(num<=1)
        return 0;
    limit=(int)sqrt(num);
    for(i=2;i<=limit;i++)
        if(num%i==0)
            return 0;                         //非素数返回 0
    return 1;                                 //素数返回 1
}
//************************************
//getPrimes: 查找区间 start 到 end 之间的不多于 N 个的素数
//************************************
int getPrimes(int start,int end,int * primesList)
{
    int count=0,index;
    for(index=start;index<=end;index++)
    {
        if(isPrime(index))
        {
            *(primesList+count)=index;        //往指针 result+count 指向的存储
                                              //空间写入一个素数
            count++;
            if(count==N)
                break;
        }
    }
    return count;
}
//主函数
int main()
{
    int start,end,lenth;
    int primesList[N]={0};                    //初始化长度为 N 的素数数组
    printf("Please input the start and the end:");
    scanf("%d%d",&start,&end);
    lenth=getPrimes(start,end,primesList);
    printf("There are total %d primes:\n",lenth);
    for(int i=0;i<lenth;i++)
```

```
        printf("%4d",primesList[i]);
    return 0;
}
```

4. 测试

本案例程序需要设计多组测试数据来进行测试。应考虑找到的素数为 0 个、不足 5 个、刚好为 5 个或者超过 5 个等多种情况。请读者自行设计本例程序的测试数据。

以下为测试区间内素数个数超过 5 个的运行情况：

```
Please input the start and the end: 3 20
There are total 5 primes:
   3   5   7   11   13
```

5. 案例小结

本案例程序是一个用数组作为函数形参、在函数之间传递多个数据的例子。以下分析了程序中的一些关键问题。

（1）如何从被调函数返回多个值？

本案例程序实际是通过主调函数与被调函数之间共享一个数组的首地址来实现的。

（2）还有更多方法从被调函数返回多个值吗？

实际上，还有其他方法可以返回多个值。例如，设计多个指针类型的形参，用它们分别返回。这种方法不适用于本案例这种返回值很多的情况（返回 5 个值，就需要 5 个指针类型的形参）。还可以用全局变量进行函数的数据共享，但全局变量可能增加函数的耦合性[①]，不利于程序代码的重用和移植。

另外，本案例程序在 main()函数中定义了 primesList 数组，传递给 getPrimes()函数使用。也可以在 getPrimes()函数内部申请数组的存储空间，并将其返回给 main()函数。这种情况就必须用动态内存分配的方法来申请数组空间，而 getPrimes()函数的返回值就应该是指针。

例 10.4 表明了这种从函数返回指针的情况。

【例 10.4】 从函数返回指针的问题。

本问题的要求：与例 10.3 一样，设计一个 getPrimes()函数。该函数可以接收两个整数 start 和 end，并返回这两个数之间的不超过 5 个的素数（含 start 或 end）。

1. 问题分析

本问题中，函数 getPrimes()需要两个整型形参，用于接收查找素数的起止区间，分别用 start 和 end 来标识它们。

与例 10.3 不同的是，这里考虑直接在 getPrimes()函数内部开辟内存空间，用于存放

[①] 耦合性(Coupling)也称耦合度，是指一个程序中模块与模块间信息或参数依赖的程度。一般地，结构良好的程序的模块应该是低耦合的。模块的紧密耦合可能使一个模块的修改产生涟漪效应，引起其他模块的相应修改。另外，模块紧密耦合会使模块的组合产生更大时间开销，且由于一个模块有许多的相依模块，模块的可复用性低。

第 10 章 指针 231

所找到的素数,最后将这些素数的内存地址返回给主调函数。为此,getPrimes()函数需要用动态内存分配的方法来申请存储空间,以便函数执行结束后,该存储空间仍然能够被访问。另外,由于需要存储多个素数,因此开辟的存储空间是一段连续的、长度不超过5的整数空间。

由于找到的素数个数是不确定的(0～5个),因此 getPrimes()函数除了返回素数的首地址,还需要返回素数的个数,这里用一个指针类型的形参 nums 来返回素数的个数。

因此,getPrimes()函数的原型如下:

```
int * getPrimes (int start, int end, int * nums);
```

其中:

形参 start、end:整型变量,分别代表判断素数的开始位置和结束位置。

形参 nums:整型指针变量,用于返回找到的素数的个数。

返回值:所找到的素数的首地址。

2. 算法设计

在 getPrimes()函数中求出素数,然后依次放进 result 指针所指向的动态数组中,通过 return 语句可以将该数组的首地址返回到主调函数。主调函数可以通过该首地址间接访问数组中的值,从而获得所求出的这两个数之间的前5个素数。

3. 编程实现

【**程序 10.15**】 用指针从函数返回多个素数之二。

```
/*************************************
  program10.15: 用指针从函数返回多个值
  written by Sky.
  12/10/2020. Copyright 2020
*************************************/
#include <stdio.h>
#include <stdlib.h>
#include <math.h>
#define N 5
//**********************************
//isPrime: 判断某个整数是不是素数
//int num: 被判断的整数
//返回值:如果 num 是素数,返回 1,否则返回 0
//**********************************
int isPrime(int num)
{
    int limit, i;
    if(num<=1)
        return 0;
```

```
    limit=(int)sqrt(num);
    for(i=2;i<=limit;i++)
        if(num%i==0)
            return 0;                      //非素数返回 0
    return 1;                              //素数返回 1
}
//****************************************
//getPrimes:查找区间 start 到 end 之间的不多于 N 个素数
//****************************************
int * getPrimes(int start,int end,int * lenth)
{
    int  index;
    int * primesList=NULL;
    primesList=(int * )calloc(sizeof(int),N);  //用函数 calloc()申请 N 个整数的存
                                               //  储空间
    if(primesList==NULL)                        //语句①
        return NULL;
    for(index=start;index<=end;index++)
    {
        if(isPrime(index))
        {
            * (primesList+ * (lenth))=index;    //往指针 primesList+ * (lenth)指
                                                //  向的位置写入素数
            ( * lenth)++;
            if(( * lenth)==N)
                break;
        }
    }
    return primesList;
}
//主函数
int main()
{
    int start,end,i,lenth=0;                     //lenth 为素数的个数
    int * primesList=NULL;
    printf("Please input the start and the end:");
    scanf("%d%d",&start,&end);
    primesList=getPrimes(start,end,&lenth);
    if(primesList)                                //语句②
    {
        printf("There are total %d primes:\n",lenth);
        for(i=0;i<lenth;i++)
            printf("%4d", * (primesList+i));
```

```
        free(primesList);                          //释放动态内存分配的空间
    }
    else printf("There are total %d primes.\n",lenth);
    return 0;
}
```

4. 测试

请读者自行设计多组数据测试本程序。

5. 案例小结

本案例程序是一个通过指针函数从被调函数向主调函数返回多个值的例子。以下分析了程序中的几个关键问题。

（1）本案例程序采用了另一种函数间数据共享的方式，即返回动态内存分配的存储单元地址，其本质还是通过在函数之间传递指针，使两个函数共享同一段存储单元。

目前，我们已经介绍了三种函数进行数据共享[①]的方法，分别是：

- 以指针作为函数参数。
- 返回动态内存分配的存储单元地址。
- 使用全局变量。

其中，由于全局变量容易增加模块的耦合性，应尽量少采用。此外，需要特别注意的是，本案例程序用 return 语句返回的地址，是通过动态内存分配得到的，不能是函数中定义的动态局部变量的内存地址。例如，以下方式返回地址 arr 是错误的：

```
int * getArray()
{
    int arr[5]={0};
    ……
    return arr;                              //返回 arr 是错误的
}
```

以上返回 arr 是错误的，因为数组 arr 是函数 getArray()的动态局部变量，当函数执行结束，其动态局部变量的存储空间将被释放，此时将地址 arr 返回给主调函数使用，可能因非法访内存而导致不可预知的后果。

（2）本例程序使用了另一个内存分配函数 calloc()，使用该函数需要包含头文件 stdlib.h。calloc()函数的原型为：

```
void * calloc(unsigned int num,unsigned int size);
```

它的形参有两个，第一形参代表申请的单位长度，第二形参代表申请多少个这样的单位，总共申请的内存大小是 num * size 字节。calloc()函数在内存分配后会对该段内存进

---

① 这里的共享，特指两个函数可以访问同一数据的内存空间，既可以使用该数据的值，也可以修改其值。

程序设计基础

行清零操作。

（3）本案例程序在语句①和语句②处对内存分配进行了容错处理，这是十分有必要的。如果内存分配失败时，仍然去访问指针指向的空间，可能因非法地址访问导致应用程序终止，带来灾难性的后果。学习编程之初，就应该养成容错处理的好习惯。

10.9 本章小结

指针是 C 语言的核心语言成分之一，是 C 语言有别于其他高级程序设计语言的重要特性。指针是一把双刃剑，C 程序可以通过指针直接对内存进行操作，使我们能突破函数黑盒，实现模块间对数据的深度共享，同时也成为 C 语言的技术门槛，因为稍有不慎就会导致程序崩溃。

本章介绍了 C 语言指针的概念、指针的定义和操作方法。回顾本章时，可从以下方面进行梳理。

（1）指针就是内存地址，指针变量是用于存储指针的变量。C 语言的指针类型，是 C 语言众多数据类型中的一种，这种数据类型的特殊性在于，指针变量中只能存储内存地址。

（2）在程序中，变量的数据类型决定了该变量的存储方式，以及能对该变量进行哪些运算。例如，整型变量可以进行算术运算（＋、－、＊、/、%）等。同样，指针变量也有其适用的运算符，包括 ＊ 运算、自增/自减运算、关系运算、算术运算（－）。本章介绍了这些运算的含义，你可以在必要的时候回顾本章相应的内容。

其中，应该特别注意星号（＊），如果它出现在定义变量的地方，是用来声明变量为指针类型，如果出现在程序代码中，则是间接运算符，即取指针所指向的数据，例如：

```
int * p,a;                   //这里的 * 是定义变量 p 为指针变量
p=&a;
* p=20;                      //这里的 * 是对指针变量 p 执行 * 运算
```

（3）在什么情境下使用指针变量？

理解这一问题，有助于你更好地使用指针变量。指针变量可用于访问数组、字符串、进行动态内存分配、在函数模块之间共享数据等。本章通过几个案例介绍了这些情境下应用指针的原因和方法，你可以回顾这些案例，必要时自己编写和运行这些代码。

事实上，指针还可以被应用在更多的情境中，下一章将讨论指针的更多用法。

（4）C 语言提供了动态内存分配函数，使内存的按需分配成为可能。由于 C 语言编译器不会主动释放动态分配的内存，所以，请一定在该段空间不再使用时主动释放它，以免引起内存泄漏。

（5）还有非常重要的一点是，一定不要使用悬空指针。

10.10 习　　题

1. 指针和指针变量是什么关系？

2. 什么情况下需要用指针变量作为函数的参数？请举例说明。

3. 两个函数如何共享一个一维数组？请举例说明。

4. 有一个整型变量 x 定义在函数 a() 中。有哪些办法可以令除 a() 函数以外的其他函数访问变量 x？请举例说明。

5. 以下定义了一个整型指针变量 p。为什么在定义时必须声明指针变量的 p 类型（比如这里的 p 是整型的）？

```
int * p;
```

6. 为什么会出现悬空指针？它可能带来什么影响？

7. 你认为有哪些方法可以从函数返回多个值？请举例说明。

8. 你认为使用动态内存分配的方法申请内存，与定义变量的方法申请内存有什么不同？

9. 请分析以下程序的运行结果。

```
void main()
{   int a[]={1,3,5}, x=7, y=9;
    int * p=NULL;
    p=a;
    printf("%d,", * p);
    printf("%d,", * (++p));
    printf("%d,", * ++p);
    printf("%d,", * (p--));
    printf("%d,", * p--);
    printf("%d,", * p++);
    printf("%d,",++( * p));
    printf("%d\n",( * p)++);
    p=&a[2];
    printf("%d, ", * p);
    printf("%d, ", * (++p));
    p++;
    printf("%d", * p);
}
```

第11章 指针进阶

本章导读

在阅读本章之前,你应该已经了解了指针的概念,以及指针的基本操作方法。C语言还提供了更多的指针操作,包括用指针访问二维数组、指向指针的指针、函数指针等。本章将介绍这些方法,并由此更深入地讨论数据在内存中的存储方法,例如连续存储或不连续存储等,从而使读者更好地理解程序是在受限的存储空间中运行这一事实,并思考如何基于这一现实条件,来存储数据和设计算法。

本章主要内容

- 如何用指针访问多维数组。
- 如何使用指针数组。
- 指向指针的指针及其操作方法。
- 函数指针及其用法。

11.1　指针与多维数组

前面讨论的都是指针与一维数组的关系,本节以二维数组为例来讨论如何使用指针访问多维数组。

假设定义了如下整型数组 a:

```
int a[3][3]={{1,3,5},{2,4,6},{7,9,11}};
```

我们知道一维数组的名称是该数组的首地址,那么,二维数组的名称,是否也代表二维数组的首地址呢? 答案是肯定的,只不过与一维数组名所表示的地址不同,二维数组的名称是一个行地址。

所谓行地址,是指通过这个地址去获取内存中的元素,不是获取到一个整数,而是获取到一个整行。行地址如果加1,将在内存中跳过二维数组的一个整行。

例如,前面定义的二维数组 a 的名称是一个行地址,则:

第 11 章　指针进阶

a 表示数组 a 的第 1 行的首地址
a+1 表示数组 a 的第 2 行的首地址
a+2 表示数组 a 的第 3 行的首地址

行地址 a+1 与 a 之间相隔 3 个元素,a+2 与 a+1 之间相隔 3 个元素,也就是说,行地址每增加 1,可以在内存中跳过 3 个整数(因为 a 的每一行有 3 个元素)。显然,用行地址可以很方便地定位到二维数组的某一行。

为了记录这种行地址,C 语言中提供了一种行指针变量,它的定义形式如下:

```
int (*p)[3];
```

以上语句定义了一个行指针变量 p,它前面的 * 表明 p 是一个指针变量,而 p 指向的数据是:

```
int [3]
```

也就是说,p 是一个行指针,它指向具有 3 个元素的一维整型数组。当然,也可以定义其他类型的行指针变量,如下定义都是合法的:

```
float (*q)[5];          //定义行指针变量 q,指向一个长度为 5 的浮点型一维数组
char (*s)[80];          //定义行指针变量 s,指向一个长度为 80 的字符型一维数组
```

需要注意的是,(*p)两边的括号不可少,如果缺少括号,则 p 就不是一个行指针,而是一个指针数组(本章将在 11.2 节讨论指针数组)了。

我们可以用二维数组的名称对行指针变量赋值,例如:

```
int a[3][3]={{1,3,5},{2,4,6},{7,9,11}};
int (*p)[3];
p=a;
```

通过以上赋值,使变量 p 指向了数组 a 的第一行。由于 p 是一个行指针,因此有以下指向关系:

p 表示数组 a 的第 1 行的地址
p+1 表示数组 a 的第 2 行的地址
p+2 表示数组 a 的第 3 行的地址

虽然通过行指针增 1,可以直接定位到二维数组的每一行,但是仅有行指针是无法访问到二维数组的每一个元素的,只有同时获取元素的行、列地址,才能准确定位到某一个元素。为此,还需要将行指针 p 转换成列指针。

所谓列指针,是指这个指针每增加 1,将在内存中跳过二维数组的一个元素。

怎样才能将行指针转成列指针呢? 下面用行指针 p+1 来说明。

行指针 p+1 是数组 a 的第 2 行的首地址,我们对 p+1 执行 * 运算,如以下表达式:

程序设计基础

```
* (p+1)
```

即取行指针 p+1 所指向的数据。由于 p+1 指向数组 a 的第 2 行,因此,＊(p+1)就是数组 a 的第 2 行,这一行是一个一维数组,其中包含 3 个整数。

由于＊(p+1)代表一个一维数组,也可以说,＊(p+1)是一个一维数组的名称,我们知道,一维数组的名称是这个一维数组的首地址,因此,＊(p+1)就是它所代表的一维数组的首地址,也就是数组 a 的第 2 行的第一个元素的内存地址,如果对该地址做＊运算,即:

```
* (* (p+1))
```

以上表达式将获取到＊(p+1)所指向的元素的值,也就是 a[1][0]这个元素的值。

在上面的分析中,＊(p+1)就是一个由行指针转换而来的列指针,＊(p+1)的值每增 1,将跳过其代表的一维数组中的一个元素,指向下一个元素。进一步地,可以通过 p得到数组 a 的第二行的每一个元素的内存地址,它们是:

```
* (p+1) +0 是 a[1][0]的地址
* (p+1) +1 是 a[1][1]的地址
* (p+1) +2 是 a[1][2]的地址
```

对这些列地址再做＊运算,将得到数组 a 的第二行的每一个元素的值,它们是:

```
* (* (p+1) +0) 是 a[1][0]的值
* (* (p+1) +1) 是 a[1][1]的值
* (* (p+1) +2) 是 a[1][2]的值
```

以此类推,就可以通过行指针 p 实现对二维数组 a 的每一个元素的访问。

在第 8 章讨论二维数组时我们提到,可以将二维数组 a 看成是一个特殊的一维数组,它包含 3 个元素,分别是 a[0]、a[1]、a[2]。这 3 个元素的每一个都代表二维数组 a 的一个整行,因此它们分别是一个含有三个整数的一维数组,进一步地,a[0]、a[1]、a[2]分别是它们所代表的一维数组的首地址。

综合前述概念,我们可以得到以下等价关系:

```
* (p+0) 等价于 a[0]
* (p+1) 等价于 a[1]
* (p+2) 等价于 a[2]
```

上述三组表达式都是列地址,是二维数组 a 的每一行的第一个元素的地址,如果再对它们做＊运算,将分别得到二维数组 a 的每一行的第一个元素的值。图 11.1 描述了行指针、列指针以及元素值的关系。

根据图 11.1,表 11.1 描述了数组 a 的行、列指针的各种表示方法以及用指针获取元素值的方法。

第 11 章 指针进阶　239

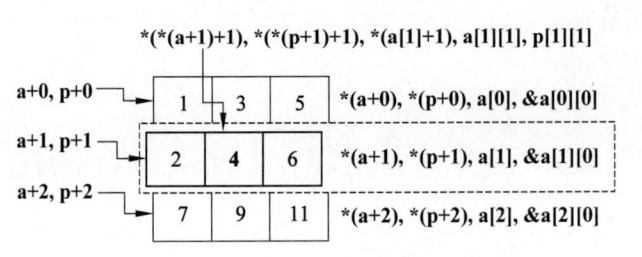

图 11.1　二维数组的行、列地址及元素的关系

表 11.1　二维数组的行、列地址及元素的关系示例

行地址	列 地 址	(每行第二个)元素的值
a+0,p+0	*(a+0),*(p+0),a[0],&a[0][0]	*(*(a+0)+1),*(*(p+0)+1),*(a[0]+1), a[0][1],p[0][1]
a+1,p+1	*(a+1),*(p+1),a[1],&a[1][0]	*(*(a+1)+1),*(*(p+1)+1),*(a[1]+1), a[1][1],p[1][1]
a+2,p+2	*(a+2),*(p+2),a[2],&a[2][0]	*(*(a+2)+1),*(*(p+2)+1),*(a[2]+1), a[2][1],p[2][1]

程序 11.1 是一个用行、列指针访问二维数组的例子。

【程序 11.1】　用行列指针访问二维数组之一[①]。

```
/**************************************
    Program11.1: 用行指针访问二维数组的元素
    written by Sky.
    12/10/2020. Copyright 2020
**************************************/
#include <stdio.h>
#define COL 3
#define ROW 3
int main()
{
    int i,j;
    int (*p)[COL],a[ROW][COL];
    p=a;                        //语句①:令行指针 p 指向数组 a 的第一行
    for(i=0;i<ROW;i++)
    {
        for(j=0;j<COL;j++)
        {
            scanf("%d",*(p+i)+j);  //语句②:*(p+i)+j 是数组元素 a[i][j]的地址
        }
    }
```

———————————

① 11.5 节将讨论用二维数组的行、列指针作为函数参数的用法。

```
        for(i=0;i<ROW;i++)
        {
            for(j=0;j<COL;j++)
            {
                printf("%d ",*(*(p+i)+j));    //语句③:*(*(p+i)+j)是a[i][j]的值
            }
            putchar('\n');
        }
        return 0;
    }
```

程序 11.1 中定义了行指针变量 p,在语句①处对其初始化,令 p 指向二维数组 a 的第一行。在语句②处,表达式 *(p+i)+j 将行指针 p 转成了列指针,使其指向数组 a 中的元素 a[i][j],因此,在语句③中,*(*(p+i)+j)就是数组元素 a[i][j]的值。

11.2 指针数组

11.2.1 指针数组的定义及操作

一个数组的元素值为指针,则该数组是指针数组。指针数组的所有元素都是具有相同类型的指针变量。

指针数组定义的一般形式为:

> 类型声明符 *数组名[数组长度];

其中,数组名为合法的 C 语言标识符,类型声明符为指针数组中的指针所指向的数据的类型,数组长度与一般数组一样,应该是一个常量。

例如:

> int *p[3];

以上语句定义了一个指针数组 p,它有 3 个元素,每个元素都是一个整型指针。

程序 11.2 是一个使用指针数组的例子。

【程序 11.2】 指针数组的简单示例。

```
/**********************************
  program11.2:指针数组的简单示例
  written by Sky.
  12/10/2020. Copyright 2020
**********************************/
#include <stdio.h>
```

```
#include <math.h>
#define COL 3
#define ROW 3
int main()
{
    int a[ROW][COL]={1,2,3,4,5,6,7,8,9};
    int * p[ROW]={a[0],a[1],a[2]};              //语句①:定义并初始化指针数组 p
    int i,j;
    for(i=0;i<ROW;i++)
    {
        for(j=0;j<COL;j++)
        {
            printf("%d ", * (p[i]+j));          //p[i]+j 是元素 a[i][j]的地址
        }
    }
    return 0;
}
```

本例程序在语句①处定义了一个指针数组 p,并对其进行了初始化,此时,指针数组 p
与二维数组 a 的关系如图 11.2 所示。

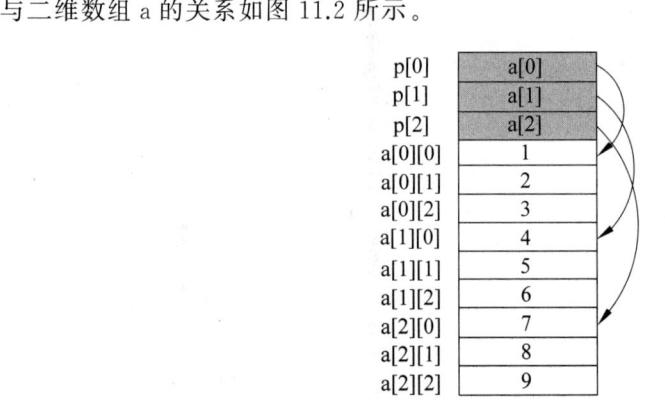

图 11.2　指针数组 p 与二维数组 a 的关系

可见,指针数组 p 中的 3 个元素分别存放着二维数组 a 各行的首地址,在图 11.2 所
示情况下,以下表达式及其值分别是:

```
* (p[0])的值为 1
* (p[1]+1)的值为 5
* (p[2]+2)的值为 9
```

在定义指针数组时,要特别注意与行指针加以区别,例如:

```
int ( * q)[3];                              //这里定义的 q 是一个行指针变量
int * p[3];                                 //这里定义的 p 是一个指针数组
```

程序设计基础

11.2.2 在受限的内存中运行程序

现在来讨论一种指针数组的应用场景。

计算机程序的指令及其数据必须放在内存中才能运行和处理,然而计算机的内存大小是有限的,当需要处理的数据量很大时,有时很难一次性把全部数据放入内存中。以数组为例,使用数组,意味着需要申请一段连续的存储空间,当数据规模非常大时,很难保证一次可以申请到足够大的、连续的存储空间。此时,一种策略就是用动态内存分配的方法,到内存堆中分块申请数据空间。

程序 11.3 示例了利用指针数组管理 1000 万个整数的存储空间的情况。

【程序 11.3】 利用指针数组管理数据块。

```
/**************************************
   program11.3:利用指针数组管理数据块
   written by Sky.
   12/10/2020. Copyright 2020
**************************************/
# include <stdio.h>
# include <stdlib.h>
# define ROW 1000
# define NUMS 10000
int main()
{
    int * p[ROW],i,r;              //定义并初始化指针数组 p
    for(i=0;i<ROW;i++)
    {
        p[i]=(int *)malloc(sizeof(int) * NUMS);
                                   //语句①:申请 NUMS 个整数空间,将其地址存放
                                        在 p[i]中
        if(p[i]==NULL)
            break;
        * (p[i])=5;                //语句②:将第一个元素设置为 5
    }
    for(r=0;r<i;r++)               //语句③
    {
        if(p[r]) free(p[r]);       //语句④:释放 NUMS 个整数的存储空间
    }
    return 0;
}
```

本例程序定义了一个长度为 1000 的指针数组 p。在语句①处申请 10 000 个连续的整数存储空间,并用指针数组记录该数据块的首地址。程序将语句①重复执行了 1000

次,实际上申请了 1000 个数据块,并用指针数组 p 来记录了这 1000 个数组块的首地址。为了便于实验观察,本例程序在语句②处将每个数据块的第一个元素设置为 5。这样,在语句③执行之前,内存中的快照如图 11.3 所示。

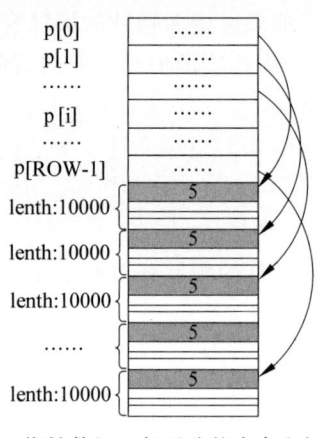

图 11.3 指针数组 p 与开辟的内存空间的关系

本例程序说明了一种在受限的内存中申请存储空间的方法。由于无法申请到大量连续的存储空间,我们采用分块申请的方式,然而这样可能产生多个数据块的内存地址,这时就需要使用指针数组来存储和管理这些内存地址。在使用数据时,通过指针数组中的地址去定位数据,例如:

```
* (p[i])=5;
```

该语句是将某一个数据块的第一个元素的值设置为 5。

在本例程序中,由于数据是动态内存分配方式申请的,因此在语句④处进行了释放。

11.3 指向指针的指针

如果一个指针变量中存放的是另一个指针变量的地址,则称这个指针变量为指向指针的指针变量。以下定义了一个指向指针的指针变量:

```
char **p;
```

对该定义形式的理解如图 11.4 所示。

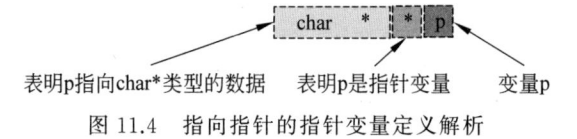

图 11.4 指向指针的指针变量定义解析

其中,变量 p 前面有两个 * 号,相当于 * (* p)。 * p 表明 p 是一个指针变量,它指向一个 char * 类型的数据,因此,p 是一个指向指针的指针变量。

在前面已经介绍过,通过指针访问变量称为间接访问,也称单级间址,如图 11.5(a)所示。其中,表达式 * p 的值为 5。如果以指向指针的指针变量来访问变量,也称二级间址,如图 11.5(b)所示,此时,以下三个表达式的值是一样的,都是 5:

```
* ( * p)
* q
a
```

可见,二级间址时,通过指向指针的指针获取变量 a 的值,需要读内存两次。

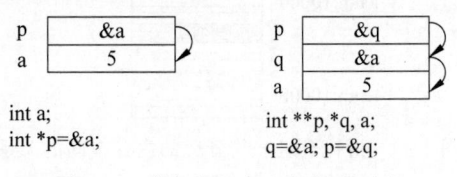

int a;
int *p=&a;

int **p,*q, a;
q=&a; p=&q;

图 11.5　单级间址与二级间址对比

我们可以将指向指针的指针与指针数组结合使用。程序 11.4 是一个用指向指针的指针访问字符串的例子。该程序通过二级间址的方法,输出了若干个字符串。

【程序 11.4】　使用指向指针的指针访问字符串。

```
/*********************************************
program11.4:使用指向指针的指针输出字符串
written by Sky.
12/10/2020.Copyright 2020
*********************************************/
#include <stdio.h>
int main()
{
    char * name[]={"Angel","Peter","Paul","Catherine","Eric"};
    char **p;
    int i;
    p=name;                      //语句①:令指针变量 p 指向数组 name 的第一个元素
    for(i=0;i<5;i++)
    {
        printf("%s\n", * (p+i));
    }
    return 0;
}
```

本例程序中,name 是一个指针数组,它的每一个元素是一个字符串的首地址。程序

第 11 章 指针进阶 245

还定义了一个指针变量 p，它是一个指向字符型指针的指针变量。执行语句①后，各变量在内存中的快照如图 11.6 所示。

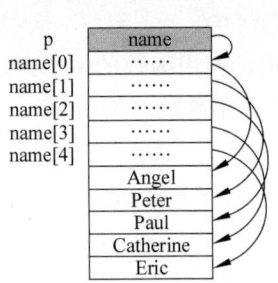

图 11.6 指向指针的指针变量与指针数组的关系

可见执行语句①后，有以下等价关系：

> p 等价于 name，* p 等价于 name[0]，* (* p) 等价于 * (name[0])，* (* p) 的值为'A'
> p+1 等价于 name+1，* (p+1) 等价于 name[1]，* (* (p+1)) 等价于 * (name[1])，* (* (p+1)) 的值为'P'

其他等价关系请读者自行推导。

11.4 函数指针

如果在 C 程序中定义了一个函数，该函数被编译后的可执行代码一般占用一段连续的内存空间，而函数名就是该函数所占内存空间的首地址，也称函数的入口地址。可以把函数的入口地址赋给一个指针变量，令指针变量指向该函数，这样，通过指针变量就可以找到并调用这个函数。这种特别的指针变量，就是函数指针变量。

函数指针变量定义的一般形式为：

> 类型声明符 (* 指针变量名) (参数列表)；

其中，指针变量名是合法的 C 语言标识符，类型声明符表示被指针所指向的函数的类型，参数列表与被指针所指向的函数的参数列表相同。

例如：

> int (* pf)();

以上语句定义了一个函数指针 pf，它指向一个返回值为 int 的函数，该函数的形参列表为空。

注意，定义函数指针时，(* pf) 外的圆括号不能省略，省略后就变成返回指针值的函数了。例如，以下是两个不同类型的定义，你可以比较和分析一下它们的差异。

246 程序设计基础

```
int (*f1)();    //f1是一个函数指针,它指向一个返回整型值、无形参的函数
int *f2();      //f2是一个指针函数,函数 f2 的返回值为整型指针数据,该函数无形参
```

程序 11.5 是一个使用函数指针调用函数的例子。

【**程序 11.5**】 使用函数指针调用函数的例子。

```
/**********************************************
   program11.5:使用函数指针的例子
   written by Sky.
   12/10/2020.Copyright 2020
**********************************************/
#include <stdio.h>
int max(int a,int b);           //声明函数原型
int max(int a,int b)
{
    if(a>b) return a;
    return b;
}
int main()
{
    int(*pmax)(int, int);       //定义函数指针 pmax
    int x,y,z;
    pmax=max;                   //语句①:令函数指针 pmax 获得 max()函数的入口地址
    printf("Please input two numbers:");
    scanf("%d%d",&x,&y);
    z=pmax(x,y);                //语句②:通过 pmax 调用 max()函数
    printf("max=%d",z);
    return 0;
}
```

本例程序中定义了一个函数指针变量 pmax。在对函数指针赋值时,只需将函数名赋给函数指针即可。例如,本程序在语句①中,将函数名 max 赋给函数指针变量 pmax,此时,变量 pmax 中存储着 max()函数的入口地址:

使用函数指针变量时,只需把变量名当作函数名使用。本程序在语句②处通过 pmax 调用 max()函数,其语句为:

```
z=pmax(x,y);
```

该语句与以下语句是等价的:

```
z=max(x,y);
```

第 11 章 指针进阶 247

11.5 案 例 研 究

【例 11.1】 行指针与列指针的关系问题。

现在我们已经知道可以用行指针定位到二维数组中某一行的首地址,如果将行指针转换为列指针,还可以进一步定位到二维数组的每一个元素。本例我们从数据在内存中的存储方式的角度,进一步讨论行指针与列指针的关系。

本问题的要求是:通过行指针找出二维整型数组中元素的最大值,通过列指针找出二维整型数组中元素的最小值。

1. 问题分析

本问题需要处理的数据是整型二维数组,我们用 data 来标识它,假设 data 是一个 ROW 行、COL 列的二维整型数组。

在 main()函数中用 max 标识最大值,用 min 标识最小值,max 和 min 都是整型的。

根据问题要求,分别编写以下函数。

(1) 找最大值函数。

```
原型:int findMax (int (*p)[COL], int row, int col);
功能:找到并返回二维数组的最大值
形参:
int (*p)[COL]:被访问的二维数组的行指针
int row, int col:被访问的二维数组的行数、列数
返回值:整型,被访问的二维数组的最大值
```

(2) 找最小值函数。

```
原型:int findMin(int *p, int len);
功能:找到并返回二维数组的最小值
形参:
int *p:被访问的二维数组的列指针
int len:被访问的二维数组的元素个数,len=ROW*COL
返回值:整型,被访问的二维数组的最小值
```

2. 算法设计

(1) 找最大值函数 findMax()。

该函数接收二维数组 data 的行指针 p、行数和列数,通过 p 查找 data 的最大值。我们知道行指针 p 是无法直接定位到某一个元素上的,因此需将 p 转为列指针来进行逐个元素访问。为了找到最大值,用 max 作为辅助变量,i、j 分别作为行列位置偏移变量,算法描述如下:

248　程序设计基础

算法　找二维数组的最大值
输入：二维数组的行地址 p，行数 row，列数 col
输出：最大值 max

1：**function** FindMax(p,row,col)
2：　　　max ← $*(*)p$
3：　　　**for** $i = 0 \rightarrow row - 1$ **do**
4：　　　　　**for** $j = 0 \rightarrow col - 1$ **do**
5：　　　　　　　**if** $max < *(*(p+i)+j)$ **then**
6：　　　　　　　　　max ← $*(*(p+i)+j)$
7：　　　　　　　**end if**
8：　　　　　**end for**
9：　　　**end for**
10：　　　**return** max
11：**end function**

（2）找最小值函数 findMin()。

该函数接收二维数组 data 的列指针 p 和元素个数，通过 p 查找 data 的最小值。我们知道，列指针每增 1，只跳过数组中的一个元素。对二维数组 data，虽然逻辑上是二维的，但在内存中却是按行序依次存放为一个一维序列，因此，用列指针 p 访问内存中的二维数组的情形如图 11.7 所示。只需要将列指针 p 从 data 的首地址开始逐步增 1，即可依次访问到二维数组的每一个元素。其中，位置偏移变量 k 的取值范围为 0～ROW * COL−1。

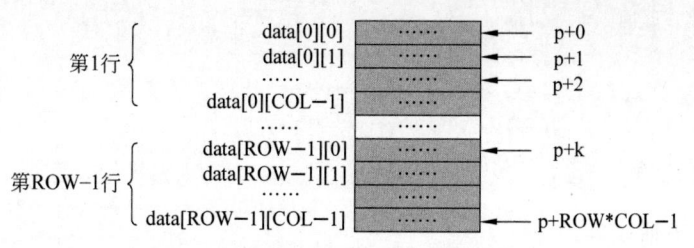

图 11.7　用列指针访问二维数组的示意图

因此，找最小值的算法描述如下：

算法　找二维数组的最小值
输入：二维数组的列地址 p，元素个数 len
输出：最小值 min

1：**function** FindMin(p,len)
2：　　　min ← $*p$
3：　　　**for** $k = 0 \rightarrow len - 1$ **do**
4：　　　　　**if** $min > *(p+k)$ **then**
5：　　　　　　　min ← $*(p+k)$
6：　　　　　**end if**
7：　　　**end for**
8：　　　**return** min
9：**end function**

---

3. 编程实现

【程序 11.6】 用行列指针访问二维数组之二。

```c
/********************************
   program11.6: 用行指针和列指针访问二维数组
   written by Sky.
   12/10/2020. Copyright 2020
********************************/
#include <stdio.h>
#define COL 3
#define ROW 2
//用行指针找出最大值
int findMax(int (* p)[COL], int row, int col)      //语句①
{
    int max= * (* p);
    for(int i=0;i<row;i++)
        for(int j=0;j<col;j++)
            if(max< * (* (p+i)+j))                 //语句②
                max= * (* (p+i)+j);
    return max;
}
//用列指针找出最小值
int findMin(int * p, int len)                      //语句③
{
    int min= * p, k;
    for(k=0;k<len;k++)
        if(min> * (p+k))                           //语句④
            min= * (p+k);
    return min;
}
int main()
{
    int data[ROW][COL];
    int max,min,i,j;
    for(i=0;i<ROW;i++)
        for(j=0;j<COL;j++)
            scanf("%d",&data[i][j]);
    max=findMax(data,ROW,COL);                     //语句⑤
    min=findMin(* data,ROW * COL);                 //语句⑥
    printf("max=%d,min=%d\n",max,min);
    return 0;
}
```

程序设计基础

4. 案例小结

本例介绍了用指针访问二维数组的两种方法。我们梳理如下几个关键问题。

(1) 如何向函数传递二维数组？

我们可以将二维数组的地址传递给函数，这个地址可以是行指针，也可以是列指针。例如：

在程序 11.6 的语句⑤中，main()函数向 findMax()函数传递的 data 是一个行指针，为此，findMax()函数的首部如语句①所示，此时，其第一形参是行指针变量。

```
int findMax(int (*p)[COL], int row,int col)
```

在本程序的语句⑥中，main()函数向 findMin()函数传递的 *data 是一个列指针，为此，findMin()函数的首部如语句③所示，此时，其第一形参是列指针变量。

```
int findMin(int *p, int len)
```

(2) 被调函数如果获得的是行指针，访问数据时，需将其转换为列指针才能使用。例如，本例程序的语句②中，*(p+i)+j 就是由行指针(p+i)转成的列指针。

(3) 被调函数如果获得的是列指针，访问数据时，只需逐次递增（或递减）列指针，就可以访问到二维数组的全部元素。例如，本程序的语句④中，p+k 就是列指针，k 标识着一个元素相对于数组的第一个元素的位置偏移，k 的取值范围为 0~len-1。

通过本例，希望你能理解，无论原始数据的排列是一维、二维还是多维[①]的，数据在内存中都是以一维方式存储的。因此，在用数组（连续存储）的方式存放时，只要知道数据在内存中的首地址，总是能访问到数据集的所有元素。

也可以将 findMin()函数改写如下：

```
int findMin(int *p, int row,int col)
{
    int min= *p,k,I,j;
    for(i=0;i<row;i++)
        for(j=0;j<col;j++)
            if(min> *(p+i*col+j)) //p+i*col+j是二维数组元素 p[i][j]的内存地址
                min= *(p+i*col+j);
    return min;
}
```

此时，主调函数的调用语句为：

---

① 原始数据元素的关系可以看成是一个逻辑结构，它是天然存在的一种结构。例如一列排队的学生是一维的，一个棋盘是二维的，一个家族的族谱则是 1~n 的树状结构等。无论原始数据具有什么样的逻辑结构，在计算机的内存中都以一维的方式存放。因此，当这些元素在内存中连续存放时，只要知道第一个元素的内存地址，就可以通过指针获取到整个数据集。

第 11 章 指针进阶　251

```
min=findMin(*data,ROW,COL);
```

【例 11.2】 提取英文文章的单词问题。

在自然语言处理的研究及应用中,找出文章中所有词项[1]是一种常见的基础操作。例如,用朴素贝叶斯算法进行文本分类,构建搜索引擎的倒排索引等,都需要首先获取文档中的全部词项。

本问题的要求是:对一篇英文文章,找出其所有的词项。

例如,输入:

```
This is an apple. The apple is on the table. The book is on the chair.
```

输出:

```
This is an apple The on the table book chair
```

假设文章由英文字母'a'～'z'、'A'～'Z'以及其他非英文字符构成。一般地,两个非英文字母之间认为是一个单词。

1. 问题分析

本问题的输入的是一篇英文文章,输出的是该文章中的词项。我们知道,一篇文章中出现的词项数是不确定的,每个词项的长度也不确定,因此,如果用二维数组来存储词项,假设一行存储一个词项,存在两个问题:一是词项个数未知,因此二维数组的行数未知;二是每个词项的长度未知,所以二维数组的列数也不确定,如果定义足够大的二维数组,又可能造成内存浪费,因此,本问题采取如下存储策略。

(1) 以动态内存分配的方式来存储词项。也就是说,每找到一个词项,就根据其长度分配一段连续的存储空间,将词项复制到此空间中。为此,我们可能得到许多词项的内存地址,使用指针数组来存储这些词项的内存地址。

(2) 如何确定指针数组的大小呢? 由于词项数不确定,因此指针数组的长度是不确定的。为此,我们使用 realloc() 函数,以重新分配内存的方式,在程序运行中调整指针数组的大小。

2. 算法设计

在提取词项时,如果该词项已经出现过,则不需要保留,否则记录该词项。另外,对每一个词项的长度,可以通过记录词项的起止位置来进行计算。

3. 编程实现

【程序 11.7】 找出一篇文章中的所有词项。

```
/********************************
    program11.7: 找出一篇文章中的所有词项
```

---

[1] 在 8.3.1 节讨论过词项,你可以前往查看并阅读更多相关资料。

```
    written by Joan.
    12/10/2020. Copyright 2020
*******************************/
#include <stdio.h>
#include <string.h>
#include <stdlib.h>
#include <ctype.h>
int findword(char **wordlist,char * word,int listlen)  //判断 word 是否为重复单词
{
    for(int i=0;i<listlen;i++)
        if(strcmp( * (wordlist+i),word)==0)              //判断两个单词是否相同
            return i;
    return -1;
}
void freeArray(char **arr,int len)                       //释放内存空间
{
    for(int i=0;i<len;i++)
        free( * (arr+i));
    free(arr);
}
char **wordCount(char * text,int * len)                  //从 text 指向的字符串中提取单词
{
    char **wordlist=NULL;
    char * word=NULL;
    int count=0,flag,i;
    int wordstart=0,wordend;
    for(i=0;text[i]!='\0';i++)
    {
        if(!isalpha(text[i]))
            wordstart=i+1;
        else
        {
            while(isalpha(text[i]))
                i++;
            wordend=i;
            word= (char * )calloc(wordend-wordstart+1,sizeof(char));      //语句①
            strncpy(word,text+wordstart,wordend-wordstart);              //语句②
            flag = findword(wordlist,word, * len);  //判断 word 指向的单词是否重复
            if(flag==-1)
            {
                wordlist=(char **)realloc(wordlist,++ ( * len) * sizeof(char * ));
                                                                         //语句③

                if(wordlist==NULL)
                {
```

```
                    printf("calloc memory failed!\n");
                    freeArray(wordlist, * len-1);
                    return NULL;
                }else
                    wordlist[ * len-1]=word;   //记录新单词的内存地址

            }else
            {
                free(word);                      //释放存储空间
            }
            i--;
        }
    }
    return wordlist;
}
int main()
{
    char str[]="This is an apple. The apple is on the table. The book is on the
chair.";
    char **result=NULL;
    int len=0;
    result=wordCount(str,&len);              //抽取 str 中的词项,len 用于记录单词数
    if(result!=NULL)
    {
        for(int i=0;i<len;i++)
            puts(result[i]);
    }
    freeArray(result,len);
    return 0;
}
```

4. 案例小结

本例使用指针数组、动态内存分配方法,实现了词项提取问题。我们从以下几方面来梳理本例的关键问题。

(1) 使用指针数组可以管理多个不连续的内存地址。

由于程序总是在受限的存储空间中运行,因此采用动态内存分配的方式,可以更充分地利用内存碎片。通过反复多次动态内存分配,可以获得多个不连续、无规律的内存地址,这种情况下,用指针数组来存储和管理这些地址,是一种可行的方案。

(2) 程序的 wordCount()函数用于返回指针数组的首地址。该函数的原型如下:

```
char **wordCount(char * text,int * len);
```

该函数从指针 text 指向的文本中抽取出词项,用指针数组存放这些词项的内存地址,最后返回指针数组的首地址,因此,wordCount()函数的返回值是 char ** 类型的。此外,该函数还将统计所抽取的词项数,其指针类型的形参 len 用于返回词项数,对 * len 的修改包含在语句③中:

```
wordlist=(char **)realloc(wordlist,++(*len)*sizeof(char *));
                              //语句③:++(*len)修改指针数组的长度
```

(3) 使用 realloc()函数可重新分配内存。

本例程序使用了 realloc()函数,该函数的原型如下,它将指针 ptr 所指向的内存块的大小修改为 size,并返回新的内存地址。使用该函数需要包含头文件 stdlib.h。

```
void * realloc(void * ptr, size_t size);
```

本例程序对 realloc()函数的使用如程序的语句③所示。

首先判断地址 wordlist 处是否有足够的连续空间,如有,则扩大 wordlist 处的内存块,并返回地址 wordlist,否则,先按照(++(*len)*sizeof(char *))指定的大小新分配内存空间,将原 wordlist 处的数据全部复制到新分配的内存空间中,然后自动释放 wordlist 所指向的内存空间,最后返回新分配的内存空间的首地址。如果新分配内存空间失败,realloc()函数返回空指针 NULL。

(4) 本例程序在语句①处使用了 calloc()函数,为提取到的某一个单词分配存储空间。calloc()函数可以在分配内存空间时将该区域全部初始化为 0。程序在语句②处用 strncpy()函数将提取的单词(两个非英文字母之间的一个字符串)复制到新分配的存储空间 word 中。请读者根据需要查阅相关资料,去详细了解这些标准库函数的使用方法。

【例 11.3】 一个函数指针的应用问题。

我们已经知道可以通过函数指针来调用函数,但一般在什么场景下,才使用函数指针呢?

本问题的要求是:输入两个整数,按用户的要求,对它们进行加法或减法中的一种运算。

1. 问题分析

本问题的输入为两个整数,分别用 num1、num2 来标识它们。

问题还需要用户指定加法或减法运算的一种,用 option 来标识它,不妨令 option 为字符型。

2. 算法设计

本问题需要定义两个不同操作的函数,它们的原型如下:

```
int sum(int n1,int n2);                    //n1 与 n2 做加法
int difference(int n1,int n2);             //n1 与 n2 做减法
```

问题要求根据输入的 option,选择上述两个函数中的一个执行。你可能已经注意到,

第 11 章　指针进阶

这两个函数除了函数名不同,其返回值和形参都相同,因此,我们可以用一个函数指针来调用这些函数。定义函数指针 mathPointer 如下,它指向一个有两个整型形参、返回值为整数的函数:

```
int (*mathPointer) (int n1, int n2);
```

3. 编程实现

【程序 11.8】　使用函数指针进行算术运算。

```
/********************************
    program11.8: 使用函数指针进行算术运算
    written by Sky.
    12/10/2020. Copyright 2020
********************************/
#include <stdio.h>
//两个整数求和
int sum(int n1,int n2)
{
    return n1+n2;
}
//两个整数求差
int difference(int n1,int n2)
{
    return n1-n2;
}
//接口控制函数:第一形参 Operator 是函数指针变量
int operate(int(*Operator)(int,int),int n1,int n2)
{
    return Operator(n1,n2);                      //语句④
}
//主函数
int main()
{
    int num1,num2,result;
    int (*Operator)(int,int);                    //定义函数指针变量 Operator
    char option;
    scanf("%d%c%d",&num1,&option,&num2);
    switch(option)
    {
        case '+': Operator=sum;break;            //语句①
        case '-': Operator=difference;break;     //语句②
    }
    result=operate(Operator,num1,num2);          //语句③
```

```
        printf("%d%c%d=%d\n",num1,option,num2,result);
        return 0;
    }
```

4. 案例小结

本例用函数指针解决了一个简单的算术加减法运算问题。

程序 11.8 中定义了两个用于计算的函数,分别是 sum() 和 difference(),由于它们都有相同的形参、相同的返回值类型,因此,程序定义了一个函数指针 Operator,在语句①和语句②处,对 Operator 赋值,使其根据用户输入,指向加法或减法函数。

本例程序还定义了一个接口控制函数 operate(),其原型为:

```
int operate(int(*Operator)(int,int),int n1,int n2);
```

operate() 函数的第一形参 Operator 是一个函数指针,第 2、3 形参是 Operator 所指向的函数需要的参数。在 operate() 函数中,用函数指针 Operator 调用不同的函数(注意,这些函数原型相同),如语句④所示。

```
return Operator(n1,n2);                    //语句④
```

本例程序的结构如图 11.8(a) 所示,当然,本例程序也可以不使用函数指针,直接在 main() 函数中调用 sum() 和 difference() 函数,此时的程序结构如图 11.8(b) 所示。

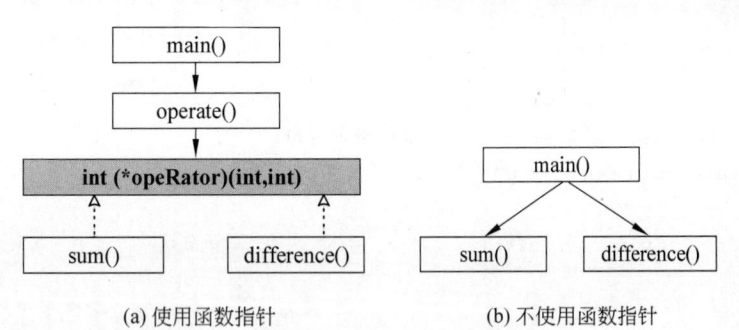

(a) 使用函数指针   (b) 不使用函数指针

图 11.8 使用函数指针前后的程序结构

如果用图 11.8(b) 的直接调用方式,则 main() 函数与被调函数形成了直接依赖,sum() 和 difference() 函数的改变将直接影响 main() 函数的代码。当使用图 11.8(a) 的函数指针时,断开了 main() 函数与被调函数的直接依赖,倒置了依赖关系。上层模块 main() 和 operate() 不再依赖于低层模块 sum() 和 difference(),它们都依赖于 Operator 这个函数指针接口,从而较好地降低了程序模块间的耦合度。

另外,使用函数指针还可以使主调函数在编译或链接时不依赖于某个特定函数。例如,将程序 11.8 修改为如下代码,同样可以成功编译链接,这是使用函数指针为我们带来的开发便利。但是,此时由于 Operator 并未赋值,因此链接后的程序不可执行。

```
//接口控制函数:第一形参 Operator
int operate(int(*Operator)(int,int),int n1,int n2)
{
    return Operator(n1,n2);
}
//主函数
int main()
{
    int num1,num2,result;
    int (*Operator)(int,int)=NULL;              //语句:定义函数指针变量 Operator
    char option;
    scanf("%d%c%d",&num1,&option,&num2);
    result=operate(Operator,num1,num2);
    printf("%d%c%d=%d\n",num1,option,num2,result);
    return 0;
}
```

当然,并非所有情况下都需要使用函数指针,如果主调函数与被调函数间的调用关系永远不会发生改变,则使用直接调用方式是最简单合理的。

11.6 本章小结

本章介绍了更多指针的技术和操作方法,包括用行指针访问二维数组、指针数组、指向指针的指针、函数指针等。在回顾本章时,建议将本章与第 10 章结合起来梳理。

(1) 注意准确理解和掌握以下定义及其含义。

定　义	含　义
int *p;	定义一个指针变量 p,它可以指向一个整型数据
int *p[n];	定义一个指针数组 p,它可以存放 n 个指向整型数据的指针
int (*p)[n];	定义一个行指针变量 p,它可以指向一个长度为 n 的一维数组
int *p();	定义一个指针函数 p,它返回一个整型的指针
int (*p)();	定义一个函数指针 p,它可以指向一个返回整型值的无参函数
int **p;	定义一个指向指针的指针变量 p,它可以指向一个整型的指针变量

(2) 在本章看到了更多指针的用法。在阅读本章时,掌握指针的操作方法是一方面,另外,还建议读者多思考为什么需要使用指针,以及在特定情境下,应该使用什么类型的指针及操作来解决问题。比如,什么时候可以使用指针数组? 什么时候使用指向指针的指针?

（3）通过指针类型，程序员可以进行一些更高级的数据操作。在前面的章节中，使用 C 语言编写程序代码，内存对你来说是透明的。然而现在，你的目光不仅应专注于代码逻辑，还应该聚焦于数据在内存中的存储状态，这可以增进你编写程序代码的信心。

11.7　习　　题

1. 什么时候需要使用指针数组？请举一个例子说明。

2. 什么时候需要使用指向指针的指针？请举一个例子说明。

3. 有一个整型数组 data（长度不超过 1024）。编写一个函数，在数组 data 中查询指定的整数（假设 data 中所有元素是唯一的）。建议函数原型：

int searchch(int * data, int num);

其中：

data：整型数组 data 的首地址。

num：被查询的整数。

函数返回值：如果找到 num，返回其在 data 中的下标，否则返回－1。

4. 输入一个数字字符串（包含符号位长度不超过 7）到字符数组 string 中，将这个数字字符串转换为一个整数。例如，输入"－1234"，将其转换为整数－1234。建议函数原型：

```
int change(char * string);
```

其中：

string：字符串的首地址。

函数返回值：返回转换后得到的整数。

5. 编写一个函数，对 n 个学生的学号（长度不超过 11）由小到大进行排序，假定学号格式为"11903990101"。建议函数原型：

```
void sortno(char ( * stuno) [12],int n);
```

其中：

stuno：若干个学号字符串的首地址。

n：待排序的学号个数。

6. 有两个字符串 s1 和 s2，编写函数，判断字符串 s2 是否被包含在 s1 中。建议函数原型：

```
char * strin(char * s1,char * s2);
```

其中：

char * s1、char * s2：两个字符串的首地址。

函数返回值：如果 s2 包含在 s1 中，则返回 s2 在 s1 中的起始地址，否则返回-1。

7. 编写函数，将一个 5×5 的整型矩阵 m 中的最大数放在矩阵的中心位置，在矩阵的 4 个角上分别放上 4 个最小的元素（顺序为从左到右，从上往下，依次从小到大存放）。

例如，图 11.9 左边为矩阵 m，右边为变换后的矩阵 m。

1	2	3	4	5
6	7	8	9	10
11	12	13	14	15
16	17	18	19	20
21	22	23	24	25

→

1	5	13	21	2
6	7	8	9	10
11	12	25	14	15
16	17	18	19	20
4	22	23	24	3

图 11.9　转换前后的矩阵情况

建议函数原型：

```
void change(int ( * m)[5]);
```

参数说明：

int (* m)[5]：矩阵的行地址。

第12章

结构类型

本章导读

到目前为止,我们已经介绍了许多 C 语言的数据类型,包括整型、浮点型、字符型等简单类型,还有数组、字符串、指针等更复杂数据类型,它们都有各自适用的应用场景。

然而在实际问题中,数据还可能有更复杂的形式。例如,在一个学生信息管理系统中,我们需要记录一个学生的学号、姓名、性别、身份证号码、通信地址、每门课程的成绩等信息。这些信息分属不同的数据类型,学号、姓名是字符串,而课程成绩则一般是整数。如果只有一个学生,我们可以分别定义多个变量来存储这些信息,但如果是全校的学生,该如何记录? 又该如何访问这样一个学生信息数据集呢? 这就是本章要讨论的主题。

本章主要内容

* 什么是结构类型。
* 如何定义和引用结构类型。
* 如何定义和引用结构类型的指针。
* 如何使用结构数组。

12.1 什么是结构类型

在实际问题中,一个数据元素往往具有多个数据项,这些数据项的类型可能相同,也可能不同。例如,一张学生信息表如图 12.1 所示。

no	name	gender	C_Score	Math_Score
000001	Jane	Female	89	88
000002	Eric	Male	90	89
000003	Ben	Male	78	81
000004	Li	Female	86	90

图 12.1 学生信息登记表

图 12.1 的表中,每行是一条学生信息,称之为一个数据元素,每个数据元素由若干个数据项构成,分别是学号(no)、姓名(name)、性别(gender)、C 语言成绩(C_Score)、高等

数学成绩(Math_Score)。其中,前三项为字符串类型,后两门课程成绩为整型。

虽然一个学生信息有 5 个数据项,但不能用一个长度为 5 的一维数组来存放学生信息,因为每个数据项的类型都不同。另外,表中包含的学生信息有多条。因此,为存储图 12.1 所示的数据表,需要解决两个问题:

(1) 如何存放一个数据元素?

(2) 如何存放整个数据表?

为解决这类问题,C 语言给出了一种构造数据类型——结构(structure)类型。

结构类型是一种构造类型,一个结构类型的数据由若干个分量(也称成员)构成。从这一点看,结构类型的数据与数组有些相似。但是数组要求其每个元素具有相同的数据类型,而结构类型数据的每个分量可以是不同的数据类型,这是结构类型与数组的本质区别,也因此决定了结构类型与数组各自适用的场景。

12.2 定义结构类型

结构类型是一种构造数据类型,它通常由若干种其他数据类型构造而成。结构类型的具体构成,取决于问题背景,也就是说,问题中的数据是书籍信息、学生信息或一场比赛信息,其对应的结构类型是不同的。因此,结构类型也称为自定义的数据类型,必须在使用结构类型前先定义它。

C 程序中定义结构类型的一般形式为:

```
struct 结构类型名
{
    数据类型 成员名 1;
    数据类型 成员名 2;
    ……
    数据类型 成员名 n;
};
```

其中,struct 是关键字,用于指明其后定义的是结构数据类型。

定义结构类型时,需要指定以下三个要素:

(1) 结构类型名:必须是一个合法的 C 语言标识符。

(2) 成员名:结构类型中可以包含多个成员,成员名必须是合法的 C 语言标识符。

(3) 成员的数据类型:每个成员的数据类型可以不同,也可以相同。成员的数据类型可以是任何 C 语言的数据类型,包括结构类型。

以下根据图 12.1 所示的学生信息,定义了结构类型 student:

```
struct student
{
    char no[7];
    char name[15];
```

```
    char gender[2];                    //性别用"F"或"M"表示,是长度为 1 的字符串,占 2 字节
    int C_Score;
    int Math_Score;
};                                     //这里括号后面的分号不可缺少
```

上面定义的结构类型名为 student,它包含 5 个成员,前 3 个成员名分别是 no、name、gender,它们都是字符串,后 2 个成员名分别是 C_Score、Math_Score,它们是整型。注意,在结构类型定义末尾的大括号后的分号是不可少的,否则编译时将会报错。

结构类型的成员名可以与程序中其他变量同名,它们互不干扰。但是一般不建议这样做,因为这会使代码难以理解。

如果多个成员的数据类型相同,可以将它们合并在一起定义,例如,将 C_Score 和 Math_Score 合并在一起定义:

```
struct student
{
    char no[7];
    char name[15];
    char gender[2];                    //性别用"F"或"M"表示
    int C_Score, Math_Score;
};
```

一个结构类型的成员也可以是结构类型,例如,图 12.2 的学生数据含有 8 个分量,其中有 3 个分量是学生的出生年、月、日。

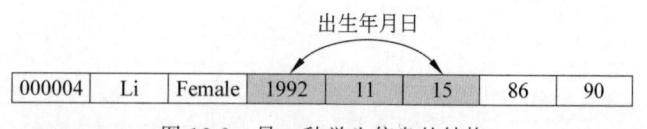

图 12.2　另一种学生信息的结构

对图 12.2 所示的学生信息,可有两种结构类型定义方法,如下所示。

```
struct date                                    struct student
{                                              {
    int year,month,day;                            char no[7];
};                                                 char name[15];
struct student                                     char gender[2];        //性别用"F"或"M"表示
{                                                  int year,month,day;    //出生年月日是整型
    char no[7];                                    int C_Score, Math_Score;
    char name[15];                             };
    char gender[2];        //性别用"F"或"M"表示
    struct date DateofBirth;
                           //生日是结构类型 date
    int C_Score, Math_Score;
};
```

第 12 章 结构类型 **263**

以上左边将出生年、月、日单独定义成结构类型 date,然后用 struct date 定义了结构类型 student 的成员 DateofBirth。右边的定义则是将 year、month、day 三个成员直接放入结构类型 student 中。

单独定义一个结构类型 date 的好处在于:

(1) 可以在定义其他结构类型时重复使用结构类型 date。

(2) 可以令结构类型 student 的定义更加清晰。

在实际问题中,读者应根据具体的数据元素构成及问题需求,来设计结构类型。

12.3 结构变量的定义和初始化

前面定义的 student、date 都是结构类型名,而不是变量名。

在程序运行时,变量名是数据存储空间的代名词,程序代码通过变量名引用对应的存储空间,不能直接对数据类型名进行操作,例如:

```
int=5;              //直接对数据类型名 int 进行赋值操作是不合法的
int x=5;            //声明变量 x 并对其进行赋值操作,是合法的
```

显然,结构类型和结构变量是两个不同的概念。如果说结构类型只是一个框架,那么结构变量才是用于存储数据的实例。编译系统不会为结构类型分配内存空间,只在适当时为结构变量分配存储空间。因此,定义了结构类型后,还需要定义结构变量,才能对变量进行操作。

结构变量有三种定义方法,如表 12.1 所示。

表 12.1 三种定义结构变量的方法

| //方法一:先定义结构类型,再定义
//结构变量
struct date
{
　　int year,month,day;
};
struct student
{
　　char no[7];
　　char name[15];
　　char gender[2];
　　struct date DateofBirth;
　　int C_Score, Math_Score;
};
struct student stu_info; | //方法二:定义结构类型的同时,定
//义结构变量
struct date
{
　　int year,month,day;
};
struct student
{
　　char no[7];
　　char name[15];
　　char gender[2];
　　struct date DateofBirth;
　　int C_Score, Math_Score;
} stu_info; | //方法三:直接定义结构变量
struct date
{
　　int year,month,day;
};
struct
{
　　char no[7];
　　char name[15];
　　char gender[2];
　　struct date DateofBirth;
　　int C_Score, Math_Score;
}stu_info; |

表 12.1 分别用三种方法定义了结构变量 stu_info。其中:

方法一是先定义结构类型 student,再定义变量 stu_info,这也称为间接定义法。注

264　　程序设计基础

意,使用结构类型 student 时,其前面必须有关键字 struct。

　　方法二和方法三也称为直接定义法,它们的区别在于,方法三省去了结构类型名,直接给出了结构变量 stu_info。

　　结构变量 stu_info 具有图 12.2 所示的结构,它在内存中的存储形式如图 12.3 所示(假定 int 型变量占 4 个字节)。我们可以用 sizeof 运算符计算出结构变量所占用的内存大小,其所占内存空间的大小实际上就是所有结构成员所占的内存大小之和。

no	name	gender	birthday			C_Score	Math_Score
000004	Li	F	1992	11	15	86	90
7字节	15字节	2字节	12字节			4字节	4字节

图 12.3　结构变量 stu_info 占用的内存

　　与其他类型的变量一样,结构变量也可以在定义时进行初始化赋值。程序 12.1 是一个定义和初始化结构变量的示例。

【程序 12.1】　定义和初始化结构变量。

```
struct date
{
    int year,month,day;
};
struct student
{
    char no[7];
    char name[15];
    char gender[2];                      //性别用"F"或"M"表示
    struct date DateofBirth;             //生日是结构类型 date
    int C_Score, Math_Score;
};
int main()
{
    struct student stu_info={"000001","Li","F",{1992,11,15},86,90};
    return 0;
}
```

　　程序 12.1 定义并初始化了一个结构变量 stu_info。在初始化时,给出了包含如下 6 个值的值列表:

```
{"000001","Li","F",{1992,11,15},86,90}
```

其中:

"000001"、"Li"、"F"是三个字符串,它们分别对应成员 no、name、gender;

第四个初始值又是一个值列表{1992,11,15},其中含 3 个整数,这个值列表对应成员

DateofBirth。由于 DateofBirth 是结构类型的成员,它包含 year、month、day 三个整型分量,而整数 1992、11、15 就分别是这三个分量的初始值;

第五、六个初始值是整数 86、90,它们分别对应成员 C_Score、Math_Score。根据结构类型 student 的定义,C_Score、Math_Score 都是整型成员,因此其初始值是整数。

在初始化结构变量时,应注意初始值的数据类型必须与结构变量成员的数据类型完全一致。

12.4 结构变量的引用方法

虽然结构变量包含多个分量,但是在使用结构变量时,往往不把它作为一个整体来使用。一般对结构变量的操作,包括赋值、输入、输出、运算等,都是分别对结构变量的成员进行的。

可以使用成员运算符(.)来引用结构变量的成员,其一般形式是:

结构变量名.成员名

例如,对程序 12.1 中的结构变量 stu_info,其成员的引用方法为:

```
stu_info.no                              //学生的学号
stu_info.C_score                         //学生的 C 语言成绩
```

如果成员本身又是结构类型,则必须逐级使用成员运算符,直到获取了最低一级的成员。

例如:

```
stu_info.DateofBirth.year                //学生的出生年
```

在刚接触结构类型时,你可能会对以上结构变量成员的引用方法感到困惑。实际上,对成员 stu_info.DateofBirth.year,只需关注 year 这个位于最低一级的成员的数据类型即可,其前面的"stu_info.DateofBirth.",都是用成员运算符获取 year 的过程。

另外,结构变量的成员本质就是一个普通变量,对它们的运算方法与普通类型的变量完全相同。例如,stu_info.no 是一个字符串,stu_info.DateofBirth.year 是一个整数。

为了理解结构变量引用其成员的过程,可以将结构变量看成是一个大包裹,这个包裹中放着若干物品,也就是若干个成员。这些物品的(数据)类型可能相同,也可能不同,有些物品可能本身又是一个包裹,它其中又放着若干相同或不同的物品。

一般情况下,为了使用这个包裹,必须打开它,取出其每一个物品分别使用,而不能对这个包裹进行整体操作。成员运算符(.)可以用于打开包裹、获取其中的物品,但是如果获取的物品又是一个包裹,则应该继续打开这个小包裹,去取出小包裹中的物品,直至获取到包裹中存放的实际物品为止,这就是使用多级成员运算符的过程。

程序设计基础

对取出的每一个物品的操作方法取决于它的数据类型。

程序 12.2 是一个引用结构变量的示例。

【程序 12.2】 定义和引用结构变量。

```c
#include <stdio.h>
#include <string.h>
struct date
{
    int year,month,day;
};
struct student
{
    char no[7];
    char name[15];
    char gender[2];                          //性别用"F"或"M"表示
    struct date DateofBirth;                 //生日是结构类型 date
    int C_Score, Math_Score;
};
int main()
{
    struct student stu_info;                 //定义一个结构变量
    //从键盘给结构变量 stu_info 的每一个成员赋值
    printf("no:");
    gets(stu_info.no);
    printf("name:");
    gets(stu_info.name);
    printf("gender:");
    gets(stu_info.gender);
    printf("Date of Birth(1985 12 10):");
    scanf("%d%d%d",&stu_info.DateofBirth.year,&stu_info.DateofBirth.month,
            &stu_info.DateofBirth.day);
    printf("C_score & Math_Score(90 90):");
    scanf("%d%d",&stu_info.C_Score,&stu_info.Math_Score);
                                             //语句①:注意取整型成员的地址
    //以下为输出结构变量 stu_info 每一个成员的值
    printf("----------------------------------------------\n");
    printf("%-8s%s",stu_info.no,stu_info.name);
    if(strcmp(stu_info.gender,"F")==0)       //语句②:判断学生的性别
        printf("%7s","Female");
    else printf("%7s","Male");
    printf("%5d,%d,%d",stu_info.DateofBirth.year,stu_info.DateofBirth.
            month,stu_info.DateofBirth.day);
    printf("C_Score=%d, Math_Score=%d",stu_info.C_Score,stu_info.Math_
```

第 12 章　结构类型　267

```
        Score);
    printf("\n----------------------------------------------");
    return 0;
}
```

本程序在 main()函数中定义了一个结构变量 stu_info,首先从键盘给 stu_info 赋值,然后输出其所全部成员的值。

其中,stu_info 的成员 stu_info.no、stu_info.name、stu_info.gender 都是字符串,输入时使用了 gets()函数,输出时采用了格式符%s,例如:

```
    printf("%-8s%s",stu_info.no,stu_info.name);
```

结构变量 stu_info 的其他成员都是整型,输入时应注意,必须在 scanf()函数中指定整型成员的内存地址,这一点与操作普通的整型变量是完全一样的,例如语句①为:

```
    scanf("%d%d",&stu_info.C_Score,&stu_info.Math_Score);
```

注意,运算符 & 的优先级低于成员运算符(.),因此,以上语句等价于:

```
    scanf("%d%d",&(stu_info.C_Score),&(stu_info.Math_Score));
```

本例程序在输出学生的性别时进行了特别的格式控制。如果学生性别为 F,则输出 Female,如果性别为 M,则输出 Male。因此,在语句②处调用字符串处理函数 strcmp(),将 stu_info.gender 与 F 进行了比较,以判断学生的性别。可以看到,这里的比较与一般的字符串操作没有任何区别,因为本质上,stu_info.gender 就是一个字符串。

本例程序的运行结果如图 12.4 所示。

```
no:000001
name:Li
gender:F
Date of Birth(1985 12 10):1992 11 15
C_score & Math_Score(90 90):86 90
--------------------------------------------------
000001  Li Female 1992,11,15 C_Score=86,Math_Score=90
```

图 12.4　程序 12.2 的运行结果

一般情况下,引用结构变量都是分别取其每一个成员进行操作,但是,在实际问题中,也可能需要进行两个结构变量相互赋值的操作。如果两个结构变量的类型相同,可以用赋值运算符对它们相互赋值,程序 12.3 示例了这种用法。

【程序 12.3】　结构变量相互赋值操作。

```
struct date
{
    int year,month,day;
```

```
};
int main()
{
    struct date d1,d2;
    scanf("%d%d%d",&d1.year,&d1.month,&d1.day);
    d2=d1;                          //语句①:将结构变量 d1 赋给结构变量 d2
    printf("%d,%d,%d",d2.year,d2.month,d2.day);
    return 0;
}
```

本程序中定义了结构类型 date,并定义了两个结构变量 d1 和 d2,从键盘输入结构变量 d1 的每一个成员的值。在语句①处给变量 d2 赋值,这里使用赋值运算符,将 d1 赋给 d2,这种操作是合法的,前提是 d1 和 d2 必须是相同类型的结构变量。

12.5　使用 typedef 为已有类型定义别名

C 语言不仅提供了丰富的数据类型,而且还允许由用户自己定义类型声明符,也就是说,允许用户为数据类型取别名。实现该操作需要使用类型定义符 typedef。

例如,int 是整型变量的类型声明符。由于整数的完整写法为 integer,为了增加程序的可读性,可以用 typedef 将 int 定义为 INTEGER,方法为:

```
typedef int INTEGER;
```

其后,就可用 INTEGER 来代替 int 作为整型变量的类型声明了。例如,以下左右两边的定义是等价的:

```
typedef int INTEGER;          |     int a,b;
INTEGER a,b;                   |
```

对结构类型,也可以用 typedef 为其定义别名。
例如:

```
typedef struct date
{
    int year,month,day;
}DATE;
```

上述代码定义了结构类型 date,并用 typedef 为结构 date 定义了别名 DATE,接着就可以用 DATE 来定义结构类型的变量了。以下两种定义是完全等价的:

```
DATE DateofBirth;
struct date DateofBirth;
```

用 typedef 定义别名,可以令程序更简洁,增加程序的可读性。

12.6 结构数组

用结构变量可以存储单个具有复杂结构的数据元素,但在实际问题中,数据往往是成组出现的,例如一个人的联络方式是一个数据元素,但程序往往需要处理一个电话号码簿;一个学生的信息是一个数据元素,但程序往往需要处理一个学生数据表。

这里一个人的联络方式和一个学生的信息都可以是一个结构变量,那么,如何存储由多个结构变量构成的数据集呢?

C 程序中可以定义结构数组,用于存储由多个结构变量所构成的数据集。

定义结构数组的方法与定义结构变量相似,首先定义结构类型,然后声明这种结构类型的数组。例如,以下定义了结构类型 info,用 typedef 为其起别名为 ADDRESSLIST,接着用 ADDRESSLIST 定义了结构数组 addresslist:

```
typedef struct info
{
    char no[7];
    char name[15];
    char mobileNumber[12];
    char E_mail[30];
}ADDRESSLIST;
ADDRESSLIST addresslist[200];                  //定义结构数组 addresslist
```

结构数组 addresslist 的长度为 200,可存放最多 200 个联系人的通讯录信息。addresslist 的元素为 addresslist[0]~addresslist[199],每一个元素都是一个 ADDRESSLIST 类型的结构变量。

可以对结构数组进行初始化赋值,例如:

```
typedef struct stu
{
    char no[4];
    char * name;
    int score;
}STUDENT;
STUDENT students[4]={{"001","LiMing",85},
                     {"002","ZhangXi",78},
                     {"003","HanYe",93},
                     {"004","WanFang",87}};
```

以上语句定义了结构类型 STUDENT,然后定义了结构数组 students,并对其进行了初始化。

结构数组的初始化与一般数组一样,将多个初始值放在一个值列表中,每个初始值之间用逗号分开。由于结构数组的每个元素是结构类型的,因此每个初始值本身又是一个值列表。例如:

```
{"001","LiMing",85}
```

以上值列表与结构数组元素 stduent[0]对应,值列表中每个初始值对应 stduent[0]的一个成员。其中:

```
"001" 对应成员 no
"LiMing" 对应成员 name
85 对应成员 score
```

注意,初始值的数据类型必须与其对应的成员类型完全一致。例如,成员 name 的数据类型是 char *,在初始化时,students[0].name 对应的初始值为"LiMing",但这里并不是把字符串"LiMing"整个赋给 students[0].name,而是将"LiMing"这个字符串常量的首地址赋给 students[0].name。

程序 12.4 是一个使用结构数组的例子。该程序从一组学生信息中找出成绩最高分和最低分的学生,输出其信息(假定最高分和最低分是唯一的)。

【程序 12.4】 输出最高分和最低分的学生信息。

```c
#include <stdio.h>
#define LEN 5
typedef struct stu
{
    char no[4];
    char * name;
    int score;
}STUDENT;
int main()
{
    STUDENT students[LEN]={
                {"001","LiMing",85},
                {"002","ZhangXi",78},
                {"003","HanYe",93},
                {"004","WanFang",67},
                {"005","HeJing",87}};
    int i,max=students[0].score,min=students[0].score,maxpos=0,minpos=0;
    for(i=1;i<LEN;i++)                          //语句①
    {
        if(max<students[i].score)
        {
            max=students[i].score;    maxpos=i;
```

第 12 章　结构类型

```
    }
    if(min>students[i].score)
    {
        min=students[i].score;    minpos=i;
    }
}
printf("max:%s,%s,%d\n",students[maxpos].no,students[maxpos].name,
    students[maxpos].score);            //语句②
printf("min:%s,%s,%d",students[minpos].no,students[minpos].name,
    students[minpos].score);            //语句③
return 0;
}
```

本例程序定义了一个长度为 5 的结构数组 students,对其进行了初始化赋值。初始化之后,students 中的每个元素、每个元素的成员的关系如图 12.5 所示。

图 12.5　结构数组 students 和它的元素、元素的成员的关系

其中,数组元素 students[i]是一个结构变量,其成员 students[i].no 是字符数组,students[i].score 是一个整数,students[i].name 是 char *,用于存放字符串的首地址。

例如,图 12.5 中,students[0].no 中存放着字符串"001",students[0].score 中存放着整数 85,students[0].name 中存放着内存地址 0x0056,它是字符串"LiMing"在内存中的首地址。

程序 12.4 在语句①处构建了 for 循环结构,逐个访问数组元素 students[i]。用 students[i].score 分别与变量 max 和 min 的值比较,找到最高分和最低分,同时分别用 maxpos 和 minpos 记录最高分和最低分的元素下标。当 for 循环结束后,students[maxpos]和 students[minpos]分别是具有最高分和最低分的学生,最后在语句②和语句③处分别输出最高分和最低分的学生信息。

从本例程序可见,引用结构数组元素的方法非常简单,与引用普通数组元素的方法完全一样,每个元素就是用如下的下标法来引用:

```
students[i]
```

但是,与普通数组不同的是,students[i]不是一个简单类型的变量,它是一个"包裹"。通常,拿到这个"包裹"并不是整体使用,而是通过成员运算符来解开包裹,取出其中的每个分量分别进行处理。

272　程序设计基础

12.7　结　构　指　针

在程序运行时,结构变量也有其内存地址,要获得结构变量的地址,就需要使用结构类型的指针变量。结构指针变量用于记录结构变量的内存地址。

以下在不引起混淆的前提下,也将结构指针变量称为结构指针。

声明结构指针的方式与声明其他类型的指针变量相同。例如,在程序 12.4 中定义了结构类型 STUDENT,我们可以用如下方式定义一个 STUDENT 类型的结构指针:

```
STUDENT * pstu;
```

或者另一种等价定义形式:

```
struct stu * pstu;
```

我们可以把一个结构变量的地址赋给结构指针,令结构指针指向该结构变量,例如:

```
STUDENT student;
STUDENT * pstu=NULL;
pstu=&student;
```

也可以写成另一种等价形式:

```
STUDENT student;
STUDENT * pstu=&student;
```

与前面讨论的各类指针变量相同,结构指针变量也必须先赋值后才能使用,在没有赋值的情况下,通常应该将结构指针初始化为 NULL。

有了结构指针,就可以有更多方式访问结构变量。用结构指针访问结构变量的方法有两种。

1. 结构指针的间址运算(*)

这种访问的一般形式是:

```
(*结构指针变量).成员名
```

例如,对前面定义的结构指针变量 pstu,可进行以下操作:

```
(*pstu).num
```

该表达式先用间址运算符(*)取结构指针 pstu 所指向的结构变量,然后再用成员运算符取(*pstu)这个结构变量的成员 num。注意(*pstu)两侧的括号不可少,因为成员

运算符(.)的优先级高于间址运算符(＊),如果去掉括号,则成为以下表达式:

```
＊pstu.no
```

它等价于:

```
＊(pstu.no)
```

而 pstu.no 是不合法的,因为不能对结构指针 pstu 执行成员运算符(.)的操作。

2. 结构指针的指向运算(->)

成员指针运算符(->)也称为指向运算符。用指向运算符来访问结构变量成员的方法为:

```
结构指针->成员名
```

例如,对前面定义的结构指针变量 pstu,可进行以下操作:

```
pstu->no
```

该表达式表示取指针变量 pstu 所指向的 no 成员,进一步说,表达式 pstu->no 其实就是一个字符串。

程序 12.5 表明了结构指针的定义和操作方法。

【**程序 12.5**】 结构指针的定义和操作方法。

```c
#include <stdio.h>
typedef struct stu
{
    char no[4];
    char * name;
    int score;
}STUDENT;
int main()
{
    STUDENT student={"001","LiMing",85};
    STUDENT * pstu=NULL;          //定义结构指针变量
    pstu=&student;                //语句①:令指针变量 pstu 指向结构变量 student
    puts((* pstu).no);            //语句②
    puts(pstu->name);             //语句③
    printf("%d",pstu->score);     //语句④
    return 0;
}
```

本例程序在 main()函数中定义了一个 STUDENT 类型的结构变量 student,并对其

进行了初始化,还定义了一个 STUDENT 类型的结构指
针变量 pstu。在语句①处将 pstu 赋值为 &student,此时
pstu 和 student 在内存中的存储如图 12.6 所示。

由于 pstu 保存了 student 的内存地址,我们说 pstu
指向了结构变量 student,也就是说,变量 pstu 指向的地
方有三个分量,分别是 pstu->no、pstu->name、pstu->
score,这些分量还有其他一些等价表述形式,如下所示。

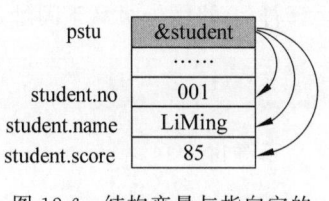

图 12.6 结构变量与指向它的
结构指针的关系

```
pstu->no 等价于 student.no,(*pstu).no,(&student)->no
pstu->name 等价于 student.name,(*pstu).name,(&student)->name
pstu->score 等价于 student.score,(*pstu).score,(&student)->score
```

程序 12.5 的语句②~语句④分别用三种不同的方法输出 student 各成员的值:

```
puts((*pstu).no);
puts(pstu->name);
printf("%d",pstu->score);
```

可以用前述等价的表达式来引用结构变量 student 的成员。一般来说,使用-> 运算
符可以使程序更简洁。

12.8　结构数组与指针

结构数组既可以用下标法来访问,也可以用结构指针变量来访问。例如,根据程序
12.5 中定义的结构类型 STUDENT,可以定义以下结构数组和结构指针:

```
STUDENT students[40];
STUDENT * p=students;
```

这里定义了一个长度为 40 的结构数组 students,它可以存放 40 个 STUDENT 类型
的数据,另外还定义了一个结构指针变量 p。将数组 students 的首地址赋给 p,令指针 p
指向数组 students 的第一个元素。

用结构指针变量访问结构数组的方法与普通数组的情况是一样的,程序 12.6 是一个
用结构指针访问结构数组的例子。该程序输入 40 个学生的信息,计算并输出学生成绩的
平均分。

【程序 12.6】　用结构指针访问结构数组。

```
#include <stdio.h>
#define LEN 40
typedef struct stu
```

第 12 章　结构类型　　275

```c
{
    char no[4];
    char name[13];
    int score;
}STUDENT;
int main()
{
    STUDENT students[LEN];
    STUDENT *p=students;              //语句①:令指针变量p指向结构数组students
    int i;
    float sum=0.0;
    for(i=0;i<LEN;i++)               //语句②
    {
        fflush(stdin);
        gets((p+i)->no);
        fflush(stdin);
        gets((p+i)->name);
        fflush(stdin);
        scanf("%d",&((p+i)->score)); //语句④
        sum+=(p+i)->score;           //语句③:累加分数
    }
    printf("average=%0.2f",sum/LEN);
    return 0;
}
```

本例程序定义了一个结构数组 students,还定义了一个结构指针 p,用于访问数组 students。程序在语句②处用一个 for 循环结构,控制往结构数组 students 中输入 LEN 个学生信息。在语句③处,对(p+i)->score 进行累加求和。

从本例程序可见,用结构指针访问结构数组的方法,与普通数组没有任何区别,在程序中仍然是通过循环结构,逐个访问结构数组的每一个元素。只不过结构数组的每一个元素并不是一个简单变量,而是由多个成员所构成的结构变量,因此,需要进一步对数组元素的每一个成员分别进行操作。

在本例程序中,对结构数组 students 元素的访问是通过结构指针 p 进行的,主要相关代码如下:

```c
gets((p+i)->no);
gets((p+i)->name);
scanf("%d",&((p+i)->score));
```

上述语句都是使用指向运算符(->)来获取结构指针(p+i)所指向的成员的。

由于使用了->运算符等更多的运算符,程序中的表达式更加复杂多样。程序 12.6 的主要变量和表达式的数据类型如表 12.2 所示。

程序设计基础

表 12.2　程序 12.6 中的主要变量和表达式的数据类型

主要变量和表达式	数据类型
p,p+i,students	STUDENT *
(p+i)->no,(p+i)->name	char *
(p+i)->score,sum	int

这里要特别注意区分每一个变量、表达式的数据类型,尤其是结构成员的数据类型,只有这样才能正确操作这些数据。例如,由于(p+i)->score 是整型的,因此在语句④处输入其值时,必须在 scanf()函数中指定(p+i)->score 的内存地址,即如以下语句中的粗体部分所示:

```
scanf("%d",&((p+i)->score));            //语句④
```

12.9　案　例　研　究

【例 12.1】　再探密码问题。

在前面的例 9.1 中,我们模拟了一个"输入用户名和密码进行系统登录"的案例。在登录时,要求输入用户名和密码,当输入正确的密码时提示登录成功,其中,用户名和密码都是字符串。

由于系统有多个用户,在例 9.1 中建立了两个表,一个是用户名表,一个是密码表。登录时,首先根据输入的用户名,查询用户名表,找到用户在该表中的位置 i,再去密码表的 i 位置读取密码,进行匹配和判断。

事实上,也可以把用户名表、密码表合成一个表,在某些情况下,这种存储方式可能更便于对数据进行操作。

本问题的要求是:已知系统的若干个(不超过 1000 个)用户名及每个用户的登录密码,设计一个登录程序。要求登录者输入用户名和密码,如果密码正确,提示"Login successful!";如果输入密码错误,可重新输入,但如果连续三次输入密码错误,则输出"Login failed!"后退出程序。在本问题中,假定登录者输入的用户名肯定是正确的,且用户名和密码都是长度不超过 16 位的字符串。

1. 问题分析

根据问题要求,如果分别维护用户名表(users)、密码表(passwords),其操作比较烦琐。这里将二者整合成一个表 USERS,如图 12.7 所示。

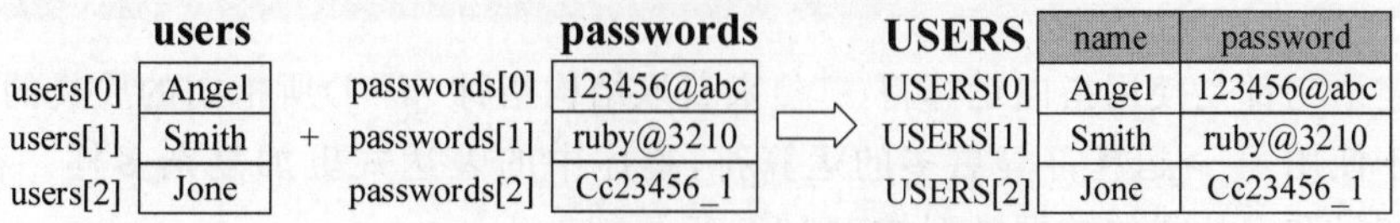

图 12.7　将两个字符串表整合成一个结构数组进行存储

第 12 章 结构类型 **277**

如图 12.7 所示,USERS 表中包含多个用户信息,每个用户信息有 name、password 两个分量。可以用一个结构数组来存储 USERS 表,为此,定义数组元素的结构类型如下:

```
typedef struct u
{
    char name[17];
    char password[17];
}USER;
```

用 USER 定义结构数组如下:

```
#define MAXSIZE 1000
USER USERS[MAXSIZE];
```

这里设计的用户数不超过 1000 个,实际可在程序中指定用户数。对 USER 表的数据,以键盘输入的方式进行初始化。

在模拟登录时,还需要输入一个登录用户名和登录密码,它们分别是一个字符串。因此,对本问题的数据描述为:

输入数据:用 USERS 标识用户表,它是一个 USER 类型的结构数组,可以存放不超过 1000 个用户的信息。数组 USERS 采用键盘输入的方式赋值。

用 user 标识当前输入的登录用户名,它是一个长度为 17 的一维字符数组。

用 password 标识当前输入的登录密码,它是一个长度为 17 的一维字符数组。

数组 user 和 password 需要在程序运行时输入。

输出数据:输出字符串"Login successful!"或"Login failed!"。

其他辅助标识符:用 pos 标识算法中需要的循环变量,用 counter 来标识用户输入密码的次数,它们都是整型变量。

2. 算法设计

根据问题需求,本例的概要算法如图 12.8(a)所示,登录的流程如图 12.8(b)所示,对 12.8(b)的校验密码操作如图 12.8(c)所示。

3. 编程实现

【程序 12.7】 还是密码问题。

```
/********************************************************
   Program12.7:还是密码问题
   written by Sky.
   12/10/2020. Copyright 2020
 ********************************************************/
#include <stdio.h>
#include <string.h>
#define MAXSIZE 1000
typedef struct u                          //定义用户结构类型
```

程序设计基础

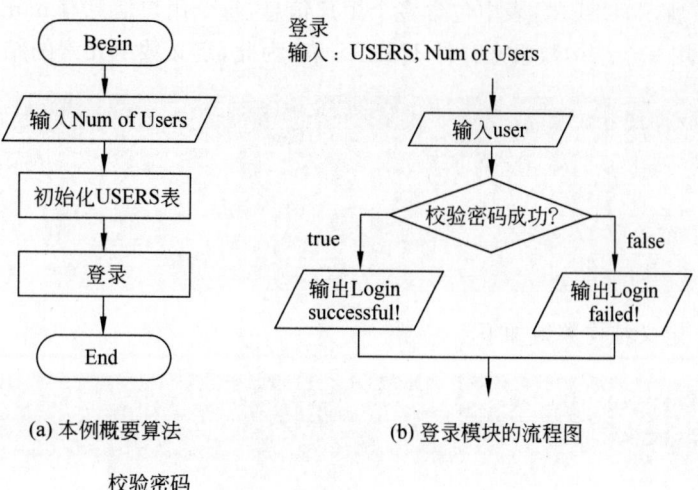

(a) 本例概要算法　　　　　　　　　(b) 登录模块的流程图

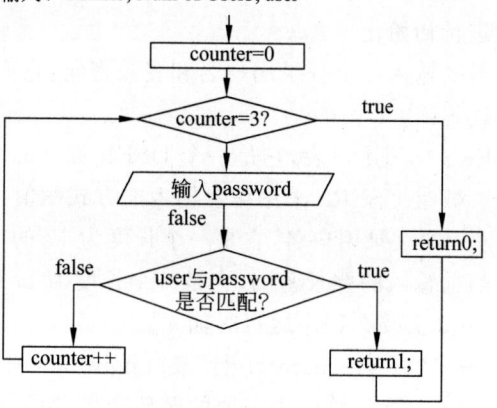

(c) 校验密码模块的流程图

图 12.8　密码问题算法

```
{
    char name[17];
    char password[17];
}USER;
//初始化 USERS 表模块
void initUser(USER * USERS,int NumofUsers)
{
    int i=0;
    while(i<NumofUsers)
    {
        printf("Name:");
        fflush(stdin);
        gets((USERS+i)->name);          //语句①:初始化 name 成员
        printf("Password:");
        fflush(stdin);
```

```
        gets((USERS+i)->password);
        i++;
    }
}
//校验密码功能模块
int checkPassword(USER * USERS,int NumofUsers,char * user)
{
    char password[17];
    int counter=0,pos;
    while(counter<3)
    {
        printf("Password:");
        gets(password);
        for(pos=0;pos<NumofUsers;pos++)
        if(strcmp(user,(USERS+pos)->name)==0&&strcmp(password,(USERS+pos)
            ->password)==0)
        //语句②
                return 1;                    //用户名与密码匹配成功,返回 1
        counter++;
    }
    return 0;                                 //用户名与密码匹配失败,返回 0
}
//登录模块
void login(USER * USERS,int NumofUsers)
{
    char user[17];
    printf("\nLogin name:");
    gets(user);                              //输入用户名
    if(checkPassword(USERS,NumofUsers,user))  //密码校验
        printf("\nLogin successful!");
    else printf("\nLogin failed!");
}
//主函数
int main()
{
    USER USERS[MAXSIZE];
    int NumofUsers;
    printf("Please input the number of users:");
    scanf("%d",&NumofUsers);                 //输入用户数
    initUser(USERS,NumofUsers);              //初始化 USERS 表
    login(USERS,NumofUsers);                 //登录功能
    return 0;
}
```

4. 测试

运行程序 12.7，一组能成功登录的测试结果如下：

```
Please input the number of users:3
Name:Angel
Password:123456@abc
Name:Smith
Password:ruby@3210
Name:Jone
Password:Cc23456_1

Login name:Smith
Password:123456@abc
Password:Cc23456_1
Password:ruby@3210

Login successful!
```

5. 案例小结

本例利用了结构数组来模拟一个应用系统的登录过程。这里从以下方面来回顾和总结本例问题。

（1）定义结构类型来存放较为复杂的数据。

由于每一个用户信息包含用户名、密码两部分，因此将每一个用户信息定义为结构类型 USER，在 main()函数中，用 USER 定义了结构数组 USERS，用于存放所有用户的用户名和密码。

（2）用指针在模块之间共享数据集。

本例程序中，结构数组 USERS 是 main()函数的局部变量，由于初始化函数、登录函数、密码校验函数都需要访问 USERS 数组，因此，main()函数将 USERS 分别传递给上述三个函数，而这三个函数则通过结构类型的指针来接收 USERS 的内存地址，它们的原型如下：

```
void initUser(USER * USERS,int NumofUsers);
void login(USER * USERS,int NumofUsers);
int checkPassword(USER * USERS,int NumofUsers,char * user);
```

可见，在函数之间传递结构数组，与传递普通数组的方法一样，都是以指针为参数，共享数组的首地址。唯一不同之处在于，函数获得了结构指针后，还需要通过指向运算符（或成员运算符）进一步取指针指向的成员，并最终对成员进行操作。

例如，程序语句①、语句②处粗体显示的表达式，都是通过结构指针取其指向的成员进行操作：

第 12 章 结构类型 **281**

```
gets((USERS+i)->name);                              //语句①
if(strcmp(user,(USERS + pos) - > name) == 0&&strcmp(password, (USERS + pos) ->
    password)==0)                                   //语句②
```

（3）准确把握和操作复杂数据类型中"包裹"的数据。

初学者会感到结构类型、结构数组等不容易把握，其中一个重要原因，是因为没有透过结构类型、结构数组这层外壳，抓住其内部包裹的数据。其实，只要能用成员运算符、指向运算符，从结构变量中取出每一个分量，并准确地知道这些分量的数据类型，那么进一步的编码，采用的其实是本章以前的技术和方法。

例如，在以上语句②中，表达式(USERS+pos)->name 是一个字符串，因此，判断其与 user 是否相等，可以使用如下表达式：

```
strcmp(user,(USERS+pos)->name)
```

注意，如果写成如下表达式，将引发编译错误，请分析这个错误的原因。

```
if(user== (USERS+pos)->name)         //错误的表达式
```

12.10 本 章 小 结

本章介绍了 C 语言的结构类型，包括结构类型的定义、结构变量的定义和引用方法、结构数组的定义和操作方法、结构指针及其操作方法等。

初学者往往觉得结构类型难以掌握，尤其是将结构数组、结构指针结合使用后，很容易出现对数据操作不当的问题（注意，并不是程序逻辑的问题）。建议你阅读本章时，注意从宏观的角度去把握要操作的基本数据项与其外部包裹的关系。例如，一个人名在一个结构变量中，一个结构变量在一个结构数组中等。

在解题时，要根据基本数据项与其外部包裹的关系，确定一种获取基本数据项的方法，例如，通过成员运算符，或者是多级成员运算符取得基本数据项，那么接下去对基本数据项的操作，就是操作普通变量了。

12.11 习   题

1. 编写程序，将下列数据结构体变量，并将它们输出。

姓　　名	年　　龄	月　　薪
李明	25	2500

程序设计基础

续表

姓　　名	年　　龄	月　　薪
王利	22	2300
赵勇	30	3000

2. 有 5 个学生，每个学生的数据包括学号、姓名和三门课的成绩，定义结构体类型存储这些学生信息。从键盘输入 5 个学生的相关数据，要求输出这三门课的总平均成绩，以及最高分的学生的数据（包括学号、姓名、三门课的成绩、三门课的平均分）。

3. 定义结构体类型，记录股票信息，包括股票名称、每股预估收益、预估的股价收益比。编写程序，提示用户输入 5 只不同的股票信息，程序根据输入的每股预估收益和预估的股价收益比，计算并显示预期的股票价格。例如，如果输入的股票信息为：

XYZ 1.56 12

则 XYZ 股票的每股预期价格是 $1.56 \times 12 = 18.72$ 元，程序的输出形式如下：

XYZ 18.72
PQ 28.65

4. 编写程序，接收输入的时间，程序计算并显示一分钟后的时间。输入的时间格式为：18 09，表示时间为 18：09，程序应输出：18 10。

5. 定义一个结构体数组，用于保存一个码头中已经停靠的小船数据，小船数据包括名称、小船行驶证号、小船长度、当前停靠的码头号。输入 5 条已经停靠的小船数据，然后输出这些小船数据。

6. 定义一个雇员信息的结构体数组。一个雇员信息包括识别号（整型）、姓名（长度不超过 20 个字符）、工资率（浮点型）、已工作小时数（浮点型）。输入以下数据到结构体数组中，计算每个雇员的总工资（总工资＝工资率×已工作小时数），然后输出每个雇员的识别号、姓名和总工资的工资报表。

识　别　号	姓　　名	工　资　率	已工作小时数
3462	Jones	4.62	40.0
6793	Robbins	5.83	38.5
6985	Smith	5.22	45.5
7834	Swain	6.89	40.4
8867	Timmins	6.43	35.5
9002	Williams	4.75	42.0

下 篇

应用及相关主题

第13章

数据的组织及应用

本章导读

在前面两篇共 12 章中,我们已分别介绍了 C 语言的基本语法、程序的控制结构,还介绍了 C 语言的数据类型,包括简单数据类型,以及数组、指针、结构等复杂数据类型。

显然,掌握前述方法和技术,只是为了让我们能够拥有一个 C 程序设计的工具箱。在实际问题中,我们需要打开工具箱,选用合适的技术来解决问题,才是我们学习的目的。

本章将讨论一些典型的应用,包括操作顺序表、链表,以及贪心算法、回溯法等经典算法。通过这些应用,使读者能更擅于选择和使用自己工具箱中的工具,从而尽快地从专注于使用工具,转为专注于解题,正如工匠在用螺丝刀拧紧一颗螺丝时,需要更专注于"怎样使桌子结构更稳固"的问题,而不仅是"如何转动螺丝刀"的问题一样。

本章主要内容

- 顺序表及其基本操作。
- 链表及其基本操作。
- 贪心算法。
- 回溯算法。

13.1 顺 序 表

如果将一个数据集中的若干元素,依次存放在计算机内存的一段连续的内存单元中,这样的存储方式称为顺序存储,而内存中的这个数据表则称为顺序表。C 语言中的数组就是顺序存储方式。下面通过案例,来进一步理解顺序存储的特点及其适用场景。

13.1.1 顺序表的操作案例

【例 13.1】 顺序表的动态操作问题。

在实际问题中,往数据集中添加元素的操作十分常见,这类操作将引起原始数据集的改变,因此是一种动态操作。例如,将一本图书插入到书架上的若干本图书中,或者一个人站到一个已经按身高排好序的队伍中(图 13.1),并保持队伍按身高的有序性,后者也可用于直接插入排序问题[①]。

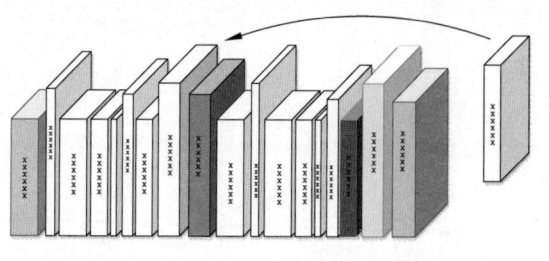

图 13.1　向数据集中插入新的元素

本问题的要求是：在有一个连续存放的数据集中有若干个整数,它们已经按从小到大的顺序排好序。现在输入一个整数值,将该值插入到数据集中的某一个位置,令数据集保持其有序性,最后输出数据集的所有元素值。

假设数据集存放的整数最多为 N(1≤N≤100)个。

1. 问题分析

根据问题的要求,需要处理的是一个有若干个元素的数据集,每个元素都是整数,这些整数是连续存放的。我们用一个一维数组来存储这些整数,数组的长度为 N。对本问题的数据描述为：

输入数据：

(1) 用 data 标识数据集,它是一个长度为 N(1≤N≤100)的数组,用初始化的方法为 data 赋值,赋值时令其初始递增有序。

(2) 用 len 标识 data 中初始元素的个数。

(3) 用 element 标识待添加的元素,它的值从键盘输入。

定义函数如下：

```
int Insertdata(int * data,int * len,int element);
```

函数功能：向具有 len 个元素的数组 data 中添加一个元素 element。

形参 int * data：数组 data 的首地址。

形参 int * len：元素个数的地址,用于返回添加元素后数组的长度。

形参 int element：被添加的元素。

函数返回值：添加成功返回 1,添加失败返回 0。

2. 算法设计

往数组 data 中添加元素时,首先应考虑现有元素个数 len 是否已经达到 N,如果已经

---

① 直接插入排序是一种简单排序算法,该算法的策略简述为：每次将一个待排序的数据插入到已经排好序的数据集的适当位置,并保持数据集的有序性,直到全部数据插入完成为止。

第 13 章　数据的组织及应用　287

有 N 个元素,则不能执行添加操作,此时算法返回值 0。

如果可以插入新的元素,则添加过程如图 13.2 所示。

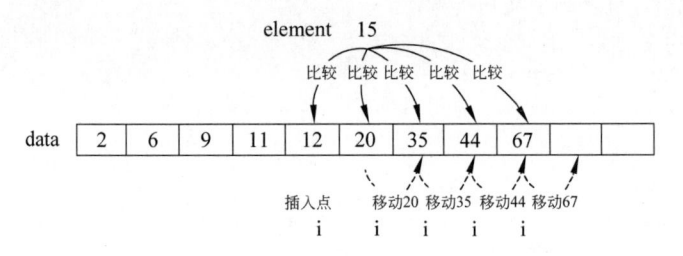

图 13.2　向有序数组中插入一个元素的示意图

假设 element 为 15,为将其插入数组 data 中,可从 data 的尾部起进行逐个元素比较。其操作为:

(1) 令下标 i 位于数组的尾部;

(2) 比较 15 和 data[i](67),由于 15 小于 67,因此将 67 向后移动一位,然后令 i 减 1;

(3) 比较 15 和 data[i](44),由于 15 小于 44,因此将 44 向后移动一位,然后令 i 减 1;

(4) 比较 15 和 data[i](35),由于 15 小于 35,因此将 35 向后移动一位,然后令 i 减 1;

(5) 比较 15 和 data[i](20),由于 15 小于 20,因此将 20 向后移动一位,然后令 i 减 1;

(6) 比较 15 和 data[i](12),由于 15 大于 12,因此停止比较;

(7) 将 15 写入 data[i+1]中,添加完成。

注意,最后还需要将数组元素个数 len 的值增 1。

根据以上分析,插入算法描述为:

算法　有序顺序表的添加算法
输入:数组 $data$,数组元素个数 $\&len$,待插入的整数 $element$
输出:添加成功为 1,否则为 0

1: **function** Insertdata($data$, $\&len$, $element$)
2:　　**if** $*len$ == N **then**
3:　　　　**return** 0
4:　　**end if**
5:　　$i \leftarrow *len - 1$
6:　　**while** $i >= 0$ and $element < data[i]$ **do**
7:　　　　$data[i+1] \leftarrow data[i]$
8:　　　　$i \leftarrow i - 1$
9:　　**end while**
10:　　$data[i+1] \leftarrow element$
11:　　$*len \leftarrow *len + 1$
12:　　**return** 1
13: **end function**

---

3. 编程实现

【程序 13.1】　往有序的顺序表中添加元素。

```
/**********************************************************
  Program13.1:往顺序表中插入元素
  written by Sky.
  12/10/2020. Copyright 2020
**********************************************************/
#include <stdio.h>
#define N 100
int Insertdata(int * data,int * len,int element)          //插入元素函数
{
    int i;
    if(* len==N)
        return 0;
    i=* len-1;
    while(i>=0 && element<data[i])                          //比较和移动元素
    {
        data[i+1]=data[i];
        i=i-1;
    }
    data[i+1]=element;
    * len = * len +1;
    return 1;
}
void init(int * data,int len)                              //初始化数组 data 的元素
{
    int i;
    printf("请输入%d个有序的整数:",len);
    for(i=0;i<len;i++)
        scanf("%d",&data[i]);
}
void prn(int * data,int len)                               //输出数组 data 的元素
{
    int i;
    for(i=0;i<len;i++)
        printf("%d ",data[i]);
}
int main()
{
    int data[N];
    int len=0, element, i;
    printf("请输入元素个数:");
    scanf("%d",&len);
    init(data,len);
    printf("请输入一个待插入的整数:");
```

第 13 章 数据的组织及应用 289

```c
    scanf("%d",&element);
    if(Insertdata(data,&len,element))          //如果添加元素操作成功
        prn(data,len);
    else printf("表满,不能添加元素");
    return 0;
}
```

4. 测试

本例要求输入的数据是若干个有序的整型数据,设计测试数据时,应包含正序、倒序,以及数据元素非递增和非递减的情况等。参考测试数据(假设初始表中有 10 个元素)如表 13.1 所示。

表 13.1　程序 13.1 的测试数据表

测 试 组 数	测 试 数 据	插 入 数 据	数据设计策略
1	2 6 9 11 12 20 35 44 67 88	15	数据正序
2	88 67 44 35 20 12 11 9 6 2	15	数据倒序
3	2 6 9 11 12 12 35 44 67 88	15	数据正序且含相同元素
4	88 67 44 35 12 12 11 9 6 2	15	数据倒序且含相同元素
5	2 6 9 11 12 15 35 44 67 88	15	数据正序且含添加的元素
6	88 67 44 35 15 12 11 9 6 2	15	数据倒序且含添加的元素
7	2 6 9 11 12 15 35 44 67 88	0	添加到表的头部
8	2 6 9 11 12 15 35 44 67 88	90	添加到表的尾部

注意,还应该测试当 len 等于 N 时无法添加元素的情况。

5. 案例小结

对本例问题的解法总结如下。

(1) 数据存储方面:本问题中,原始数据集 data 是连续排列的、有序的数据集,因此本例采用了数组来存放数据集,利用数组元素在内存中连续存放的特点,来体现原始数据连续排列的特征。

(2) 算法策略方面:为了将 element 添加到 data 的特定位置中,本例采用了从 data 的尾部开始比较的方法,一边比较一边进行元素的移动,这一策略不是唯一的。你也可以从 data 的头部开始,先找到添加元素的位置 i,再从 data 的尾部开始逐个元素向后移动,最后将 element 放到 data[i]处。

(3) 算法性能方面:为了添加 element,可能需要移动大量的元素。所谓移动,本质就是数组元素的赋值,其操作如下。

```c
data[i+1]=data[i];
```

可见移动一次元素,需要访问内存两次,分别是读取 data[i]和写入 data[i+1],是比较耗时的。尤其是当数据集较大时,需要移动的次数可能不止一次,而是若干次,因此,本问题最大的时间开销在于需要若干次地移动数组元素。

分析这一时间开销的原因,是因为数组元素在内存中是连续存放的,当需要在其任意位置 i 处添加一个元素时,为避免 data[i]的值被覆盖,必须将从 data[i]开始,直至数组末尾的每一个元素,依次向后复制一次。这一操作的最坏情况是,将 element 添加在 data 的最前面,即 data[0]处,这将导致 data 中的全部元素都依次向后移动一次。

由此可见,在实际应用中,用数组来存储数据,十分便于取用元素,但由于数组元素在内存中连续存放,因此,当需要向数组中添加元素时,可能引起大量数据元素在内存中的移动。同样,我们可以设想,如果需要从数组中删除一个元素,也可能引起大量数据元素的移动。因此,对数组这种顺序存储的数据表,其动态操作的效率较低。

【例 13.2】 顺序表的静态操作问题。

查找是在大量的信息中寻找指定的元素。在计算机的应用中,查找是一种十分常见的基本运算,例如,在通讯录中找到指定的联系人,在海量的科技文献中查找包含"计算机"的文献等。一般,查找不会引起原始数据集的变化,因此是一种静态操作。现有的查找策略很多,包括顺序查找、二分查找、树表查找、散列查找等,它们适用的场景不同,查找效率也各有差异。

查找可分为按主关键字查找和按次关键字查找。主关键字是指能够唯一标识数据元素的关键字,例如,某人的身份证号码是其主关键字。相对地,次关键字是指不一定能唯一标识元素的关键字,例如,人的姓名是次关键字,因为人名有可能重复。

按主关键字查找和按次关键字查找的策略是不同的。如果按主关键字查找,则只要找到指定元素就可以停止查找。如果按次关键字查找,则必须把整个数据表扫描完,才能结束查找。

本问题的要求是:一个数据集中有若干个学生信息,每个学生信息中记录着学号和一门课的成绩。数据集已经按分数递增顺序排列好,形如:

	学生 1	学生 2	学生 3	学生 4	学生 5	学生 6	学生 7	学生 8	学生 9	学生 10
学号	130101	130105	130104	130103	130102	130108	130110	130109	130116	130107
分数	95	88	80	78	76	74	72	71	69	65

现在要求查找并输出指定分数的学生的学号。例如,查找分数为 78 分的学生,输出其学号为 130103。本问题中,假设学生人数不超过 100 人,且分数是主关键字,也就是说,每个学生的分数都是不同的。

1. 问题分析

根据问题要求,需要处理的是一含有若干个元素的学生数据集,每个学生包含其学号和分数,我们用一个一维结构数组来存储这些学生的信息。对本问题的数据描述为:

输入数据:

(1) 用 students 标识数据集,它是一个长度为 100 的结构数组,从键盘给 students 赋值,输入应该保证其分数递增有序,且分数各不相同。

(2) 用 len 标识 students 中的元素个数。

(3) 用 ascore 标识待查找的分数,它的值从键盘输入。

输出数据:学生的学号,是一个长度为 6 的字符串。

数据类型:

- ascore 和 len 为整型变量。
- students 为结构类型的数组,其类型定义为:

```
typedef struct s
{
    char stu_no[7];
    int score;
}STUDENT;
```

综上分析,本问题定义函数如下:

```
int search(STUDENT * students,int len,int ascore);
```

函数功能:在具有 len 个元素的数组 students 中查找一个元素 ascore。

形参 STUDENT ＊students:数组 students 的首地址。

形参 int len:元素的个数。

形参 int ascore:被查找的元素。

函数返回值:查找成功返回元素的下标,如果未找到返回−1。

2. 算法设计

对查找元素过程分析如下。

本问题中被查找的 students 表是用数组存放的,是顺序存储方式,所有元素在内存中连续存放,而且 students 中的元素按关键字 score 递增有序排列。因此,本例可以采用二分查找策略。

二分查找也称折半查找(Binary Search),它是一种高效的查找方法。二分查找要求数据必须是顺序存储的,且元素按关键字有序排列。

假设要查找的分数 ascore 为 74,用二分查找的策略如图 13.3 所示。

(1) 确定查找区间[low,high],分别用 low、high 标识查找区间的低地址、高地址。初始低地址 low 为表头 0,高地址 high 为表尾 len−1。

(2) 计算区间中点 mid＝(low＋high)/2。例如在第一轮中,低地址为 0,高地址为 9,则 mid 为(9＋0)/2,为 4。

(3) 将 ascore 与区间中点处的分数比较:

① 如果 ascore 等于中点分数,则 mid 即为查找到的元素下标,查找结束。

② 如果 ascore 小于中点分数,将查找区间调整为原区间的右半区,将 low 修改为 mid＋1。例如,在第一轮中 74 小于 76,则将 low 修改为 4＋1＝5。

③ 如果 ascore 大于中点分数,将查找区间调整为原区间的左半区,例如,第二轮中

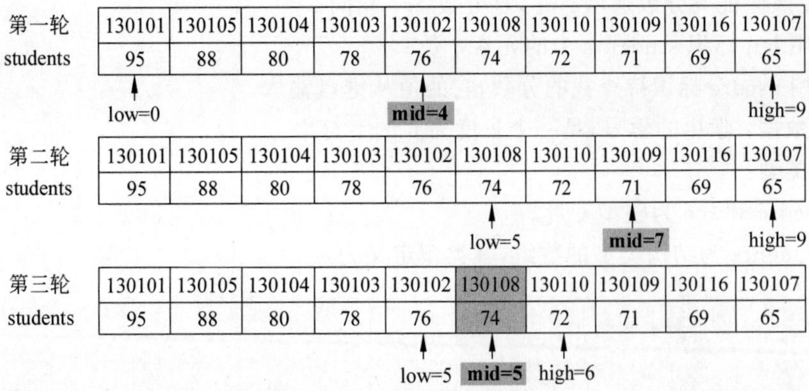

第一轮
130101	130105	130104	130103	130102	130108	130110	130109	130116	130107
95	88	80	78	76	74	72	71	69	65

students　　low=0　　　　　　　　mid=4　　　　　　　　　　high=9

第二轮
130101	130105	130104	130103	130102	130108	130110	130109	130116	130107
95	88	80	78	76	74	72	71	69	65

students　　　　　　　　　　　　　low=5　　　mid=7　high=9

第三轮
130101	130105	130104	130103	130102	130108	130110	130109	130116	130107
95	88	80	78	76	74	72	71	69	65

students　　　　　　　　　　low=5　mid=5　high=6

图 13.3　二分查找的策略

74 大于 71,即将 high 修改为 7−1=6。

(4) 不断重复第(2)、(3)步。在调整区间过程中,如果出现 low＞high,则查找失败,结束查找。

根据以上分析,对查找算法描述如下:

算法　顺序表的二分查找算法
输入:数组 $students$,数组元素个数的地址 len,待查找的分数 $ascore$
输出:查找成功返回元素的下标,失败返回−1

```
14: function Binerysearch(students, len, ascore)
15:     low ← 0
16:     high ← len − 1
17:     while low <= high do
18:         mid ← (low + high)/2
19:         if ascore == students[mid].score then
20:             return mid
21:         else if ascore < students[mid].score then
22:             high ← mid − 1
23:         else
24:             low ← mid + 1
25:         end if
26:     end while
27:     return −1
28: end function
```

---

3. 编程实现

【程序 13.2】 用二分法查找指定元素。

```
/*********************************************************
Program13.2:使用二分法在有序的数组中查找指定的元素
written by Sky.
12/10/2020. Copyright 2020
```

```
****************************************************/
#include <stdio.h>
#define N 100
typedef struct s
{
    char stu_no[7];
    int score;
}STUDENT;
void init(STUDENT * students,int len)                //初始化数组 data 的元素
{
    int i;
    printf("请输入%d个学生的信息,保证其分数是递减有序的:\n",len);
    for(i=0;i<len;i++)
        scanf("%s%d",students[i].stu_no, &students[i].score);
}
int BinarySearch(STUDENT * students,int len,int ascore) //二分查找算法
{
    int low=0, high=len-1, mid;
    while(low<=high)
    {
        mid=(low+high)/2;
        if(ascore==students[mid].score)                //语句①
            return mid;
        else if(ascore<students[mid].score) low=mid+1;
        else high=mid-1;
    }
    return -1;
}
int main()
{
    STUDENT students[N];
    int len=0, ascore, pos;
    printf("请输入学生数:");
    scanf("%d",&len);
    init(students,len);
    printf("请输入一个待查找的分数:");
    scanf("%d",&ascore);
    pos = BinarySearch(students,len,ascore);
    if (pos == -1)
        printf("未找到该分数.");
    else
        printf("查找的学生学号为:%s\n", students[pos].stu_no);
    return 0;
}
```

程序设计基础

4. 测试

本题要求输入数据是若干个学生数据(含学号和分数),学号是长度为 6 的字符串,分数是整数,并且每个学生的分数都是不同的。建议的几组测试数据如表 13.2 所示,读者可据此自行设计更多的测试数据。

表 13.2　程序 13.2 的测试数据表

测试组数	测 试 数 据	查找分数	数据设计策略
1	130101 90, 130105 88, 130104 80, 130103 78, 130102 76, 130108 74, 130110 72, 130109 71, 130116 69, 130107 65	74	查找的分数位于中间位置
2	130101 90, 130105 88, 130104 80, 130103 78, 130102 76, 130108 74, 130110 72, 130109 71, 130116 69, 130107 65	90	查找的分数位于第一个位置
3	130101 90, 130105 88, 130104 80, 130103 78, 130102 76, 130108 74, 130110 72, 130109 71, 130116 69, 130107 65	65	查找的分数位于最后一个位置
4	130101 90, 130105 88, 130104 80, 130103 78, 130102 76, 130108 74, 130110 72, 130109 71, 130116 69, 130107 65	50	查找的分数不存在

5. 案例小结

对本例问题总结如下。

(1) 二分查找是一种非常高效的查找算法,但它对数据集也有比较严格的要求:一是要求数据必须在内存中连续存放[1];二是数据必须按查找的关键字有序。在本例问题中,由于原始数据是按分数有序排列的,因此用数组来存储原始数据,形成有序的、顺序存储的数据表,对这种表使用二分查找策略是可行的。

(2) 数组是一种顺序存储的数据类型,它所有的元素在内存中连续排列,因此,定位其任意一个元素是非常方便的,只需要指出该元素在表中的位置,就可以计算出其内存地址,从而定位到该元素。例如,在本例中,对数组 students,其任意一个元素 students[i] 的内存地址计算式为:

```
loc(students[i])=loc(students[0])+sizeof(STUDENT) * (i-1)
```

由此,在本例程序的语句①处,用表达式 students[mid] 指定了顺序表的中点位置的元素,它的内存地址为:

```
loc(students[mid])=loc(students[0])+sizeof(STUDENT) * (mid-1)
```

---

① 只有数据集连续存放,才能根据区间的起点位置 low、终点位置 high,计算出区间的中点位置 mid=(low+high)/2。

第 13 章　数据的组织及应用　　295

（3）一般地，查找的目的是找到目标元素，其间并不会改变原始数据集，因此查找是一种静态操作。另外，由于本例查找的是主关键字，因此一旦找到元素，即结束查找。

读者可进一步思考，如果被查找的是次关键字，应该如何对算法进行调整？

13.1.2　顺序表的特点

本节讨论了两个用顺序表存储和操作数据的例子。由于顺序表的元素在内存中连续存放，所以编程时，一般可用数组来实现顺序表。顺序表具有以下方面特点。

（1）随机访问。由于顺序表的数据元素在内存中连续存放，因此可以根据表的起始地址和数据元素占用内存空间的大小，直接定位到表的第 i 个元素。也就是说，要访问第 i 个元素，只需要根据表的第一个元素即可定位。这种读取元素的方式，也被称为随机存取。

（2）存储密度高。这一特性是显见的，因为所有元素都在内存中连续存放，且每一个元素除了存放它自己的信息外，不必存放其他额外的信息①。

（3）扩展容量不方便。一般来说，需要为顺序表预定义足够大的内存空间。但如果许多存储空间在程序运行中闲置，将造成存储空间的浪费。

（4）插入、删除数据元素不方便。由于数据元素在内存中连续存储，任何动态操作都可能导致大量元素的移动。

13.2　链　　表

13.2.1　单链表

顺序存储并不是数据在内存中的唯一组织形式，事实上，完全可以将数据集以不连续的方式存放在计算机的内存中。

在例 13.2 中，我们用一个结构数组来存储学生的信息，但是，如果预先不能准确把握学生人数，也就无法确定数组的大小。另外，假设某班学生人数减少，可以将学生信息从结构数组中删除，但却不能把其所占用的数据空间从数组中单独释放掉。

用动态存储的方法可以很好地解决这些问题，如图 13.4 所示。

0x0032	000005	陈杰	0x1291
0x0058	000002	林一中	0x1225
0x0096	000004	王桂林	0x0032
0x1120	000001	李晓明	0x0058
0x1225	000003	张月	0x0096
0x1291	000006	李清	NULL

图 13.4　单链表存储的示意图

---

① 有时候，一个数据元素中除了存放其本身固有的信息外，还需要存放一些辅助的信息，例如其他元素的内存地址等，以实现一些特定的存储结构。13.2 节将讨论的链表就是这种存储方式。

存储学生信息时,由于无法确定学生数,采用有一个学生就为其开辟一块内存空间的方法,如果没有学生信息,就停止分配内存。例如,

(1) 给一个学号为 000001 的学生开辟内存空间,该内存空间的起始地址为 0x1120。

(2) 如果还有学号为 000002 的学生,则再为其开辟内存空间,两次开辟的内存空间的地址不一定是连续的,且没有任何规律可循,这里学号为 000002 的学生内存地址是 0x0058。

(3) 如果还有学号为 000003 的学生,则重复上述过程。

通过这样的方法,给每个学生逐一分配内存。

我们将每一个学生信息所占用的存储空间称为一个结点。显然,这些结点在内存中不一定连续,且其物理地址一般是无规律可循的,它们散落在内存中,那么,该如何访问这些结点呢?

为了能访问这些散落的结点,需要在每一个结点上设置一个分量,它是一个指针分量,也称为指针域。指针域用于记录某一个结点的下一个结点的内存地址。例如,学号为000001 的学生,其指针域记录的是 000002 学生的内存地址,即 0x0058。以此类推,这样就可以通过每一个结点上的指针域,将所有结点穿成一条链,也就是链表。

在图 13.4 中,每个结点上有一个指针域,用于记录该结点的下一个结点的内存地址,这种记录关系是单向的,也就是说,从 000001 号学生可以找到学号为 000002 的学生,但却不能从学号为 000002 的学生反过来定位 000001 号学生。这种存储结构称为单链表。

在单链表中,第一个结点十分重要,只有知道第一个结点的内存地址,才能从该结点开始,以顺藤摸瓜的方式,依次访问链表上的每一个结点。另外,最后一个结点也很特殊,它后面没有其他结点,通常将其指针域置为 NULL,它称为单链表的尾结点。

可以用图 13.5 的形式来描述单链表。

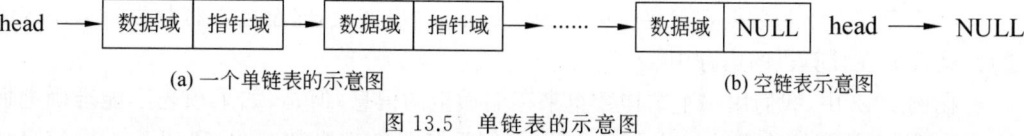

(a) 一个单链表的示意图　　　　　　　　　　　　　　(b) 空链表示意图

图 13.5　单链表的示意图

图 13.5(a) 是一条非空单链表,它包含若干个数据结点,其中:

(1) 每一个结点包含数据域和一个指针域。数据域取决于该结点本身存储的数据信息,它可能有多个数据分量。

(2) 每个结点之前的结点称为该结点的前驱结点,紧邻该结点的前驱结点称为直接前驱。

(3) 每个结点之后的结点称为该结点的后继结点,紧邻该结点的后继结点称为直接后继。

(4) 通常用一个指针记录单链表的第一个结点的内存地址,这个指针称为头指针。图 13.5 中的头指针为 head。

(5) 单链表的尾结点的指针域为 NULL,表示其没有后继结点。

图 13.5(b) 是单链表为空的情况,此时,链表上没有任何数据结点,头指针 head 的值

为 NULL。

有时为了操作简便,可以为单链表附加一个头结点,形成如图 13.6 所示结构的单链表。

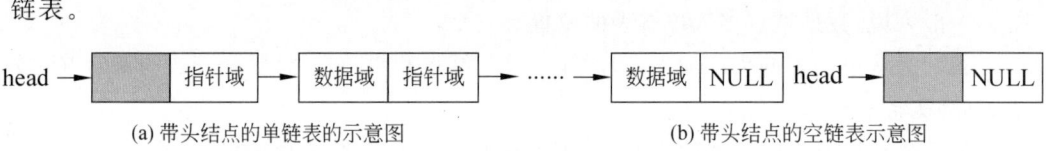

(a) 带头结点的单链表的示意图　　　　　　　(b) 带头结点的空链表示意图

图 13.6　带头结点的单链表示意图

带头结点的单链表的第一结点是头结点(图 13.6(a))。它与数据结点的结构相同,但一般不用来存储数据信息,仅用于牵引其后的数据结点。头结点后的第一个数据结点一般称为首元结点。

如果带头结点的单链表为空,它也至少包含一个头结点(图 13.6(b)),其指针域为NULL。

本节后续的案例,都以带头结点的单链表为例。

根据单链表的结构,为了用单链表来存储图 13.6 中的学生信息,可以如下定义结构类型:

```c
typedef struct stu
{
    char no[7];                        //学号
    char name[9];                      //姓名
    struct stu * next;                 //指针域
}STUDENT;
```

其中,next 分量是指针域,它是一个指向 stu 类型的结构指针变量。

对单链表的基本操作一般包括:

(1) 建立链表。

(2) 静态操作:查找。

(3) 动态操作:插入/删除一个结点。

下面通过几个案例来说明这些操作。

13.2.2　单链表的操作案例

【例 13.3】　单链表的创建问题

建立一个包含若干个结点的单链表,用于存放学生数据。每一个学生结点结构为STUDENT,学生的人数未知,在运行程序时进行指定。要求单链表含有带头结点。

1. 问题分析

根据问题的要求,需要创建一个带头结点的单链表。本问题的数据描述为:

(1) 用 head 标识单链表的头指针,它是 STUDENT 类型的指针变量。

(2) 用 number 标识单链表的结点个数,它是整型变量,其值从键盘输入。

2. 算法分析

创建单链表,就是在内存中逐个生成数据结点,并将它们逐个链接到单链表的过程。

一般来说,数据结点接入单链表的位置有三个:

其一是从单链表的头部加入,即添加在首元结点和头节点之间,令其成为新的首元节点,称为头插法;

其二是从单链表的尾部加入,即添加在原尾结点之后,称为尾插法;

其三是从单链表中间的任意位置添加。

在创建链表时,主要是批量生成、链接结点的操作,此时多采用头插法或尾插法来创建单链表。以下分别讨论这两种方法。

(1) 头插法创建单链表。

头插法创建一条单链表的概要算法描述为:

算法 头插法创建单链表
输出:单链表的头指针 *head*

```
1:  function Creath()
2:      head ←申请头结点
3:      head→next ← NULL
4:      Input 结点数 number
5:      while number > 0 do
6:          p ←申请新数据结点
7:          if p! = NULL then
8:              对结点 p 的数据域赋值
9:              将结点 p 连接到单链表上
10:         else
11:             return head
12:         end if
13:         number ← number − 1
14:     end while
15:     return head
16: end function
```

其中,可以用动态内存分配的方法创建结点。步骤 2 申请头结点的操作为:

```
head=(STUDENT *)malloc(sizeof(STUENT));    //创建头结点,用 head 记录其内存地址
```

注意,对头节点的数据域可以不赋值,但其指针域必须初始化为 NULL,即:

```
Head->next=NULL;                           //将头结点的指针域初始化为 NULL
```

同样,步骤 6 申请新数据结点的方式为:

```
p=(STUDENT *)malloc(sizeof(STUENT));       //创建一个数据结点,用 p 记录其内存地址
```

步骤 8 是给数据结点 p 的数据域赋值,其操作方法为:

第 13 章　数据的组织及应用　　299

```
gets(p->no);
gets(p->name);
```

步骤 9 是将数据结点 p 以头插法的方式连接到单链表上。头插法的示意图如图 13.7 所示。

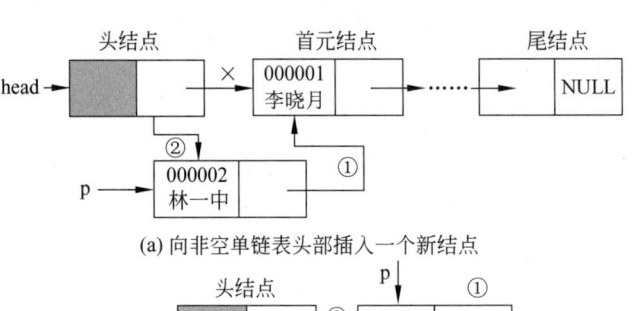

(a) 向非空单链表头部插入一个新结点

(b) 向空单链表头部插入一个新结点

图 13.7　头插法添加新结点的示意图

如图 13.7(a)所示,在头插法中,需要将指针 p 指向的结点添加在头结点和原首元结点之间,步骤 9 的具体操作为:

```
p->next=head->next;                                  //步骤①
head->next=p;                                        //步骤②
```

其中,步骤①和步骤②的顺序不能改变,否则将导致原首元结点丢失。

经过上述两个步骤,新节点 p 成为头结点的直接后继,也就是新的首元结点,原首元结点则成为 p 的直接后继结点。

那么,当初始链表为空,只有一个头结点时,应该如何连接新结点呢?

空链表连接新结点的情况如图 13.7(b)。此时,头结点的指针域为空,即 head->next 为 NULL,仍用前述的步骤①和步骤②进行链接。

这里需要注意的是,当初始链表为空时,经过步骤①后,p->next 是 NULL,这是合理的,因为此时新结点 p 是链表的第一个数据结点,它既是首元结点,也是尾结点,因此 p->next 为 NULL。

显然,如果从头到尾访问头插法创建的单链表,将得到输入结点的反序。

头插法创建单链表的代码如程序 13.3 所示。

【程序 13.3】　头插法创建单链表。

```
/*****************************************************
Program13.3:头插法创建单链表
written by Sky.
12/10/2020. Copyright 2020
```

```
**********************************************************/
#include <stdio.h>
#include <stdlib.h>
typedef struct stu
{
    char no[7];
    char name[9];
    struct stu * next;
}STUDENT;
STUDENT * creat_h()                                   //头插法创建单链表
{
    int number;
    STUDENT * head, * p;
    head=(STUDENT *)malloc(sizeof(STUDENT));          //创建头结点
    head->next=NULL;                                  //将头结点的指针域置为空
    scanf("%d",&number);
    while(number>0)
    {
        p=(STUDENT *)malloc(sizeof(STUDENT));         //创建一个新结点
        if(!p) return head;
        fflush(stdin);
        gets(p->no);                                  //结点的数据域赋值
        fflush(stdin);
        gets(p->name);
        p->next=head->next;                           //步骤①
        head->next=p;                                 //步骤②
        number--;
    }
    return head;
}
```

(2) 尾插法创建单链表。

尾插法创建一条单链表的总体思路与头插法类似,其区别在于,新结点总是从链表的尾部插入,也就是将新结点连接在链表的尾结点的后面。为了能实现这一连接操作,必须用一个指针记录链表的尾结点的地址,将这个指针命名为 tail。

尾插法连接的示意图如图 13.8 所示。

如图 13.8(a)所示,在尾插法中,假设已知尾结点的地址为 tail,则将指针 p 指向的新结点添加到 tail 结点之后的操作为:

```
p->next=NULL;              //步骤①:将新结点的指针域置空
tail->next=p;             //步骤②:令新结点 p 成为尾结点 tail 的后继结点
tail=p;                   //步骤③:移动尾指针到新结点 p 上
```

第 13 章　数据的组织及应用　301

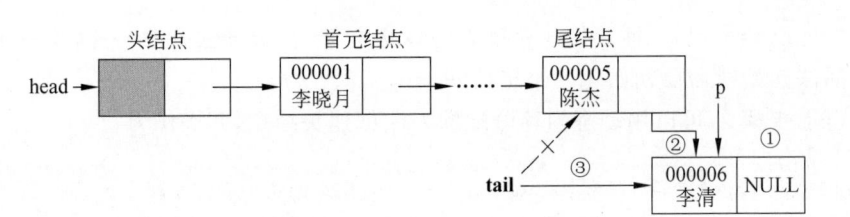

(a) 向非空单链表尾部插入一个新结点

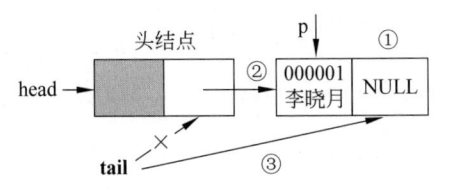

(b) 向空单链表尾部插入一个新结点

图 13.8　尾插法添加新结点的示意图

那么,当初始链表为空,只有一个头结点时,应该如何链接新结点呢?

空链表链接新结点的情况如图 13.8(b)。此时,由于没有数据结点,因此头结点 head 和尾指针 tail 都指向头结点,这就是 tail 指针的初始状态。此时,仍用前述三个步骤进行链接。

显然,经过步骤③后,指针 tail 就指向了新结点。也就是说,一旦有一个新结点接入,尾指针 tail 就离开了链表的头结点,移动到链表的尾结点上。随着后续新结点的不断接入,tail 指针不断移向新结点,因此它始终保持在链表尾。

如果从头到尾访问尾插法创建的单链表,将得到输入结点的正序。

尾插法的概要算法描述为:

算法　尾插法创建单链表
输出：单链表的头指针 *head*

1：　**function** CreatT()
2：　　　*head* ← 申请头结点
3：　　　*head* → *next* ← NULL
4：　　　*tail* ← *head*
5：　　　Input 结点数 *number*
6：　　　**while** *number* > 0 **do**
7：　　　　　*p* ← 申请新数据结点
8：　　　　　**if**　*p*! = NULL **then**
9：　　　　　　　对结点 *p* 的数据域赋值
10：　　　　　　将结点 *p* 连接到单链表上
11：　　　　　**else**
12：　　　　　　　**return** *head*
13：　　　　　**end if**
14：　　　　*number* ← *number* − 1
15：　　　**end while**
16：　　　**return** *head*
17：**end function**

程序设计基础

你可能已经发现,尾插法创建单链表的算法框架,与头插法几乎一样,唯一不同之处在于尾插法初始时需要初始化一个尾指针 tail。

对以上步骤 2,可以用动态内存分配的方法创建头结点,其操作为:

```
head=(STUDENT *)malloc(sizeof(STUDENT)); //创建头结点,用 head 记录其内存地址
tail=head;                               //令尾指针指向头结点
```

同样,对步骤 7,创建数据结点的方式如下:

```
p=(STUDENT *)malloc(sizeof(STUENT));     //创建一个数据结点,用 p 记录其内存地址
```

步骤 9 是给数据结点 p 的数据域赋值,其操作方法为:

```
gets(p->no);
gets(p->name);
```

步骤 10 是将数据结点 p 以尾插法的方式连接到单链表上。具体操作步骤为:

```
p->next=NULL;           //步骤①:将新结点的指针域置空
tail->next=p;           //步骤②:令新结点 p 成为尾结点 tail 的后继结点
tail=p;                 //步骤③:移动尾指针到新结点 p 上
```

尾插法创建单链表的代码如程序 13.4 所示。

【程序 13.4】 尾插法创建单链表。

```
/*******************************************************
  Program13.4:尾插法创建单链表
  written by Sky.
  12/10/2020. Copyright 2020
*******************************************************/
#include <stdio.h>
#include <stdlib.h>
typedef struct stu
{
    char no[7];
    char name[9];
    struct stu * next;
}STUDENT;
STUDENT * creat_t()
{
    int number;
    STUDENT * head, * tail, * p;
    head=(STUDENT *)malloc(sizeof(STUDENT)); //创建头结点
    head->next=NULL;                         //将头结点的指针域置为空
```

第 13 章 数据的组织及应用 303

```
    tail=head;                                  //令尾指针指向头结点
    scanf("%d",&number);
    while(number>0)
    {
        p=(STUDENT *)malloc(sizeof(STUDENT)); //创建一个新结点
        if(!p) return head;
        fflush(stdin);
        gets(p->no);                            //结点的数据域赋值
        fflush(stdin);
        gets(p->name);
        p->next=NULL;                           //步骤①:将新结点的指针域置空
        tail->next=p;                //步骤②:令新结点 p 成为尾结点 tail 的后继结点
        tail=p;                                 //步骤③:移动尾指针到新结点 p 上
        number--;
    }
    return head;
}
```

【例 13.4】 单链表的遍历问题。

创建一个学生数据的单链表,仅仅是实现了学生数据的链式存储。现在假设有一条单链表的头指针 head(带头结点的单链表),需要设计一个算法,访问该单链表上每一个学生的信息。

1. 问题分析

根据问题要求,本问题已知学生单链表的头指针 head,它是 STUDENT 类型的指针变量。

2. 算法分析

由于数据存储在单链表上,因此访问方式只能是从前向后,其操作如图 13.9 所示。

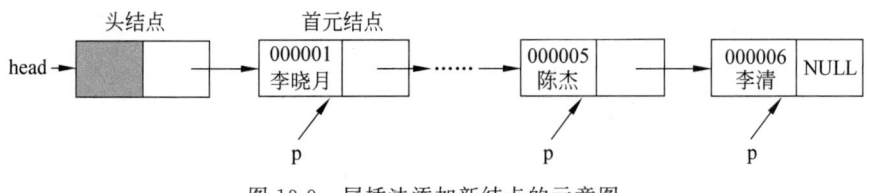

图 13.9 尾插法添加新结点的示意图

为了访问到每一个数据结点,需要使用一个辅助的指针变量 p。初始时,令 p 指向首元结点,然后沿着结点的指针域,将指针 p 不断移动到下一个数据结点,从而访问链表上的每一个数据结点。需要注意的是,在本问题中,并不知道单链表的长度,但链表尾结点的指针域是 NULL,因此,当访问完某一个结点,发现其指针域为空时,就可以停止访问。

不妨将本问题中的"访问"定义为输出操作,遍历的代码如程序 13.5 所示。

程序设计基础

3. 编程实现

【程序 13.5】 遍历带头结点的单链表。

```
/*********************************************************
  Program13.5: 带头结点的单链表的遍历
  written by Sky.
  12/10/2020. Copyright 2020
*********************************************************/
void view(STUDENT * head)
{
    STUDENT * p=head->next;          //定位在单链表的首元结点
    while(p)                         //while(p!=NULL):当指针p指向的结点非空
    {
        puts(p->no);
        puts(p->name);
        p=p->next;                   //移动辅助的指针
    }
}
```

4. 案例小结

本例程序实现了从头到尾访问单链表上的每一个结点。

注意,对单链表的访问不同于顺序表,不能直接[①]访问链表上的某一个结点。例如,如果要访问第 5 个结点,必须先找到第 4 个结点,这是因为每一个结点的内存地址只被其直接前驱结点所记录。

【例 13.5】 单链表的动态操作问题——插入。

通过前面的案例,我们已经将一组学生信息用单链表的形式存储了起来。然而很多时候,数据集是变化的,例如,因为转专业的原因,需要往数据集中添加一个学生的信息。

添加数据结点是单链表的常见动态操作之一。现在假设有一条单链表的头指针head(带头结点的单链表),需要设计一个算法,往单链表中添加一个新的数据结点。本问题考虑更一般情况的添加,即将新结点添加在链表的指定位置上。例如,如果指定位置为 2,则令新结点成为第 2 个结点,而原第 2 个结点成为第 3 个结点。

1. 问题分析

根据问题的要求,已知学生单链表的头指针 head,本问题的数据描述为:

(1) 用 head 标识单链表的头指针,它是 STUDENT 类型的指针变量。

(2) 用 pos 表示指定添加结点的位置,它是一个整型变量,在添加操作前需指定其值。

(3) 在添加操作前,需要生成新的数据结点,用指针变量 p 来记录这个新结点,p 是

---

① 这是链式存储与顺序存储的主要差异之一。在 13.1.3 节讨论了顺序存储的特点,你可以前往查阅,对比分析这两种存储方式操作上的差异及其原因。

STUDENT 类型的指针变量。由此,定义添加操作的函数原型及描述如下:

```
int nodeInsert(STUDENT * head,int pos,STUDENT * p);
```

函数功能:在单链表 head 的第 pos 个位置上插入一个新结点 p。
形参 STUDENT *:链表的头指针。
形参 int pos:指定的插入结点的位置。
形参 STUDENT * p:被插入的新结点的地址。
函数返回值:添加成功返回 1,添加失败返回 0。

2. 算法分析

如果已知单链表的头指针为 head,新数据结点的内存地址为 p,添加结点的位置为 pos,添加操作的示意图如图 13.10 所示。

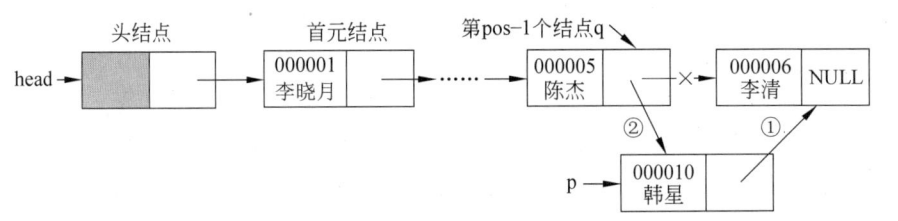

图 13.10 向单链表的指定位置添加新结点示意图

将新结点 p 添加到链表的 pos 位置处,也就是令 p 成为第 pos−1 个结点的直接后继结点,并令原第 pos 个结点成为 p 的直接后继结点。如果已知第 pos−1 个结点的内存地址为 q,则添加新结点 p 的操作为:

```
//在结点 q 后面添加新结点 p
p->next=q->next;                              //步骤①
q->next=p;                                    //步骤②
```

注意步骤①和步骤②的顺序不能交换,否则将丢失结点 q 的原直接后继结点。
那么,应该如何确定第 pos−1 个结点的内存地址 q 呢?
我们知道,单链表的结点是不能直接定位的,如果要找到第 pos−1 个结点,必须通过其前驱第 pos−2 个结点;如果要找到第 pos−2 个结点,必须通过其前驱第 pos−3 个结点,以此类推。因此,为了确定第 pos−1 个结点的内存地址,只能从链表的首元结点开始,逐步到达第 pos−1 个结点,其间可以使用一个计数器 counter 记录位置,其操作为:

```
//查找第 pos-1 个结点 q
counter=0; q=head->next;
while(q!=NULL&&counter!=pos-1)
{
    q=q->next;
    counter++;
}
```

程序设计基础

注意,如果在到达第 pos-1 个结点前就已经到达链表尾部,则无法进行添加操作。例如,如果链表中结点数只有 6 个,但指定的 pos 为 8,则无法进行添加。因此,在计数的同时,还用条件表达式 q!=NULL 来避免这种情况的发生。

综合前述分析,往单链表 head 的指定位置 pos 添加数据结点 p 的概要算法描述为:

算法　向单链表的 *pos* 位置添加一个新结点
输入:单链表的头指针 *head*,添加的位置 *pos*,被添加结点的地址 *p*
输出:添加成功返回 1,添加失败返回 0

```
 1: function NodeInsert(head, pos, p)
 2:     if pos<=0 then
 3:         return -1
 4:     查找第 pos-1 个结点 q
 5:     if 找到结点 q then
 6:         在结点 q 后面添加新结点 p
 7:         return 1
 8:     else
 9:         return 0
10:     end if
11: end function
```

其中,步骤 4 和步骤 6 的具体操作如前面分析所述。完整的插入操作代码如程序 13.6 所示。

3. 编程实现

【**程序 13.6**】　向单链表的指定位置添加结点。

```c
/********************************************************
  Program13.6:向单链表 head 的指定位置 pos 添加数据结点 p
  written by Sky.
  12/10/2020. Copyright 2020
********************************************************/
int nodeInsert(STUDENT * head, int pos, STUDENT * p)
{
    STUDENT * q=head;
    int counter=0;
    if(pos<=0)
        return 0;
    while(q&&counter<pos-1)
    {
        q=q->next;
        counter++;
    }
    if(q)
    {
```

第 13 章　数据的组织及应用　307

```
        p->next=q->next;

        q->next=p;

        return 1;

    }

    return 0;

}
```

4. 案例小结

本例讨论了如何向单链表中指定的位置添加一个新结点。对本例程序的操作分析如下。

(1) 如果已知添加位置的直接前驱结点,则在其后添加一个新结点是非常方便的。本例中,添加的核心操作有两步,即:

```
p->next=q->next;                         //步骤①
q->next=p;                               //步骤②
```

这两步操作只是修改了结点 q 和结点 p 的指针域,而链表上其他位置的结点没有发生任何改变。这与在数组中添加元素需要移动大量其他元素的操作非常不同。

由于链表中的结点在内存中不一定是连续的,结点间的前驱后继关系并不是通过其内存中的物理地址来体现,而是根据其指针域的指向来体现的,因此,改变结点的前驱后继关系,无须移动结点,仅修改指针。从这一点来看,在链表上进行添加操作十分方便。

(2) 链表上不能随机存取元素。这里所说的随机存取,是指给定位置 pos,能够直接计算出第 pos 个结点的内存地址,显然,链表是无法完成该操作的,它必须以逐步访问的方式,确定第 pos 个结点的内存地址,这增加了链表添加操作的复杂度。例如,本例程序中有一个 while 循环结构,它用于定位第 pos−1 个结点。

(3) 注意处理一些异常的情况。例如,在查找第 pos−1 个结点时,需要判断链表的长度是否足够。另外,当 pos 的值小于或等于 0 时,指定的位置不合法,算法也应该做出适当的响应。本例程序是通过返回值为 0 或 1,来区分添加操作成功与否的。

【例 13.6】 单链表的动态操作问题—删除。

从数据集中删除数据结点也是单链表的常见动态操作之一,例如,学生出现了留级、退学等情况,就需要从数据集中删除对应的数据。假设有学生信息单链表的头指针 head (带头结点的单链表),需要设计一个算法,删除一个指定的数据结点。这里考虑删除指定位置的结点,例如,如果指定位置为 2,则删除单链表上的第 2 个结点。

1. 问题分析

根据问题的要求,本问题已知学生单链表的头指针 head,也知道被删除的结点的位置 pos。由此,定义删除操作的函数原型及描述如下:

```
int nodeDelete(STUDENT * head, int pos);
```

程序设计基础

函数功能：删除单链表 head 的第 pos 个结点。

形参 STUDENT ＊：链表的头指针。

形参 int pos：指定的被删除的结点。

函数返回值：删除成功返回 1,删除失败返回 0。

2. 算法分析

删除单链表的第 pos 个结点,也就是将第 pos－1 结点与第 pos＋1 结点链接,令它们互相成为直接前驱、直接后继结点。假设已知第 pos－1 个结点的内存地址为 q,则删除第 pos 个结点的操作如图 13.11 所示。

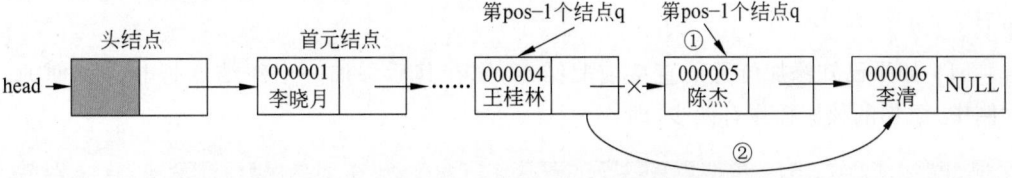

图 13.11　删除单链表的指定位置的结点示意图

对应的操作步骤为：

```
//删除结点 q 的直接后继结点
p=q->next;                              //步骤①
q->next=p->next;                        //步骤②
free(p);                                //步骤③
```

其中步骤①的操作是为了记录被删除的第 pos 个结点的地址,注意,如果不记录该结点的地址,将无法在步骤③中释放该结点。

显然,为了删除第 pos 个结点,必须确定第 pos－1 个结点的地址 q。在确定第 pos－1 个结点时,可能遇到如下两种情况：

（1）第 pos－1 个结点不存在。例如,链表长度为 6,但指定要删除的是第 8 个结点,此时,因第 7 个结点不存在,无法删除。

（2）第 pos－1 个结点存在,但第 pos 个结点不存在。例如,链表长度为 6,但指定要删除的是第 7 个结点,此时,虽然第 6 结点存在,但第 7 结点不存在,也无法删除。

只有上述两种情况都没有发生,才能进行删除操作。由此,删除操作的算法如下：

算法　删除单链表的第 *pos* 个结点
输入：单链表的头指针 *head*,被删除的结点位置 *pos*
输出：删除成功返回 1,删除失败返回 －1

1：　**function** Nodedele(*head*,*pos*)
2：　　*counter* ← 0
3：　　*q* ← *head* → *next*
4：　　**while** *q*!＝NULL and *counter*!＝*pos*-1 **do**
5：　　　*q* ← *q* → *next*

第 13 章 数据的组织及应用

```
6:        counter ← counter + 1
7:    end while
8:    if q == NULL then
9:        return −1
10:   else if q → next == NULL then
11:       return −1
12:   else
13:       删除结点 q 的直接后继结点
14:       return 1
15:   end if
16:end function
```

其中,步骤 8 为判断第 pos−1 个结点是否存在,步骤 10 为判断第 pos 个结点是否存在,只有这两步的条件均为假时,才能进行删除操作。

3. 编程实现

【程序 13.7】 删除单链表指定位置的结点。

```
int nodeInsert(STUDENT * head, int pos)
{
    int counter=0;
    STUDENT * q=head->next, * p;
    while(q&&counter<pos-1)
    {
        q=q->next;
        counter++;
    }
    if(q)                           //如果第 pos-1 个结点不存在
        return -1;
    if(q->next==NULL)               //如果第 pos 个结点不存在
        return -1;
    p=q->next;
    q->next=p->next;
    free(p);                        //释放被删除的结点
    return 1;
}
```

4. 案例小结

本例讨论了如何删除单链表中指定位置的结点,这里从以下方面来总结本例。

(1) 单链表上的删除操作是非常方便的。如果已知被删除结点 p 的前驱结点 q,则删除的核心操作有三步,即:

程序设计基础

```
p=q->next;                              //步骤①
q->next=p->next;                        //步骤②
free(p);                                //步骤③
```

上述操作修改了结点 p 的前驱结点 q 的指针域,然后释放了结点 p 的内存空间,删除时,链表上其他的结点不会发生任何改变。并且由于删除结点后释放了其存储空间,增加了内存使用的效率。

(2) 访问到单链表的指定结点困难。为了删除第 pos 个结点,必须要定位到第 pos-1 个结点,我们知道,单链表是无法直接定位指定结点的,因此,本例程序中使用了一个 while 循环结构,用于定位第 pos-1 个结点。可以说,本例程序的主要时间开销用于定位链表的结点。

(3) 本例程序中,为了确定删除的位置 pos 是否合适,采用了三种判断,包括:如果 pos 小于等于 0 则返回 -1;如果第 pos-1 个结点不存在,或第 pos 个结点不存在,返回 0。

在不同情况下需要返回什么值,读者也可以根据问题的需求,进行具体设计。

13.2.3 链表的存储特点

将链式存储和顺序存储方式进行对比,如表 13.3 所示。

表 13.3 链式存储和顺序存储方式对比

操 作	顺 序 存 储	链 式 存 储
存储方式	在内存中占用一段连续的存储空间	数据在内存中可能连续,也可能不连续
存储要求	预先确定存储空间大小,使用过程中不能单独释放元素的存储空间	无需预先准确确定存储空间大小,在删除数据元素的同时即释放其存储空间
定位元素	用下标法或指针法,指定元素在表中的位置,就可直接定位	必须逐步定位到指定位置的元素,不能直接定位
添加、删除元素	添加或删除时,可能有大量元素移动。移动元素的本质是复制元素的值,时间开销较大	添加或删除时,一般是修改对应结点的指针域,不会引起其他元素的移动

顺序存储和链式存储各有其特点。一般来说,如果问题中查询等静态操作比较多,而插入、删除等动态操作较少,且可以比较准确地估计数据集的大小时,多采用顺序存储方式;如果问题中需要频繁进行数据的插入、删除等动态操作,或者数据集的大小显著动态变化时,多采用链式存储。

需要注意的是,任何一种存储方式都有其适用的场景,应该根据具体问题的需求,选择合适的数据存储方式来解决问题。

13.3 贪 心 算 法

贪心算法(Greedy Algorithm)是指在对问题求解时,总是做出在当前看来是最好的选择。也就是说,算法得到的是在某种意义上的局部最优解。

第 13 章 数据的组织及应用 311

旅行商问题(Traveling Salesman Problem,TSP)是经典的贪心策略问题。该问题描述为:有若干个城市,任何两个城市之间的距离都是确定的,一个旅行商需要从某城市出发,经过每一个城市且只在一个城市逗留一次,最后回到出发的城市,问如何确定一条线路,使其旅行的费用最少?

与 TSP 类似的问题还有中国邮递员问题(Chinese Postman Problem,CPP):一个邮递员从邮局出发,到所辖街道投邮件,最后返回邮局,如果他必须走遍所辖的每条街道至少一次,那么应该如何选择投递路线,才能使所走的路程最短?

针对 TSP 问题,如果用贪心策略求解[①],其过程为:

(1) 从某一个城市开始,每次选择一个城市,直到所有的城市走完。

(2) 每次在选择下一个城市时,只考虑当前情况,保证迄今为止经过的路径总距离最小。

贪心算法的基本策略是:

(1) 采用自顶向下、迭代的方法做出一系列贪心选择。

(2) 每一次贪心选择,都是以当前状态为基础,根据某个优化评价策略,选取当前状态下的最优解,而不考虑各种可能的整体情况。

(3) 每一次贪心选择后,就将所求问题简化为一个规模更小的子问题。

(4) 通过若干步贪心选择,可得到问题在某个优化评价策略下的最优解。

贪心策略的目标是为了从问题的某一个初始解出发,逐步逼近给定的解,以尽可能快地求得更好的解。虽然贪心算法在每一步上都保证能获得局部最优解,但其得到的全局解有时不一定是最优的。当然,在许多问题中应用贪心算法可以得到全局最优解,例如单源最短路径问题、最小生成树问题等。在某些情况下,即使贪心算法不能得到整体最优解,但其最终结果却是最优解的很好近似。

下面通过用贪心法来解决一个经典的活动安排问题。

【例 13.7】 活动安排问题。

马上要校庆啦!每个学院都安排了很多活动,形成一个有 n 个活动的集合 A={1,2,…,n},其中每个活动都想申请使用学校的学生活动中心,但是在同一时间内,只有一个活动能使用学生活动中心。我们来看一下这些活动的计划(表 13.4)。按照计划,每个活动都有其开始时间和结束时间。例如:

活动 1 计划在时间 1 开始,在时间 4 结束;

活动 2 计划在时间 3 开始,在时间 5 结束;

活动 4 计划在时间 5 开始,在时间 7 结束。

为便于查看,表 13.4 中将所有活动按其结束时间进行了非递减排列,并对这些活动从 1~11 进行编号。

表 13.4 中,对任意活动 i,用 si 表示其计划开始时间,用 fi 表示其结束时间,显然,si<fi。如果将学生活动中心给活动 i 使用,那么,在时间半开区间[si, fi)内,其他活动都

———————————

① 用贪心算法解决 TSP 问题不一定能得到全局最优解,而只能尽快得到一个可行的解,但这个解很可能是近似最优的。

程序设计基础

不能使用活动中心。也就是说,活动 1 在使用时,活动 2 不能使用;但活动 1 结束后,活动 4 可以接着使用。

表 13.4 计划要开展的活动列表

活动序号 i	1	2	3	4	5	6	7	8	9	10	11
开始时间 si	1	3	0	5	3	5	6	8	8	2	12
结束时间 fi	4	5	6	7	8	9	10	11	12	13	14

本问题的要求是:明天活动中心将开放,请你安排一些活动举行。当然,最好能一次安排尽可能多的活动,以提高活动中心的利用率。

那么,明天最好是安排哪些活动呢?

1. 问题分析

在本问题中,每个活动 i 都有其要求占用资源的起始时间 si 和结束时间 fi。如果选择了活动 i,则它在半开时间区间[si, fi)内占用资源,此时:

若活动 j 的区间[sj, fj)与区间[si, fi)相交,则称活动 j 与活动 i 不相容,不相容的两个活动无法在同一天举行;

若活动 j 的区间[sj, fj)与区间[si, fi)不相交,则称活动 j 与活动 i 相容,相容的两个活动可以在同一天举行。

例如,表 13.4 中,活动 2 和活动 1、5、7、3 不能在同一天举行。

本问题要求为明天安排尽可能多的活动,也就是说,找出表 13.4 中的一个相容活动的极大子集。

2. 算法设计

为了举行尽可能多的相容活动,我们希望每一个活动结束后,剩余的可安排时间段极大化,以便还可以安排尽可能多的相容活动,因此,确定最大相容活动子集的策略为:当某一个活动 i 结束后,总是选择剩余活动中与 i 相容的、且能够最早结束的活动开始。

为此,将所有活动按其结束时间 fi 进行非减序排列,如表 13.4 所示。寻找最大相容子集的过程如图 13.12 所示。

活动序号i	**1**	2	3	**4**	5	6	7	**8**	9	10	**11**
开始时间si	1	3	0	5	3	5	6	8	8	2	12
结束时间fi	4	5	6	7	8	9	10	11	12	13	14

图 13.12 找出最大相容子集的过程

我们不妨从最早结束的活动 1(时间 4 结束)先开始,接着按如下步骤找出其相容活动。

(1) 将活动 1 的结束时间 f1 与其后活动的开始时间依次比较:

第 13 章　数据的组织及应用

因 f1＞s2,则继续比较;

因 f1＞s3,则继续比较;

直到 f1＜s4,这表明,活动 4 在活动 1 结束后才开始,它与活动 1 相容,而且它是活动 1 的相容活动中最早结束的(其结束时间为 7,早于活动 1 的其他相容活动),因此,选中活动 4。

（2）将活动 4 的结束时间 f4 与其后活动的开始时间 s5、s6、s7 依次比较,直到 f4＜s8,这表明,活动 8 在活动 4 结束后才开始,它与活动 4 相容,而且它是活动 4 的相容活动中最早结束的(其结束时间为 11,早于活动 4 的其他相容活动),因此,选中活动 8。

（3）以此类推,下一个被选中的是活动 11。

由此,得到了一个最大相容子集[①]:{1,4,8,11},这几个活动可以同一天在活动中心依次进行。

3. 编程实现

【程序 13.8】　贪心算法求解活动安排问题。

```
/*********************************************************
Program13.8: 贪心算法求解活动安排问题
written by Sky.
12/10/2020. Copyright 2020
*********************************************************/
#include <stdio.h>
#include <stdlib.h>
#define MAXSIZE 11
typedef struct activity
{
    int no,start,finish;
}ACTIVITY;
void greedy(ACTIVITY * activitys,int * a,int k)
{
    int i,j=0,count=1;
    for(i=0;i<k;i++)
        a[i]=0;                 //初始所有活动都未被安排
    a[0]=1;
    printf("安排活动 1.\n");
    for(i=1;i<k;i++)
    {
        if(activitys[i].start>activitys[j].finish)
        {
            a[i]=1;
```

---

① 注意,贪心算法的思路并非一定能得到全局最优解,但可以用归纳法证明,本例的最大相容子集是全局最优解。读者可自行检索和阅读相关资料。

```
            j=i;
            count++;
            printf("安排活动%d.\n",i+1);
        }
    }
    printf("共安排了%d个活动.\n",count);
}
int main()
{
    ACTIVITY activitys[MAXSIZE],temp;
    int i,j,a[MAXSIZE];    //标志数组 a:a[i]为 0 表示不安排活动 i,为 1 表示安排活动 i
    //输入活动信息
    printf("请输入活动的信息:\n");
    for(i=0;i<MAXSIZE;i++)
        scanf("%d%d%d", &activitys[i].no, &activitys[i].start, &activitys[i].
finish);
    //对活动以其完成时间进行非减序排列
    for(i=0;i<MAXSIZE-1;i++)
    {
        for(j=0;j<MAXSIZE-1-i;j++)
        {
            if(activitys[j].finish>activitys[j+1].finish)
            {
                temp=activitys[j];
                activitys[j]=activitys[j+1];
                activitys[j+1]=temp;
            }
        }
    }
    greedy(activitys,a,MAXSIZE);
    return 0;
}
```

13.4 递 归 算 法

在第 7 章中,已经讨论了函数嵌套调用的过程。如果存在以下函数调用:

函数 a()调用函数 b(),函数 b()调用函数 c()

这就是一种函数的嵌套调用。再看一种特殊的情形,即:

第 13 章　数据的组织及应用

情形一：函数 a() 调用函数 a()，函数 a() 调用函数 a()

或者：

情形二：函数 a() 调用函数 b()，函数 b() 调用函数 a()

在上述两种情形中，可以看到函数 a() 以直接或者间接的方式，调用了它自己，这也是一种特殊的嵌套调用，称之为递归调用。其中，情形一称为直接递归调用，情形二称为间接递归调用。

递归(Recursion)通常指一个程序模块直接或间接地调用它自己。递归是一种用于解决重复性问题的有力工具。如果一个问题具备如下特征，则可以考虑用递归的方法解决：

(1) 其子问题与原问题有同样的求解过程，可能子问题与原问题的求解规模不同。

(2) 一定有一个基本部分，此时可以直接求解，这个基本部分通常称为递归的出口。

下面通过计算一个数的阶乘问题来讨论递归算法。

【例 13.8】　递归算法计算 n! 的值。

在数学中，用 n! 来表示一个数 n 的阶乘。一个非负整数 n($0 \leqslant n \leqslant 10$) 的阶乘定义如下：

$$factorial(n) = \begin{cases} 1 & n=0 \\ n \times (n-1)! & n>0 \end{cases}$$

本问题的要求是，编写一个函数，计算任意非负数的阶乘值。

1. 问题分析

根据问题需求，被计算的 n 值为 0～10 的整数，其阶乘的值也在 int 范围之内，因此，定义函数 factorial()，其原型及描述如下：

```
int factorial(int n);
```

形参 int n：由主调函数传来的非负整数。

返回值：int 型的 n! 值。

2. 算法分析

根据问题描述中求解 n! 的公式：

如果 n=0，则 n! 为 1；

如果 n>0，则：

　　要计算 n!，可先计算 (n-1)!，然后用 (n-1)! 去乘以 n，即可得到 n!；

　　要计算 (n-1)!，可先计算 (n-2)!，然后用 (n-2)! 去乘以 (n-1)，即可得到 (n-1)!；

　　要计算 (n-2)!，可先计算 (n-3)!，然后用 (n-3)! 去乘以 (n-2)，即可得到 (n-2)!；

以此类推，这样，将计算 n! 问题，逐步转为计算 (n-1)!、(n-2)!、(n-3)! 的子问题。显然，在每一个子问题中计算阶乘，与原问题计算阶乘的方法是一样的，唯一的区别

是,子问题比原问题的计算规模减小了(计算 n! 变成了计算(n−1)!,以此类推)。随着不断转向子问题,子问题的规模不断减小,直至最终成为计算 0! 的问题。由于 0! 为 1,即可以直接得到 0! 值,不必再继续寻求其子问题,此时即到达了递归出口。

这里用 fac 标识 n! 的值,则本问题的算法描述如下:

算法 计算 n!
输入:非负整数 n
输出:n!

```
1: function Factorial (n)
2:     if n==0 then
3:         fac ← 1
4:     else
5:         fac ← n * Factorial (n-1)
6:     end if
7:         return fac
8: end function
```

---

3. 编程实现

【程序 13.9】 递归算法计算 n! 的值。

```c
/**********************************************************
  Program13.9: 递归算法计算 n!的值
  written by Sky.
  12/10/2020. Copyright 2020
**********************************************************/
#include <stdio.h>
int Factorial(int n)                        //判断是否到达迷宫的出口
{
    int fac;
    if(n==0)
        fac=1;                              //语句①
    else   fac=n * Factorial(n-1);          //语句②
    return fac;
}
int main()
{
    int f;
    f=Factorial(4);
    printf("4!=%d",f);
    return 0;
}
```

第 13 章　数据的组织及应用　**317**

4. 案例小结

本例程序用递归实现了求 n! 的问题。程序中的语句 1 为递归出口,语句 2 是递归体,也就是被重复执行的部分。图 13.13 描述了本程序执行的过程。

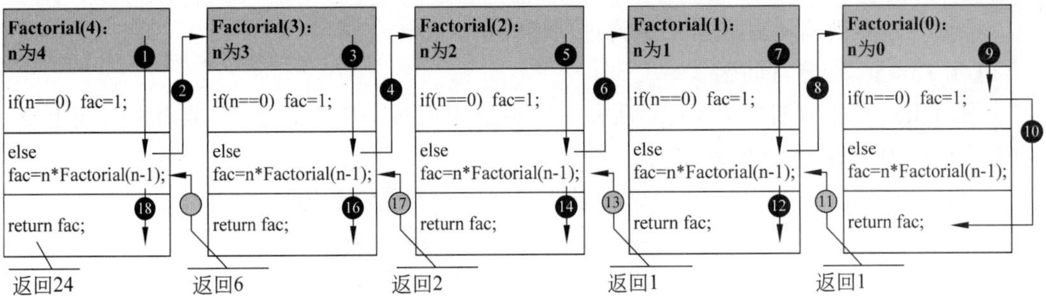

图 13.13　函数 factorial() 的递归过程

从图 13.13 可见,Factorial() 实际执行时,有一个 n 从初始值逐步递减,并进入下一次调用的过程,直至 n 为 0,也就是图 13.13 的步骤①～步骤⑧。当 n 为 0 时,不再继续调用,程序执行语句①,fac 获得确定的值 1,然后开始向自己的主调函数返回。注意,每一次返回,Factorial() 都是返回到上一层主调函数处(不是直接返回 main() 函数),在主调函数处将返回的值乘以当前的 n,然后再继续返回。图 13.13 的步骤 10～18 描述了这一过程。读者可以参考图 13.13,自行推导一个计算 6! 的过程。

本例程序用递归实现了求 n! 问题。事实上,对 n! 问题,并非必须用递归方法来实现,也就是说,解决一个问题不必非要递归,只是在许多情境下,用递归方法可以令程序的代码更简洁[①]。另外,许多用递归方法解决的问题,也可以用循环结构[②]来解决。建议读者可以查阅更多用递归方法求解的问题,例如汉诺塔问题、斐波那契数列问题等。

13.5　回溯算法

回溯法也称试探法。在有些问题中,按某种条件向前搜索,以达到目标,但当探索到某一步骤时,发现无法达成目标,此时退回上一步重新选择,这种走不通就退回再走的策略就是回溯,满足回溯条件的状态点称为回溯点。

回溯的基本思路是:

(1) 假设当前状态为 C_i,此时有 n 个候选解,对候选解按某种顺序逐个试探。

(2) 如果某个候选解不可能是问题的解,则放弃该候选解,试探下一个候选解。

(3) 如果某个候选解除了还不满足问题规模要求外,满足所有其他要求时,则将纳入

---

① 代码简洁并不代表执行高效。从函数嵌套调用的角度看,递归函数的执行效率是不高的,因为存在反复多次的函数调用,必将产生额外的时空开销。我们已在 7.4.2 节分析过这个问题。

② 很多时候,我们可以将一个递归算法非递归化。此时,通常需要使用循环结构,且需要借助一定的辅助存储空间来进行转化。

程序设计基础

问题的解范围,将状态从 C_i 转为状态 C_j,重复上述(1)~(3),继续试探以扩大候选解的规模。

(4)如果某个候选解满足包括问题规模在内的所有要求时,该候选解就是问题的一个解。

下面通过走迷宫问题来进一步讨论回溯算法。

【例 13.9】 走迷宫问题。

有一张迷宫的地图如图 13.14 所示。在迷宫中的每一个位置上,只能沿左右或上下四个方向的通路行走,不能斜向通行。

现在已知迷宫入口为 ∗,怎样才能从入口探索找到迷宫的出口♯呢?

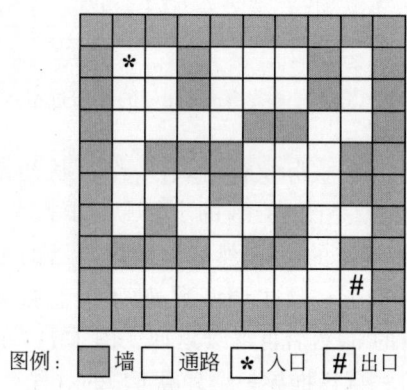

图例: ▨墙 □通路 ∗入口 ♯出口

图 13.14 迷宫的地图

1. 问题分析

迷宫的地图包含两部分信息:

(1)迷宫中各点的位置坐标。

(2)迷宫中各点的状态,即该点是"墙"还是"通路"。

这里可以用一个二维整型数组 maze 来表示这个迷宫,这个数组是 10 行 10 列的。用数组 maze 的行列下标表示迷宫各点的位置坐标,用"1"表示墙,"0"表示"通路"。因此,迷宫地图描述如图 3.15 所示。

1	1	1	1	1	1	1	1	1	1
1	0	0	1	0	0	0	1	0	1
1	0	0	1	0	0	0	1	0	1
1	0	0	0	0	1	1	0	0	1
1	0	1	1	0	0	0	1	1	1
1	0	0	0	1	0	0	0	1	1
1	0	1	0	0	0	1	0	0	1
1	1	1	0	1	0	1	0	1	1
1	0	0	0	0	0	0	0	0	1
1	1	1	1	1	1	1	1	1	1

图 3.15 加标注的迷宫地图

第 13 章　数据的组织及应用　　319

从地图看,迷宫 maze 的最外一圈都是墙,其入口为 maze[1][1],其出口为 maze[8][8]。

2. 算法分析

设想一个人站在迷宫的(x,y)位置上,为了找到出口,需要解决两个问题:

(1) 往哪个方向走?

可以用某种策略,试探迷宫的出口:

① 在任意位置(x,y)上,只能其上下或左右方向走,不妨采用顺时针方向的试探,即试探方向为:右、下、左、上。

② 向四个方向试探时,采取贪心策略。只要任中一个方向有通路,并且那个方向没有被走过(不是来时的路,也不是已经被试探过的路),就向那条通路走去,令当前位置从(x,y)变为(nx,ny)。

这一操作描述如下:

```
for(i=0;i<4;i++)
{
    if(maze[x+dirc[i]. posx][y+direc[i]. posy]==0)
    {
        nx= x+dirc[i]. posx; ny= y+direc[i]. posy;      //x,y 向方向 i 移动
        ……
    }
}
```

其中,i 表示试探的 4 个方向,另外可使用一个结构数组 dirc,其中每一个元素分别表示 x 和 y 的一个移动方向,依次为:右、下、左、上。

```
typedef struct
{
    int posx,posy;
}DIRECTION;
DIRECTION dirc[4]={{0,1},{1,0},{0,-1},{-1,0}};
```

当然,有可能这是一条错误的路,因此这个过程称为试探。

在位置(nx,ny)上,重复上述①、②步,直到(nx,ny)是迷宫的出口为止。

注意,必须在试探时避开来时的路,因此我们设置一个初值为 1 的计步器 step,试探时每向前走一步,就将计步器的值增 1,并将相应位置的值置为 step。

例如,假设当前位置为(2,6)(图 13.16),已经从入口往前走了 6 步,故 step 的值为 6,将(2,6)标为 6,然后以(2,6)为中心,依次试探其右、下、左、上方向,由于其左边为 5,表明是已走过的路,则继续试探,发现其上方为 0,是通路,于是向上方走去。

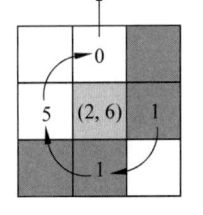

图 13.16　试探下一
　　　个位置

程序设计基础

其操作描述为：

> step=step+1
> 将(1,6)标记为 step
> 转到(1,6)的位置,继续开始试探

(2) 没有通路怎么办?

如果在(x,y)点上,发现四个方向都没有通路,则只能退回到上一个来时的位置,重新选择一个通路方向,继续试探。注意,在退回到上一位置前,必须将(x,y)标为 0,并将计步器 step 的值减 1,再退回上一个位置。

假设迷宫为 maze,其入口为(x,y),对走迷宫算法描述如下：

算法　回溯法走迷宫算法
输入：迷宫数组 $maze$,初始行位置 x,初始列位置 y,初始步数 $step$
输出：填充的迷宫数组 $maze$

```
1: function MAZE(maze,x,y,step)
2:     初始化数组 dirc 为 {{0,1},{1,0},{0,-1},{-1,0}}
3:     for i = 0 → 3 do
4:         if maze[x + dirc[i].posx][y + direc[i].posy] == 0 then
5:             nx ← x + dirc[i].posx
6:             ny ← y + dirc[i].posy
7:             step ← step + 1
8:             maze[nx][ny] ← step
9:             if isEXit(nx,ny) then
10:                    exit(1)
11:            end if
12:            MAZE(maze,nx,ny,step)
13:            maze[nx][ny] ← 0
14:            step ← step - 1
15:        end if
16:    end for
17: end function
```

其中,步骤 9 调用 isExit(nx,ny)函数,判断位置(nx,ny)是否为出口,如果是出口,则调用 exit()函数退出程序,这意味着本算法只能找到一种走迷宫的方案。

步骤 12 处,算法重新调用了 MAZE()函数,这是一个递归调用,它表明我们在位置(nx,ny)处进行与在位置(x,y)处相同的试探工作。

3. 编程实现

【程序 13.10】　回溯法走迷宫。

```
/********************************************************
 Program13.10: 回溯法走迷宫
 written by Sky.
```

第 13 章 数据的组织及应用 321

```
    12/10/2020. Copyright 2020
**********************************************************/
#include <stdio.h>
#include <stdlib.h>
#define MAXSIZE 10
#define ENDX 8                                    //迷宫出口位置的行
#define ENDY 8                                    //迷宫出口位置的列
typedef struct
{
    int posx,posy;
}DIRECTION;
int isExit(int x,int y)                           //判断是否到达迷宫的出口
{
    if(x==ENDX&&y==ENDY)
        return 1;
    return 0;
}
void prnMaze(int maze[][MAXSIZE])                 //输出迷宫的二维数组
{
    int i,j;
    for(i=0;i<MAXSIZE;i++)
    {
        for(j=0;j<MAXSIZE;j++)
        {
            printf("%2d ",maze[i][j]);
        }
        putchar('\n');
    }
}
void MAZE(int maze[][MAXSIZE],int curposX,int curposY,int step)    //走迷宫函数
{
    int i=1,nextposX,nextposY;
    DIRECTION dirc[4]={{0,1},{1,0},{0,-1},{-1,0}};
    for(i=0;i<4;i++)
    {
        if(maze[curposX+dirc[i].posx][curposY+dirc[i].posy]==0)
                                            //如果某个方向 i 可以走通
        {
            nextposX=curposX+dirc[i].posx;
            nextposY=curposY+dirc[i].posy;
            maze[nextposX][nextposY]=++step;
            if(!isExit(nextposX,nextposY))
                MAZE(maze,nextposX,nextposY,step);  //在(nextposX,nextposY)
                                                    处开始试探
```

程序设计基础

```
        else
        {
            prnMaze(maze);                          //输出填充好的迷宫
            exit(1);                                //结束程序
        }
        maze[nextposX][nextposY]=0;
        step--;
        }
    }
    return;
}
int main()
{
    int maze[MAXSIZE][MAXSIZE]={{1,1,1,1,1,1,1,1,1,1},
                                {1,0,0,1,0,0,0,1,0,1},
                                {1,0,0,1,0,0,0,1,0,1},
                                {1,0,0,0,0,1,1,0,0,1},
                                {1,0,1,1,1,0,0,0,1,1},
                                {1,0,0,0,1,0,0,0,1,1},
                                {1,0,1,0,0,0,1,0,0,1},
                                {1,1,1,1,0,1,1,0,1,1},
                                {1,0,0,0,0,0,0,0,0,1},
                                {1,1,1,1,1,1,1,1,1,1}};
    int step=1;
    maze[1][1]=step;
    MAZE(maze,1,1,step);                             //从位置(1,1)处开始走迷宫
    return 0;
}
```

13.6 本 章 小 结

本章介绍了一些典型的应用,包括顺序表及其基本操作(添加元素、查找指定元素)、链表及其基本操作(创建、遍历、插入、删除),贪心算法思想及其应用,回溯算法思想及其应用等。

本章所列举的案例综合了前面章节介绍的所有数据类型、程序控制结构,虽然每一个案例最终都以程序的方式呈现,但列举这些案例的目的超出了编码本身,希望读者从数据存储、算法逻辑分析与设计等多方面进行思考。

下一章我们将介绍 C 语言的文件、编译预处理、位运算和枚举等内容,以进一步丰富你的程序设计工具箱。

13.7 习　题

1. 请查阅资料学习背包问题，理解什么是背包问题，以及背包问题求解的思路。

2. 查阅更多有关回溯算法的资料，列举一些回溯算法相关的问题。

3. 设计一个函数 creatlist()，用来建立一个带头结点的单链表，链表的新结点总是插入在链表的末尾。链表的头指针作为函数值返回，链表最后一个结点的 next 域放入 NULL，作为链表结束标志。同时设计一个函数用来输出链表的内容。在主函数中调用这两个函数来测试链表是否正确建立。链表结点结构体的参考定义如下。

```
struct node
{
    char data[64];
    struct node * next;
};
```

4. 已经有两个带头结点的单链表，头指针分别为 heada 和 headb。每个链表中的结点包括学号和成绩，请按学号升序排列把这两个链表合并为一个新的单链表 headc。

5. 设计一个函数 first_insert()，该函数的功能是在已知链表的首结点之前插入一个指定值的结点；另外设计一个函数 reverse_copy()，该函数的功能是按已知链表复制出一个新链表，但新链表的结点顺序与源链表的结点顺序相反；再设计一个函数 print_link()，该函数用来输出链表中各表元的值；同时设计函数 free_link()，该函数用来释放链表全部表元空间。在主函数中合理调用以上设计好的函数来验证这些函数功能的正确性。

6. 有 n 根木棒，已知它们的长度和重量，要用一部木工机一根一根地加工这些木棒。该机器在加工过程中需要一定的准备时间用于清洗机器、调整工具和模板。木工机需要的准备时间如下：

（1）第一根木棒需要一分钟的准备时间；

（2）在加工完一根长为 lenth，重为 weight 的木棒之后，接着加工一根长为 lenth'（lenth<=lenth'），重为 weight'（weight<=weight'）的木棒是不需要任何准备时间的。否则需要一分钟的准备时间。

本题要求是：

给定 n(1≤n≤5000)根木棒，已知它们的长度和重量，请编写程序：找到加工完所有的木棒所需的最少准备时间，以及加工这些木棒的顺序。

例如：有长度和重量分别为(4,9)(5,2)(2,1)(3,5)(1,4)的五根木棒；

那么：所需准备时间最少为 2 分钟；

加工的顺序为：(1,4)(3,5)(4,9)(2,1)(5,2)。

第14章 相关主题

本章导读

在前面的章节中，我们已经介绍了用 C 语言编程必要的方法、技术，包括 C 语言的基础语法、数据类型，以及结构化程序设计方法、模块化程序设计思想、用计算机解题的一般性方法。相信你已经可以应用这些方法解决很多问题，包括从问题需求入手，分析数据，设计和描述算法，编程实现，并对你的测试结果进行记录和分析。

本章将介绍更多 C 语言编程的知识和技术。是否需要使用它们，取决于所开发的应用程序的需求。本章的各小节的内容之间没有显著的承上启下关系，你可以直接从任何一个小节开始阅读。

本章主要内容

- 如何使用文件进行输入输出操作。
- 编译预处理。
- 如何进行位运算。
- 如何操作枚举类型。

14.1 文 件

什么时候需要使用文件？我们先来讨论这个问题。

在前面的章节中，我们都是从标准输入设备（如键盘）输入数据到计算机的内存，这种操作方法使应用程序的适用范围和多样性受到相当大的限制。假如实际问题中的数据非常大，每次测试都从键盘输入原始数据集显然是不可行的。事实上，即使一个数据集只有 100 个整数，如果每次测试时都必须手动从键盘输入它们，对测试来说已经是很困难的任务了。

另外，程序运行时，数据都在计算机的内存中，这些数据有其生存期，当程序运行结束，数据占用的内存空间被释放，不可再被访问，这种不能在内存长期保存数据的特性，使应用系统的某些功能不可能实现。例如，在一个进销存管理系统中，在内存中对货品表进行了货品添加、删除等操作，当关闭该应用程序时，货品表的内存空间被释放，所操作的结

第 14 章　相关主题　　325

果无法长期保存,那么这些添加、删除功能就形同虚设了。

　　为此,需要使用一些具有长期存储能力的外部设备,将程序已处理过的存储在内存中的数据,放到外部存储设备上长期保存,使得数据在应用程序关闭后也不会消失。这样,在下一次运行程序时,还可以读取这些保存在外部存储设备中的数据,来完成输入操作。

　　这种用于长期记录数据的外部设备一般是磁盘,而数据则一般被保存为磁盘的文件。

　　C 语言在头文件 stdio.h 中提供了一系列读写外部设备的函数。本节介绍如何对磁盘上的文件进行读写操作。

14.1.1　什么是文件

　　文件是指一组数据的有序集。这个数据集有一个名称,称为文件名。事实上,在前面的章节中,已经多次使用了文件,例如源程序文件、目标文件、可执行文件、库文件(头文件)等。文件通常存储在计算机的外部存储介质(如磁盘)上,在使用时将其中的数据读入内存中。

　　可以从不同的角度对文件进行分类,不同类别文件的操作方法也不一样。

　　(1) 从用户的角度,可分为普通文件和设备文件。

　　普通文件是指存储在磁盘等外部存储介质上的数据集,它可以是源文件、目标文件、可执行程序,也可以是一组待输入处理的数据,或者是一组输出结果。其中,源文件、目标文件、可执行程序可以称为程序文件,而输入、输出数据可称为数据文件。

　　设备文件是指与主机相连的各种外部设备,如显示器、打印机、键盘等。在操作系统中,把外部设备也当成文件来管理,把对这些外设的输入、输出操作等同于对磁盘文件的读和写。

　　通常把显示器定义为标准输出文件。一般地,往标准输出文件输出信息,就是在显示器的屏幕上显示信息。在前面使用的 printf()、putchar()、puts()等函数都是输出到标准输出文件。

　　通常把键盘定义为标准输入文件,从标准输入文件输入数据,也就是从键盘输入数据。前面学习中使用的 scanf()、getchar()、gets()等函数都是从标准输入文件进行数据输入。

　　(2) 从编码方式的角度,可分为文本文件和二进制文件。

　　文本文件也称为 ASCII 文件,这种文件在磁盘中存放时,每个字符对应一字节,用于存放该字符对应的 ASCII 码。例如,整数 5678 在文本文件中共占 4 字节,其存储形式为:

ASCII 码:	00110101	00110110	00110111	00111000
	↓	↓	↓	↓
十进制码:	5	6	7	8

　　由于文本文件是按字符存放的,因此可以在屏幕上按字符显示其内容。如果直接打开这种文件,我们也能读懂文件内容。例如 C 语言的源文件就是文本文件。

　　二进制文件则是按二进制的编码方式来存放数据的。例如,如果整数 5678 占两个字节,它在二进制文件中的存储形式为:

```
00010110  00101110
```

二进制文件直接打开后可以在屏幕上显示,但其内容无法读懂。

14.1.2　文件流

数据流是外部数据源的抽象表示,键盘、显示器的命令行、磁盘文件都是数据流。C语言提供了许多读写数据流的标准函数,使用这些函数可以读写前述映射为流的外部设备。其中,读就是输入操作,写则是输出操作。

将数据写入磁盘文件流有两种方法。一种是写入文本文件,将数据以字符形式存储在文件中。此时的二进制数据,如 int 或 float 类型值,必须先转换为字符,才能写入文本文件。前面使用的 printf() 函数就进行了这种格式化。

例如:

```
printf("%d",85);
```

这里的 printf() 函数将内存中的整数 85(二进制)转换为字符形式在屏幕显示出来。

还有一种是写入二进制文件。这时,将数据在内存中的实际表示形式写入文件,也就是写入若干字节。例如,一个 double 类型的值将往二进制文件中写入 8 字节。

可以把任意数据写入任意类型的文件。在读文件时,根据文件中包含什么类型的数据,要求程序按需对文件进行读取和解释。例如,如果文件是一个存储了 double 类型数据的二进制文件,那么指定以 %lf 的方式读取数据,此时,程序每读取[1]8 字节就解释为一个 double 类型的数据。

下面来讨论如何 C 语言如何对文件进行打开、关闭、读、写和定位等操作。

14.1.3　文件指针

C 语言在处理文件时,通过文件指针来引用文件。文件指针定义的一般形式为:

```
FILE *指针变量标识符
```

其中,FILE 是 C 语言中已定义好的一种结构类型。FILE 结构类型中包含文件名、文件状态、文件当前位置等信息。通常,在编写源程序时不必关心 FILE 结构的细节[2]。

例如:

```
FILE * fp;
```

这里定义了一个文件指针变量 fp,它是一个指向 FILE 结构的指针变量。将 fp 与一个文件相关联,就可以通过它对文件进行操作。

---

[1]　读取一个文本文件的内容到内存时,要将 ASCII 码转换成二进制码,而把文件以文本方式写入磁盘时,要把二进制码转换成 ASCII 码,因此文本文件的读写要花费较多的转换时间。对二进制的读写则不存在这种转换。

[2]　读者可以通过浏览库的 stdio.h 头文件进一步了解 FILE 结构类型。

14.1.4 文件的基本操作

在 C 语言中,文件的操作都是通过调用标准库函数来完成的。

1. 文件的打开与关闭

文件在进行读写操作前必须先打开,使用结束后必须关闭文件。

(1) 文件打开函数 fopen()。

fopen()函数用于打开一个文件,其原型为:

```
FILE * fopen(char * filename,char * mode);
```

函数功能:以 mode 指定的方式打开名为 filename 的文件。如果打开成功,则返回文件指针,否则返回 NULL。

其中,filename 是一个字符指针,它应该是文件名所对应的字符串的首地址。mode 也是一个字符指针,它是一个指定的打开方式对应的字符串。

调用 fopen()函数的方法为:

```
FILE * fp;
fp=fopen("data.txt","r");
```

以上语句定义了一个文件指针 fp,然后调用 fopen()函数,指定打开名为 data.txt 的文件,并指定打开文件的方式是 r,也就是只允许对文件进行读操作,最后将 fopen()函数返回的文件指针赋给 fp,令 fp 指向该文件。

文件的打开方式包括 r、w、a、t、b、+共 6 个字符,这些字符的基本含义如表 14.1 所示,其组合含义如表 14.2 所示。

表 14.1　各种文件打开方式的基本含义

打开方式	基 本 含 义
r	读文件。该方式要求文件必须已存在,且只能从该文件读出
w	写文件。若指定打开的文件不存在,则以指定的文件名创建该文件;若指定打开的文件已存在,则删除该文件,重新建立一个新文件
a	往一个已存在的文件尾部追加信息。该方式要求指定的文件必须存在,否则会出错
t/b	文本文件(可省略)/二进制文件
+	可读可写

表 14.2　各种文件打开方式的组合含义

打开方式	组 合 含 义	打开方式	组 合 含 义
rt	只读方式打开文本文件	rt+	读写方式打开文本文件
wt	只写方式打开或建立一个文本文件	wt+	读写方式打开或建立文本文件
at	追加方式打开文本文件	at+	读写方式打开文本文件

程序设计基础

续表

打开方式	组 合 含 义	打开方式	组 合 含 义
rb	只读方式打开二进制文件	rb+	读写方式打开二进制文件
wb	只写方式打开或建立二进制文件	wb+	读写方式打开或建立二进制文件
ab	追加打开二进制文件	ab+	读写方式打开二进制文件

打开文件如果出错,fopen()函数将返回一个空指针值 NULL。例如:

```
if((fp=fopen("E:\\data.dat","rb")!=NULL)
{
    //statements.
}
```

以上语句调用 fopen()函数,指定打开 E 盘根目录下的 data.dat 文件用于读。如果
fopen()函数返回的指针为 NULL,表示打开该文件失败;打开成功时,执行语句
statements。

(2) 文件关闭函数 fclose()。

文件使用完毕后应该立即关闭,以避免发生文件数据丢失等错误。fclose()函数用于
关闭一个文件,其原型为:

```
int fclose(FILE * fp);
```

函数功能:关闭文件指针 fp 所指向的文件,释放文件缓冲区。正常完成关闭文件操
作时,函数返回值为 0;如果返回值为非零,表示关闭文件发生错误。

fclose()函数的调用方法为:

```
fclose(fp);
```

2. 文件的读写

对文件的读和写是最常用的文件操作。C 语言提供了多种文件读写的标准函数,使
用这些函数都需要包含头文件 stdio.h。

(1) 读字符函数 fgetc()。

fgetc()函数用于从指定的文件中读取一个字符,其原型为:

```
int fgetc (FILE * fp);
```

函数功能:从文件指针 fp 所指向的文件中读取下一个字符。如果读取出错返回
EOF[1],否则返回所读的字符。

---

[1] EOF 是一个 C 语言定义的宏,它通常定义在头文件 stdio.h 中,其值一般为 -1。当 fgetc()函数读取到文件
尾,不能再从文件中读取出信息时,函数返回 EOF。EOF 通常用于判断是否到达文件尾,你可以查阅资料,了解更多
将 EOF 用于判断二进制文件结束的用法。另外,也可以通过 feof()函数来判断是否到达文件尾。

例如：

```
ch=fgetc(fp);
```

该语句是从打开的文件 fp 中读取一个字符并赋给变量 ch。注意，fgetc()函数指定读取的文件必须以"读"或"读写"的方式打开。

程序 14.1 是一个打开并读取文件中字符的例子。

【程序 14.1】 读字符函数 fgetc()的用法。

```
#include <stdio.h>
int main()
{
    FILE * fp;
    char ch;
    if((fp=fopen("E:\\data.txt","r"))==NULL)   //语句①
    {
        printf("Cannot open file data.txt!");
        getch();
        exit(1);
    }
    ch=fgetc(fp);                              //语句②
    while(ch!=EOF)
    {
        putchar(ch);
        ch=fgetc(fp);
    }
    fclose(fp);
    return 0;
}
```

本例程序的功能是从文件中逐个读取字符，并输出到屏幕上。程序定义了文件指针 fp，在语句①处，以 r 方式打开磁盘文件 data.txt，令文件指针 fp 指向该文件。如果打开文件出错，给出提示"Cannot open file data.txt!"并退出程序。程序的语句②先从文件读取一个字符，如果 fgetc()函数没有返回 EOF，就进入到 while 循环结构中，把该字符显示在屏幕上，然后继续读取下一个字符，直至 fgetc()函数返回 EOF 为止。执行本程序将在屏幕上输出整个文件的内容。

在本例程序的 while 循环中，并没有移动文件指针 fp，那么，文件内部是如何不断读取下一个字符的呢？

事实上，在文件内部有一个位置指针，它用来指向文件当前读写的字节。当文件打开时，位置指针总是指向文件的第一个字节。调用 fgetc()函数后，位置指针将向后移动一个字节，因此，如果连续调用 fgetc()函数，位置指针将不断向文件尾移动，从而读取到每

330　程序设计基础

一个字符。注意,文件指针 fp 并不是文件内部的位置指针。文件指针是指向整个文件的,它必须在程序中进行定义,只要不重新赋值,文件指针的值是不变的。而位置指针用于指示文件内部的当前读写位置,每读写文件一次,该指针均向后移动,它不需要在程序中定义,而是由系统自动进行设置的。

(2) 写字符函数 fputc()。

函数 fputpc()用于把一个字符写入指定的文件中,其原型为:

```
int fputc(char ch, FILE * fp);
```

函数功能:把一个字符型数据 ch 输出到文件指针 fp 指向的文件中,输出成功返回该字符,否则返回 EOF。

例如:

```
fputc('a',fp);
```

该语句是把字符 a 写入 fp 所指向的文件中。调用 fputc()函数时,被写入的文件必须用写、读写、追加方式打开。

程序 14.2 的功能是从键盘输入一个字符串,将其写入一个磁盘文件,再把该文件内容显示在屏幕上。

【程序 14.2】 写字符函数 fgetc()的用法。

```c
#include <stdio.h>
int main()
{
    FILE * fp;
    char ch;
    if((fp=fopen("E:\\data.txt","w+"))==NULL)      //语句①
    {
        printf("Cannot open file data.txt!");
        getch();
        exit(1);
    }
    printf("input a string:\n");
    ch=getchar();                                   //语句②
    while(ch!='\n')
    {
        fputc(ch,fp);
        ch=getchar();
    }
    rewind(fp);                                      //语句③
    ch=fgetc(fp);
    while(ch!=EOF)                                   //语句④
```

```
    {
        putchar(ch);
        ch=fgetc(fp);
    }
    printf("\n");
    fclose(fp);
    return 0;
}
```

本例程序的语句①以读写文本文件(w+)的方式打开文件 data.txt。程序在语句②处输入一个字符到变量 ch 后进入 while() 循环,反复从键盘输入字符到变量 ch,并用 fputc() 函数把 ch 的值写入文件,直到从键盘输入一个回车键为止。

由于每次往文件写入一个字符,文件内部的位置指针就往后移动一个字节,因此,当输入结束时,位置指针已移动到文件尾。此时,如果要从文件头开始读取,必须把位置指针移回到文件头。为此,程序在语句③处调用了 rewind() 函数,其调用形式为:

```
rewind(fp);
```

rewind() 函数可把文件指针 fp 所指向文件的内部位置指针移到文件头。

程序从语句④开始输出文件中的字符,通过 while() 循环反复调用 fgetc() 函数,每次从文件读取出一个字符并写入 ch,再输出 ch,直至 fgetc() 函数返回 EOF 为止。同样,在此过程中,每次读取一个字符,文件内部的位置指针就会往后移动一个字节。

(3) 读字符串函数 fgets()。

函数 fgets() 用于从指定的文件中读取一个字符串,其原型为:

```
char * fgets(char * buf, int n, FILE * fp);
```

函数功能:从文件指针 fp 所指向的文件中读取一个长度为 n-1 的字符串,将其存入指针 buf 所指向的存储空间,并在读取的字符串末尾附加一个字符'\0'。该函数返回指针 buf 所指向的内存地址,如果遇到文件读取出错,或者读取到文件尾尚不足 n-1 个字符,则返回 NULL。

例如:

```
fgets(str,10,fp);
```

该语句是从文件指针 fp 所指向的文件中读取出 9 个字符并送入字符数组 str 中。

程序 14.3 是从磁盘文件 data.txt 中读入一个字符串。

【程序 14.3】 读字符串函数 fgets() 的用法。

```
#include <stdio.h>
int main()
```

程序设计基础

```
{
    FILE * fp;
    char str[12];
    if((fp=fopen("E:\\data.txt","r"))==NULL)
    {
        printf("\nCannot open file data.txt!");
        getch();
        exit(1);
    }
    fgets(str,12,fp);                        //语句①
    printf("%s",str);
    fclose(fp);
    return 0;
}
```

本例程序定义了一个长度为 12 的字符数组 str。首先以读方式(r)打开文件 data. txt,令文件指针 fp 指向该文件,接着调用 fgets()函数,从文件中读出 11 个字符并送入数组 str,fgets()函数将在数组 str 的 11 个字符之后加上'\0'。

注意,fgets()函数从文件读取的字符数,是其第二参数的值减一。本例程序中,fgets()函数的第二参数值为 12,因此实际需从文件读取 11 个字符,再在字符末尾自动补上'\0',因此数组 str 的长度至少为 12。

在执行语句①时,如果文件 data.txt 中的字符数不足 11,无法从文件中再读取字符时,在已读取的字符串(长度不足 11)末尾加'\0'后存入数组 str 中,此时,fgets()函数将返回 NULL。

(4) 写字符串函数 fputs()。

函数 fputs()用于向指定的文件写入一个字符串,其原型为:

```
int fputs(char * str, FILE * fp);
```

函数功能:把字符指针 str 所指向的字符串输出到文件指针 fp 所指向的文件中。如果操作成功,则返回非负整数,否则返回 EOF。

例如:

```
fputs("abcd","r",fp);
```

该语句是把字符串 abcd 写入文件指针 fp 所指向的文件中。

程序 14.4 的功能是从键盘输入一个字符串,将其写入一个磁盘文件,再把该文件的内容显示在屏幕上。

【程序 14.4】 写字符串函数 fputs()的用法。

```
#include<stdio.h>
```

```c
int main()
{
    FILE * fp;
    char ch,string[20];
    if((fp=fopen("E:\\data.txt","w+"))==NULL)          //语句①
    {
        printf("Cannot open file data.txt!");
        getch();
        exit(1);
    }
    printf("input a string:");
    scanf("%s",string);
    fputs(string,fp);                                  //语句②
    rewind(fp);                                         //语句③
    ch=fgetc(fp);
    while(ch!=EOF)
    {
        putchar(ch);
        ch=fgetc(fp);
    }
    fclose(fp);
    return 0;
}
```

本例程序在语句①处以读写方式打开磁盘文件 data.txt,令文件指针 fp 指向该文件。然后从键盘输入一个字符串到字符数组 string 中。

程序在语句②处调用了函数 fputs(),将字符数组 string 中的字符串写入文件 data.txt。随着字符串写入到文件,文件内部的位置指针将逐步移动到文件尾。为了能从头读取文件的内容,程序在语句③处调用了 rewind() 函数,让文件内部位置指针返回文件头。最后,程序用一个 while 循环结构,通过 fgetc() 函数逐个读取文件中的字符,并调用 putchar() 函数实现字符的输出。

(5) 数据块读写函数 fread() 和 fwtrite()。

C 语言还提供了用于整块数据的读写函数,可用来读写一组数据,如一个数组,一个结构变量的值等。

fread() 是读数据块函数,其原型为:

```c
int fread(void * buffer,unsigned size,unsigned n, FILE * fp);
```

函数功能:从文件指针 fp 所指向的文件中,读取 n 个长度为 size 的数据,保存到指针 buffer 所指向的存储空间中。

第一参数 buffer 的数据类型是 void *,表示 buffer 可以是任何类型的内存地址。

该函数返回所读取的数据项个数。如果读取文件失败,则返回的数据项数小于 n,或者为 0。

例如：

```
int data[1024];
fread(data,sizeof(int),500,fp);
```

该语句的含义是从文件指针 fp 所指向的文件中，每次读取 sizeof(int)个字节，送入整型数组 data 中，连续读 500 次，即从文件读取 500 个整数到数组 data 中。

fwrite()是写数据块函数，其原型为：

```
int fwrite(void * buffer,unsigned size,unsigned n, FILE * fp);
```

函数功能：从内存地址 buffer 的存储空间中，读取 size 个字节，写入文件指针 fp 所指向的文件中，一共读取和写入 n 次。

第一参数 buffer 的数据类型是 void * ，表示 buffer 可以是任何类型的内存地址。

该函数返回所读取的数据项个数。如果写入文件失败，则返回的数据项数小于 n，或者为 0。

例如：

```
int data[5]={1,2,3,4,5};
fwrite(data,sizeof(int),5,fp);
```

该语句的含义是从内存地址为 data 的存储空间中，每次读 sizeof(int)个字节，将其写入文件指针 fp 所指向的文件中，连续读取和写入文件 5 次，即把数组 data 的 5 个元素全部写入到 fp 所指向的文件中。

程序 14.5 是一个使用 fread()和 fwrite()从文件读写的例子。该程序从键盘输入 5个学生的信息，将其写入磁盘文件中，再从磁盘文件读出这 5 个学生的信息并显示在屏幕上。

【程序 14.5】 fread()和 fwrite()函数的用法。

```
#include<stdio.h>
#include<stdlib.h>
#define LEN  5
typedef struct stu                              //定义学生结构类型
{
    char no[13];
    char name[13];
    int score;
}STUDENT;
int main()
{
    STUDENT studentsA[LEN],studentsB[LEN], * p=studentsA, * q=studentsB;
```

```
        FILE * fp;
        int i;
        if((fp=fopen("e:\\students.dat","wb+"))==NULL)          //语句①
        {
            printf("Cannot open file strike any key exit!");
            getch();
            exit(1);
        }
        printf("input data:");
        for(i=0;i<LEN;i++)                                       //语句②
            scanf("%s%s%d",(p+i)->no,(p+i)->name,&((p+i)->score));
        fwrite(p,sizeof(STUDENT),LEN,fp);                        //语句③
        rewind(fp);                                              //语句④
        fread(q,sizeof(STUDENT),LEN,fp);                         //语句⑤
        printf("\nno\tname\tscore\n");
        for(i=0;i<LEN;i++)
            printf("%s\t%s\t%d\n",(q+i)->no,(q+i)->name,(q+i)->score);
        fclose(fp);
        return 0;
    }
```

本例程序定义了一个结构类型 STUDENT,定义了两个结构数组 studentsA 和 studentsB,分别用结构指针 p 和 q 指向了这两个数组。

程序在语句①处用读写二进制文件(wb+)的方式打开文件 students.dat,令文件指针 fp 指向该文件,然后在语句②处从键盘输入 LEN 个学生信息到数组 studentsA 中。

程序在语句③处调用了 fwrite() 函数,从指针 p 所指向的内存中,每次读取 sizeof(STUDENT)个字节,也就是一个学生信息,将其写入 fp 所指向的文件中,一共读取 LEN 次,这样,就把 studentsA 中 LEN 个学生信息写入了文件 students.dat。

由于 fwirte() 函数向文件写入数据,文件内部位置指针移动到文件尾,为了能从文件头读取文件信息,语句④调用了 rewind() 函数,令文件内部位置指针回到文件头。

程序在语句⑤处调用 fread() 函数,从 fp 指向的文件中,每次读取 sizeof(STUDENT)个字节,即一个学生信息,将其写入指针 q 所指向的存储空间,也就是数组 studentsB 中。一共读取 LEN 次,这样,就从文件中读取了 LEN 个学生信息写入数组 studentsB。

这里需要特别注意:函数 fread() 和 fwrite() 用于读写二进制文件,因此其操作的文件应该以二进制文件的方式打开。

(6) 格式化读写函数 fscanf() 和 fprintf()。

相信你已十分熟悉 scanf() 和 printf() 函数,它们分别以键盘、显示器为对象,进行格式化输入、输出操作。C 语言还提供了 fscanf() 函数、fprintf() 函数,它们也是格式化的输入、输出函数,它们读写的对象是文件。

程序设计基础

fscanf()是格式化输入文件函数,其原型为:

```
int fscanf (FILE * fp,char * format,输入列表);
```

函数功能:从文件指针 fp 所指向的文件中,按 format 指定的格式,把数据读入到输入列表所指向的内存单元中。函数返回读取的数据个数,如果读取文件错误或者读取到达文件尾,则返回 EOF。

例如:

```
fscanf(fp,"%d%s",&i,s);
```

该语句从文件指针 fp 指向的文件中读取一个整数、一个字符串,分别写入变量 i、字符串 s 中。

fprintf()是格式化输出文件函数,其原型为:

```
int fprintf(FILE * fp, char * format,输出列表);
```

函数功能:把输出列表的值按 format 指定的格式,输出到文件指针 fp 指向的文件中。函数返回输出到文件的字符数,如果输出到文件失败,则返回一个负数。

例如:

```
fprintf(fp,"%d,%c\n",num,ch);
```

该语句的功能是将变量 num、ch 的值分别以十进制整数、字符的形式,输出到文件指针 fp 所向的文件中,输出时整数与字符之间用一个逗号(,)分开,输出结束后换行。

程序 14.6 使用 fscanf()和 fprintf()函数,改写了程序 14.5。该程序从键盘输入 5 个学生的信息,将其写入磁盘文件中,再从磁盘文件读出这 5 个学生的信息显示在屏幕上。

【程序 14.6】 fcanf()和 fprintf()函数的用法。

```
#include<stdio.h>
#include<stdlib.h>
#define LEN 100
typedef struct stu
{
    char no[13];
    char name[13];
    int score;
}STUDENT;
int main()
{
    STUDENT studentsA[LEN],studentsB[LEN], * p=studentsA, * q=studentsB;
    FILE * fp;
    int i;
```

```
    if((fp=fopen("e:\\students.dat","w+"))==NULL)                    //语句①
    {
        printf("Cannot open file strike any key exit!");
        getch();
        exit(1);
    }
    //从键盘输入学生信息到 studentsA,并写入磁盘文件 students.dat
    printf("input data:");
    for(i=0;i<LEN;i++)
        scanf("%s%s%d",(p+i)->no,(p+i)->name,&((p+i)->score));
    for(i=0;i<LEN;i++)                                               //语句②
        fprintf(fp,"%s %s %d\n",(p+i)->no,(p+i)->name,(p+i)->score);
    //从磁盘文件 students.dat 读入学生信息到 studentsB,并输出到屏幕
    rewind(fp);                                                      //语句③
    for(i=0;i<LEN;i++)                                               //语句④
        fscanf(fp,"%s%s%d",(q+i)->no,(q+i)->name,&((q+i)->score));
    printf("\nno\tname\tscore\n");
    for(i=0;i<LEN;i++)
        printf("%s\t%s\t%d\n",(q+i)->no,(q+i)->name,(q+i)->score);
    fclose(fp);
    return 0;
}
```

本例程序的语句①采用读写文本文件(w+)方式打开文件,因为 fscanf() 和 fprintf() 函数可读写文本文件。

另外,由于 fscanf() 和 fprintf() 函数每次只能读写一个结构数组元素,因此在语句② 处,用循环结构逐个输出数组 studentsA 的每一个元素,在语句④处,用循环结构从文件 中逐个读出数据,写入到数组 studentsB 中。注意,必须在语句③处令文件内部的位置指 针回到文件头,才能从文件中读取信息。

3. 文件的随机读写

前面介绍的对文件的读写方式都是顺序读写,也就是说,读写文件只能从头开始,顺 序读写各个数据。但实际问题中,常常要求只读写文件中某一指定的部分。为此,可将文 件内部的位置指针移动到需要读写的位置,再进行读写,这种方式称为随机读写。

实现随机读写的关键是按要求移动位置指针,这称为文件的定位。

(1) 文件定位。

移动文件内部位置指针的函数主要有两个,分别是 rewind() 函数和 fseek() 函数。

在前面的程序中,我们已多次使用过 rewind() 函数,它的功能是把文件的位置指针 移动到文件头。下面来看 fseek() 函数的用法。

fseek() 函数一般用于对二进制文件进行定位,它被用来移动文件内部的位置指针, 其原型为:

程序设计基础

```
int fseek (FILE * fp,long offer,int base);
```

函数功能：将文件指针 fp 指向的文件中的位置指针，从 base 指定的位置开始，移动 offer 个字节。

其中，base 表示从何处开始计算位移量，base 的位置有三个，分别是文件头、当前位置和文件尾，通常用三个宏分别表示 base 的不同位置，如表 14.3 所示。

表 14.3　base 的表示方法及含义

起　始　点	表　示　符　号	数　字　表　示
文件头	SEEK_SET	0
当前位置	SEEK_CUR	1
文件尾	SEEK_END	2

offer 表示位置指针相对于 base 移动的字节数，它如果为正，表示从 base 的位置向文件尾偏移，如果为负，表示从 base 的位置向文件头偏移。

当向文件尾偏移时，无论 offset 是否超出文件尾，fseek() 都返回 0。如果 offset 没有超出文件尾，则位置指针指向其正确的偏移位置；如果偏移量超出文件尾，则位置指针指向文件尾。

当向文件头偏移时，如果 offset 没有超出文件头，位置指针指向正确的偏移地址，fseek() 返回值为 0；如果 offset 超出文件头，fseek() 返回 −1，且位置指针不会移动，仍处于原位置。

例如：

```
fseek(fp,sizeof(int) * 10, SEEK_SET);
```

该语句的功能是把位置指针从文件头向文件尾移动 10 个整数的字节数。语句执行后，位置指针指向文件中的第 11 个元素。

(2) 文件的随机读写。

通过文件定位函数，可以移动文件的位置指针，对文件的任意位置进行读写。程序 14.7 是一个对文件进行定位和随机读写的例子。

【程序 14.7】　文件的定位和随机读写。

```
#include<stdio.h>
#include<stdlib.h>
#define LEN 3
typedef struct stu
{
    char no[13];
    char name[13];
    int score;
```

```
}STUDENT;
int main()
{
    STUDENT studentsA[LEN], * p=studentsA,q;
    FILE * fp;
    int i;
    if((fp=fopen("e:\\students.dat","wb+"))==NULL)
    {
        printf("Cannot open file strike any key exit!");
        getch();
        exit(1);
    }
    //从键盘输入学生信息到 studentsA,并写入磁盘文件 students.dat
    printf("input data:");
    for(i=0;i<LEN;i++)
        scanf("%s%s%d",(p+i)->no,(p+i)->name,&((p+i)->score));
    fwrite(studentsA,sizeof(STUDENT),LEN,fp);          //语句①
    fseek(fp,sizeof(STUDENT) * 2, SEEK_SET);           //语句②:重定位位置指针
    fread(&q,sizeof(STUDENT),1,fp);                     //语句③
    printf("\nno\tname\tscore\n");
    printf("%s\t%s\t%d\n",q.no,q.name,q.score);
    fclose(fp);
}
```

本例程序在语句①处将数组 studentA 的中的 LEN 个元素写入磁盘文件 students.dat 中。

注意,由于本程序用 fseek()函数进行文件定位,其操作的文件应该是二进制文件,因此,本程序用 wb+方式打开文件,用 fwrite()函数写文件,以使操作的 students.dat 是一个二进制文件。

程序在语句②处调用 fseek()函数进行文件位置指针定位,注意,其第二实参为:

```
sizeof(STUDENT) * 2
```

该参数指出了文件位置指针相对于 base 的偏移量,该语句将令位置指针移动到相对文件头的第三个学生信息的开头处。

程序在语句③处用 fread()函数读出一个学生信息,写入变量 q,此时读出的应该是第三个学生的信息。

4. 文件检测函数

程序中常见的文件检测操作包括:判断文件读写操作是否出错、判断当前是否处于文件尾等。这里主要介绍 feof()函数的用法。

函数 feof()用于判断当前是否处于文件的结束位置,其原型为:

程序设计基础

```
int feof (FILE * fp);
```

函数功能：判断文件的位置指针是否处于文件的结束位置，如果是则返回非0；如果不是，则返回0。

很多时候，并不知道文件中准确的数据个数，此时，可以不断地读取文件的信息，并通过 feof() 函数来判断是否到达文件尾，如果到达文件尾，则停止读文件的操作。

程序14.8是用 feof() 函数来辅助读取文件的例子。该程序预先并不知道文件中有多少数据，它通过 feof() 函数来判断是否到达文件尾，只要没有到达文件尾，就不断从文件中读取并输出数据到屏幕。

【**程序14.8**】 用 feof() 函数辅助读取文件。

```
#include<stdio.h>
#include<stdlib.h>
int main()
{
    FILE * fp;
    int x;
    if((fp=fopen("E:\\data.txt","r"))==NULL)
    {
        printf("Cannot open file data.txt!");
        getch();
        exit(1);
    }
    while(!feof(fp))                          //语句①
    {
        fscanf(fp,"%d",&x);
        printf("%d ",x);
    }
    fclose(fp);
    return 0;
}
```

本例程序执行的前提是磁盘文件 data.txt 已建立好，且其中存放着若干个整数。程序首先打开文件 data.txt，然后在语句①处进行判断，只要没有到达文件尾，就进入 while 循环，从文件读取整数写入到变量 x 中，然后输出 x 的值。

我们知道，fscanf() 函数每执行一次，文件内部的位置指针就往文件尾移动一个整数，本例程序用 feof() 函数判断位置指针是否到达文件尾。注意，以下两个条件表达式的写法是等价的：

```
while(!feof(fp))
while(feof(fp)==0)
```

第 14 章　相关主题　　341

它们都表示:

```
while(位置指针没到达文件尾)
```

14.1.5　文件小结

本节介绍了文件的一些基本概念,重点介绍了在 C 程序中打开文件、关闭文件、文件读写、定位等常用库函数。掌握和使用文件有利于你编写功能更为强大的程序,例如,程序中包含对数据的存盘、加载功能,都可以通过文件操作来实现。

14.2　编译预处理

在前面各章中,已多次使用过以♯号开头的预处理命令。如包含命令♯include,宏定义命令♯define 等。这些命令一般都放在函数外,在源文件的前面,它们称为预处理命令。

所谓预处理,是指在进行编译的第一遍扫描(词法扫描和语法分析)前所做的工作。预处理由预处理程序完成。当对一个源文件进行编译时,系统将自动引用预处理程序对源程序进行预处理,然后再进行源程序的编译。

C 语言提供了多种预处理功能,包括文件包含、宏定义、条件编译等,因此在预处理阶段的主要工作为:

(1) 将源文件中以 include 包含的文件复制到源文件中。

(2) 用♯define 定义的字符串替换其定义的标识符。

(3) 根据♯if 等条件编译中的条件,决定需要编译的代码。

在程序中合理地使用预处理功能,可以增加程序的可读性、可移植性,也有利于模块化程序设计和调试。本节介绍几种常用的预处理功能。

14.2.1　宏定义

在 C 语言源程序中允许用一个标识符来表示一个字符串,称为宏,被定义为宏的标识符称为宏名。在程序代码中可以使用已定义的宏名,称为宏调用。在编译预处理时,对宏调用中出现的宏名,用宏定义中的字符串去替换,这称为宏替换,或宏展开。

宏定义是由源程序中的宏定义命令完成的,宏展开则由预处理程序自动完成。

在 C 语言中,宏分为无参数和有参数两种。

1. 无参宏定义

无参宏的宏名后不带参数。其定义的一般形式为:

```
#define  标识符  字符串
```

其中:

342　程序设计基础

　　♯：表示这是一条预处理命令，凡是以"♯"开头的均为预处理命令。

　　define：为宏定义命令。

　　标识符：所定义的宏名。

　　字符串：可以是常数、表达式、格式串等。

　　你可能觉得无参宏定义的形式非常熟悉。事实上，在本书 3.5 节，已经用这种命令定义过符号常量。符号常量的定义就是一种无参宏定义。此外，可以将程序中反复使用的表达式定义为宏。

　　例如：

```
#define SQUARE (x * x)
```

　　该命令将标识符 SQUARE 定义为表达式(x * x)。经过这样的定义，在对源程序做编译预处理时，将进行宏展开，即把源代码中所有的标识符 SQUARE 都替换为表达式(x * x)，然后再对替换后的代码进行编译。

　　程序 14.9 是一个使用无参宏定义的例子。

【程序 14.9】　一个无参宏定义的例子。

```
#include <stdio.h>
#define SQUARE (x+x)                          //定义无参宏 SQUREX
int main()
{
    int z,x;
    printf("Please input a number:");
    scanf("%d",&x);
    z=3 * SQUARE;                             //语句①:宏调用
    printf("z=%d\n",z);
    return 0;
}
```

　　本例程序中定义了无参宏 SQUARE，将其定义为表达式(x＋x)。程序在语句①处进行了宏调用。在预处理时进行宏展开，使语句①变为：

```
z=3 * (x+x);
```

　　注意，宏展开是原样替换，也就是说，(x＋x)中的小括号也原样被替换进语句中。因此，如果从键盘输入 10，则程序 14.9 的运行结果为：

```
Please input a number:10
z=60
```

　　如果将本例程序的宏定义修改如下：

```
#define SQUARE x+x
```

那么经过宏展开后语句①变为:

```
z=3*x+x;
```

显然,此时如果从键盘输入 10,则程序运行后的 z 值将为 40。

我们结合程序 14.9 对宏定义做几点说明。

(1) 宏定义是将宏名定义为一个字符串,在宏展开时,用该字符串替代宏名。这种替代只是简单的原样替代,预处理程序不会对字符串的信息做任何语法检查,也就是说,即使字符串中的信息有误,也只会在预处理结束后的编译阶段才能被发现。

(2) 宏定义不是变量定义,也不是可执行语句,在其末尾不必加分号。如果在其末尾加分号,则宏展开时分号也被作为字符串的一部分。

(3) 宏定义的作用域为宏定义命令起到源程序结束[①],可以用 ♯ undef 命令终止宏的作用域。

例如:

```
#define PI 3.14159
int main()
{
    ......
}
#undef PI
f1()
{
    double t=PI;                              //语句①:该语句错误
}
```

以上代码中加粗的命令表示 PI 只在 main 函数中有效,在 f1 中无效,编译会对以上代码的语句①报错。

(4) 对双引号的中的宏名不进行宏替换。

【程序 14.10】 又一个无参宏定义的例子。

```
#include <stdio.h>
#define SQUARE (x+x)
int main()
{
    int z,x;
    printf("Please input a number:");
```

---

① 宏定义一般放在函数外部,将它定义在函数内部将降低程序的可读性和可维护性。不过,无论宏定义在函数内部还是外部,其作用域都是从定义的位置开始,到源文件的末尾,除非遇到 ♯ undef 命令。

程序设计基础

```
    scanf("%d",&x);
    z=3 * SQUARE;
    printf("3 * SQUARE=%d\n",z);
    return 0;
}
```

以上程序运行时,如果输入 10,其运行结果如下,可见双引号中的 SQUARE 并不会被替换掉。

```
Please input a number:10
3 * SQUARE =60
```

(5) 宏可以嵌套定义。也就是说,可以用已定义的宏名来定义新的宏。在宏展开时,由预处理程序进行层层代换。

例如:

```
#define R (x+x)
#define AREA 2 * 3.14 * R
```

则对以下语句:

```
printf("%f",AREA);
```

在宏替换后成为:

```
printf("%f",2 * 3.14 * (x+x));
```

2. 有参宏定义

C 语言允许宏带有参数。带参宏定义的一般形式为:

```
#define 宏名(形参表) 字符串
```

其中,宏名后的参数称为形参,其后的字符串中含有各个形式参数。

有参宏调用的一般形式为:

```
宏名(实参表);
```

其中,宏名后的参数称为实参。

在调用有参宏时,不仅要进行宏展开,还要用实参去代换形参。程序 14.11 是一个使用有参宏的例子。

【程序 14.11】 一个有参宏定义的例子。

```
#include <stdio.h>
```

```
#define FINDMAX(a,b) (a>b)?a:b                    //定义有参宏 FINDMAX
int main()
{
    int x,y,max;
    printf("Please input two numbers:");
    scanf("%d%d",&x,&y);
    max=FINDMAX(x,y);                             //语句①:调用有参宏 FINDMAX
    printf("max=%d\n",max);
    return 0;
}
```

本例程序中定义了有参宏 FINDMAX,用宏名 FINDMAX 表示表达式(a>b)?a:b。其中,宏的形参 a 和 b 均出现在宏定义的表达式中。

程序在语句①处调用宏 FINDMAX,调用语句为:

```
max=FINDMAX(x,y);                    //语句①:调用有参宏 FINDMAX
```

调用的实参分别为 x 和 y。宏展开时,用实参代替形参,展开后的语句①为:

```
max=(x>y)?x:y;
```

你可能觉得有参宏调用与有参函数调用非常相似,但事实上,它们是本质不同的。

在调用有参函数时,形参与实参是两个不同的量,它们各自有自己的存储空间,实参以值传递的方法,将自己的值赋给形参。

而有参宏调用时,不存在值传递的问题,不会把实参的值传给形参,只是用实参的符号替换宏定义表达式中形参的符号。因此有参宏的形参不会分配内存单元,不必对形参做类型定义。

另外,有参宏的形参必须是标识符,但宏调用中的实参可以是表达式。当然,在宏调用时,不会计算实参表达式的值,只是用实参表达式直接替换宏定义中的形参。

14.2.2 文件包含

文件包含是 C 语言预处理程序的另一个重要功能。

文件包含命令的一般形式为:

```
#include <文件名>
```

在前面已多次用此命令包含过库函数的头文件。例如:

```
#include <stdio.h>
#include <math.h>
```

文件包含命令的功能是把被包含的文件插入该命令行的位置,取代该命令行,从而把

程序设计基础

被包含的文件和当前的源程序文件合成一个源文件。

文件包含是程序设计中的一种常用技术。例如,有时候需要将一个大的程序分解为多个模块,由多个程序员分别编写。此时,可以将一些模块公用的符号常量、宏定义等单独写到一个文件中,只要在其他源文件中用#include 命令包含该文件,即可使用这些量。这样做的好处是显而易见的,不用每一个程序员分别在每个源文件中去书写那些公用量,从而提高开发效率。

事实上,文件包含命令有如下两种书写形式:

```
#include <math.h>
#include "myHfile.h"
```

以上两条命令都可以包含指定的头文件,其区别是:

尖括号只在系统默认目录或者尖括号内的路径中查找头文件,通常用于引用标准库自带的头文件。双引号首先在程序源文件所在目录查找头文件,如果未找到,则去系统默认目录查找,通常用于引用自定义的、非标准库的头文件。

一个 include 命令只能指定一个被包含文件,若有多个文件要包含,则需用多个 include 命令。

另外,文件包含允许嵌套,也就是说,在一个被包含的文件中又可以包含另一个文件。

14.2.3 条件编译

顾名思义,条件编译是指可以按照不同的条件,编译程序中不同的部分,产生不同的目标代码,从而为我们调试、移植程序提供便利。C 语言的条件编译命令包括#ifdef、#ifndef、#if、#elif、#else、#endif、defined,它们的描述如表 14.4 所示。

表 14.4 各种条件编译命令及含义

条件编译命令	含 义
#if	编译预处理中的条件命令,相当于 C 语言中的 if 语句
#ifdef	判断某个宏是否被定义,若已定义,执行随后的语句
#ifndef	与#ifdef 相反,判断某个宏是否未被定义
#elif	若#if、#ifdef、#ifndef 或前面的#elif 条件不满足,则执行#elif 之后的语句
#else	与#if、#ifdef、#ifndef 对应,若这些条件不满足,则执行#else 之后的语句
#endif	#if、#ifdef、#ifndef 这些条件命令的结束标志
defined	与#if、#elif 配合使用,判断某个宏是否被定义

本节介绍 C 语言的条件编译的几种形式。

1. #ifdef 与#else

这种条件编译命令的一般形式如下:

```
#ifdef 标识符
    程序段 1
#else
    程序段 2
#endif
```

它的功能是,如果标识符已被♯define命令定义过,则对程序段1进行编译,否则对程序段2进行编译。也可以没有♯else,其形式如下:

```
#ifdef 标识符
    程序段
#endif
```

程序14.12是使用♯ifdef和♯else进行条件编译的例子。

【**程序 14.12**】 用♯ifdef与♯else进行条件编译。

```
#include <stdio.h>
#define DEBUG                          //行2
int main()
{
    #ifdef DEBUG                       //行5
    printf("DEBUGING!\n");             //语句①
    #else                              //行7
    printf("NO DEBUGING!\n"            //语句②:注意这个语句有语法错误
    #endif                             //行9
    printf("Hi!\n");                   //语句③
    return 0;
}
```

本例程序在行5、行7、行9处添加了条件编译命令。其中,行5、行7表示如果DEBUG被定义过,则编译语句①,否则编译语句②。

由于程序在行2处定义了宏DEBUG,因此将对语句①进行编译,最终本例程序将执行语句①、语句③,其运行结果为:

```
DEBUGING!
Hi!
```

注意,本例程序中,在♯else与♯endif之间的语句将不被编译。也就是说,即使其中的代码有语法错误,但只要其他被编译的代码正确,程序依然可以成功编译。例如,本程序的语句②有语法错误(我们将其加粗显示,它缺少了函数参数表的右括号和语句末尾的分号),但程序14.12依然可以成功编译执行,这是因为语句②不会被编译。

2. #ifndef 与#else

这种条件编译命令的一般形式如下：

```
#ifndef 标识符
    程序段 1
#else
    程序段 2
#endif
```

它的功能是，如果标识符未被#define命令定义过，则对程序段1进行编译，否则对程序段2进行编译。这与第一种形式的功能正相反。

3. #if 与#else

这种条件编译命令的一般形式如下：

```
#if 整型常量表达式
    程序段 1
#else
    程序段 2
#endif
```

它的功能是：如果整型常量表达式的值为真，则对程序段1进行编译，否则对程序段2进行编译。因此可以使程序在不同条件下，完成不同的功能。注意，#if命令要求其判断的条件必须为整型常量表达式，也就是说，表达式必须是整型的，且其中不能包含变量。

程序 14.13 是使用#if和#else进行条件编译的例子。

【**程序 14.13**】 用#if与#else进行条件编译。

```
#include <stdio.h>
#define DEBUG 0                          //行 2
int main()
{
    #if DEBUG                            //行 5
    printf("DEBUGGING!\n");              //语句①
    #endif                               //行 7
    printf("RUNNING!\n");                //语句②
    return 0;
}
```

本例程序在行2处定义了宏DEBUG为0。在行5处，#if的表达式DEBUG的值为假，此时不编译语句①，而编译语句②。因此本例程序的运行结果为：

```
RUNNING!
```

第 14 章　相关主题　349

可见,用条件编译,可以通过预先给出一定的条件,使程序在不同条件下执行不同的功能。

4. # if 与 defined

defined 用来测试某个宏是否被定义,它的一般形式如下:

```
defined(NAME)
```

以上为测试宏 NAME 是否被定义,如果已被定义,则返回 1;否则返回 0。

与#ifdef 不同的是,用 define 可以在一条判断语句中同时表达多个条件,例如:

```
#if defined(DEBUG) && defined(RUN)
```

以上为判断宏 DEBUG 和宏 RUN 是否均已被定义,而使用#ifdef 和#ifndef 则仅支持判断一个宏是否定义。

5. # elif

#elif 命令的含义与 else if 相同,通过它可进行多种编译选择。它的一般形式如下:

```
#if 整型常量表达式 1
    程序段 1
#elif 整型常量表达式 2
    程序段 2
#else
    程序段 3
#endif
```

以上结构表示如果#if 后的表达式 1 为真,则编译程序段 1,否则,如果#elif 后的表达式 2 为真,则编译程序段 2;否则编译程序段 3。

程序 14.14 是使用#if、#elif 和 defined 进行条件编译的例子。

【程序 14.14】 用#if 与#elif 进行条件编译。

```
#include <stdio.h>
#define DEBUG                              //行 2
#define RUN                                //行 3
int main()
{
    #if defined(DEBUG) && defined(RUN)     //行 6
    printf("DEBUGGING!\n");                 //语句①
    printf("RUNNING!\n");                   //语句②
    #elif defined(RUN)                      //行 7
    printf("RUNNING!\n");                   //语句③
    #elif defined(DEBUG)                    //行 8
    printf("DEBUGGING!\n");                 //语句④
```

程序设计基础

```
    #else                                    //行 9
    printf("NO DEBUGGING AND NO RUNNING.");   //语句⑤
    #endif
    return 0;
}
```

本例程序的运行结果为:

```
DEBUGGING!
RUNNING!
```

程序在行 2、行 3 处定义了宏 DEBUG、宏 RUN,因此,在行 6 处,#if 的条件为真,则编译执行语句①、语句②。

假如注释掉行 2、行 3,则程序运行结果为:

```
NO DEBUGGING AND NO RUNNING.
```

这是因为此时宏 DEBUG、宏 RUN 均未定义,因此,在行 6、行 7、行 8 处的条件均为假,此时编译执行语句⑤。

本例程序中用 #if 和 defined 判断某个宏是否被定义,这种方法需要特别注意,即使宏被定义但其值为 0,#if 的条件也为真。例如,如果宏定义如下:

```
#define DEBUG 0
#define RUN 0
```

此时,以下 #if 的条件仍然是为真,因为它仅仅是判断宏是否被定义。

```
#if defined(DEBUG) && defined(RUN)
```

所以,在实际需要判断宏是否被定义时,应该注意选择,用 #ifdef、#ifndef、#if 和 defined 哪一种判断方法更为合适。

事实上,本例程序的功能通过 if 语句也能实现,那么为什么要使用条件编译呢?

这是因为,如果用 if 语句实现,则程序中的所有语句都会被编译,而条件编译则只选择一部分语句进行编译,对不符合条件的语句不编译。这样,当有些条件选择的程序段很长时,使用条件编译可以减少被编译的语句数,从而减少生成目标代码的大小。

14.2.4 编译预处理小结

本节介绍了三种编译预处理功能,包括宏定义、文件包含、条件编译。如果说在前面章节中讨论的 if-else 语句、for 语句、数据类型、文件操作等都是着眼于 C 程序设计编码的技术,那么将编译预处理功能运用到源程序中,则是软件开发工程化理念的一种体现,它利于程序的阅读、修改、调试和移植,也有利于实现模块化的程序设计。

14.3 位 运 算

前面介绍的各种运算都是以字节为基本单位进行的。但在很多系统程序中,常常要求在位(bit)一级进行运算或处理。C语言提供了位运算的功能,这使得C语言也能像汇编语言一样用于编写系统程序。C语言提供的6种位运算符如表14.5所示,位运算符只能用于整型数据。

表 14.5 C 语言的位运算及其描述

运 算 符	描 述	操 作 数
&	按位与运算符	双目运算符
|	按位或运算符	双目运算符
^	按位异或运算符	双目运算符
~	按位取反运算符	单目运算符
<<	按位左移运算符	双目运算符
>>	按位右移运算符	双目运算符

14.3.1 按位与运算

按位与运算符"&"是双目运算符,其功能是将两个操作数对应的二进制位按位进行与运算。运算规则为:

0&0=0   0&1=0   1&0=0   1&1=1

只有对应的两个二进位均为1时,结果位才为1,否则为0。参与与运算的是数的补码方式。

例如,9&5的算式如下,其与运算结果为1:

$$
\begin{array}{r}
00001001 \quad (9\text{ 的补码}) \\
\&\quad 00000101 \quad (5\text{ 的补码}) \\
\hline
00000001 \quad (1\text{ 的补码})
\end{array}
$$

可见9&5=1。

程序14.22是一个用与运算判断某数的奇偶性的例子。

【程序 14.22】 用与运算判断某数的奇偶性。

```c
#include<stdio.h>
int isOddNumber(int x);
int isOddNumber(int x)
{
```

程序设计基础

```
    return(x&1? 1:0);                          //语句①
}
int main()
{
    int x;
    scanf("%d",&x);
    if(isOddNumber(x))                         //语句②
        printf("x 是奇数.\n");
    else
        printf("x 是偶数.\n");
    return 0;
}
```

本例程序定义了一个函数 isOddNumber(),判断其形参 x 是否是奇数,如果是则返回 1,否则返回 0。由于奇数的二进制表示的末位都是 1,偶数的末位都是 0,因此,本例程序的语句①将整数 x 与 1 做与运算,如果结果为 0,可判断 x 的末位为 0,为偶数,反之为奇数。

main()函数在语句②处根据 isOddNumber()返回的是 0 或 1,判断 x 的奇偶性。

14.3.2 按位或运算

按位或运算符"|"是双目运算符,其功能是参与运算的两数各对应的二进制位进行或运算。运算规则为:

| 0 | 1=1   1 | 0=1   1 | 1=1   0 | 0=0 |

只要对应的两个二进制位有一个为 1 时,结果位就为 1。参与或运算的两个数均以补码出现。

例如,9|5 的算式如下,其运算结果为 13。

$$
\begin{array}{r}
00001001 \quad (9 \text{ 的补码}) \\
| \ 00000101 \quad (5 \text{ 的补码}) \\
\hline
00001101 \quad (13 \text{ 的补码})
\end{array}
$$

14.3.3 按位异或运算

按位异或运算符"^":是双目运算符,其运算规则为:

| 0 ^ 1=1   1 ^ 0=1   1 ^ 1=1   0 ^ 0=0 |

只要对应的两个二进制位相异,结果位就为 1。参与异或运算的两个数均以补码出现。

例如,9^5 的算式如下,其运算结果为 12。

$$
\begin{array}{r}
00001001 \quad (9 \text{ 的补码}) \\
^\wedge \ 00000101 \quad (5 \text{ 的补码}) \\
\hline
00001100 \quad (12 \text{ 的补码})
\end{array}
$$

第 14 章　相关主题　　353

14.3.4　按位取反运算

取反运算符"～"是单目运算符,具有右结合性,其功能是对参与取反运算的数的每个二进位按位求反,将 1 变成 0,0 变成 1。

例如:

```
int x=-9, z=~x;
```

以上语句是将－9 按位取反,然后赋给变量 z。其计算式为:

```
~11110111(-9 的补码)
```

其结果为 00001000,因此 z 的值是 8。

14.3.5　按位左移运算

左移运算符"<<"是双目运算符,其功能是把"<<"左边的运算数的二进位全部左移若干位,由"<<"右边的数指定要移动的位数。左移时,高位丢弃,在右边的低位补 0。

例如:

```
int a=3;
a=a<<4;
```

上述语句把变量 a 的二进制位向左移动 4 位。由于 a 为 00000011(3 的补码),则左移 4 位后为 00110000(48 的补码)。

14.3.6　按位右移运算

右移运算符">>"是双目运算符,其功能是把">>"左边的运算数的二进位全部右移若干位,由">>"右边的数指定要移动的位数。

例如:

```
int a=15;
a=a>>2;
```

上述语句把 a 的二进制位向右移 2 位。由于 a 为 00001111(15 的补码),则右移后为 00000011(3 的补码)。

对无符号数右移时,会在左边的高位中补 0。对有符号数的正数,右移时在左边的高位补 0,当为负数时,其符号位为 1,此时最高位是补 0 或是补 1 取决于编译系统的规定[①]。

14.3.7　按位复合赋值运算符

C 语言中还提供了 5 种位运算的复合赋值运算符,它们是:

---

① 大多数 C 编译系统规定为在左边的高位补 1,但是在一些系统上补的是 0。

程序设计基础

```
&=      |=      ^=      >>=     <<=
```

例如：

```
a &=b;      等价于:a=a&b;
a |=b;      等价于:a=a|b;
a ^=b;      等价于:a=a^b;
a >>=b;     等价于:a=a>>b;
a <<=b;     等价于:a=a<<b;
```

14.3.8 位域(位段)

有些信息在存储时,并不需要占用一个完整的字节,只需占一个或几个二进制位即可。例如,一个开关量只有 0 和 1 两种状态,用一个二进制位存储即可。为此,C 语言提供了一种数据结构,称为位域,或位段。

位域是把一个字节中的二进制位划分为几个不同的域,并表明每个域的位数。每个域有一个域名,允许在程序中按域名进行操作,这样就可以把几个不同的对象用一个字节的不同位域来表示。

1. 位域的定义和位域变量的定义

位域类型也是一种自定义的构造类型,因此与结构类型一样,需要先定义位域类型,其定义形式也与结构类型相似,一般定义形式如下：

```
struct 位域类型名
{
    数据类型 位域名：位域长度;
};
```

一个位域类型中可包含多个位域,每个位域都需要指定数据类型、位域名、位域长度,也就是该位域所占的二进制的位数。

例如,以下定义了一个位域类型 BS:

```
struct BS
{
    int a:8;
    int b:2;
    int c:6;
};
```

可以用以上定义的位域类型 BS 来定义位域变量,其方法为：

```
struct BS bs;
```

第 14 章 相关主题 355

上述操作先定义位域类型 BS,然后定义 BS 类型的变量 bs。变量 bs 中包含三个位域,其中,位域 a 占 8 个二进制位,位域 b 占 2 位,位域 c 占 6 位,变量 bs 一共占两个字节。

在定义位域类型时,需注意以下几方面问题。

(1) 一个位域必须存储在同一个字节中,不能跨两个字节。如果一个字节所剩空间不够存放一个位域,则应从下一单元起存放。例如,以下定义了位域类型 ts:

```
struct ts
{
    unsigned a:4
    unsigned :0              //空域
    unsigned b:4             //从下一单元开始存放
    unsigned c:4
};
```

(2) 在位域类型 ts 的定义中,a 占第一字节的 4 位,接着定义了一个空域,这表示第一个字节的后 4 位不使用,填 0,接着定义位域 b 从第二个字节开始占用 4 位,c 占用 4 位。

(3) 由于位域不允许跨两个字节,因此位域的长度不能大于一个字节,也就是说,不能超过 8 个二进制位。位域可以没有位域名,无名的位域不能使用,只用来作填充或调整位置。例如:

```
struct k
{
    int a:1
    int  :2                  //这两位不能使用
    int b:3
    int c:2
};
```

可以说,位域本质上就是一种结构类型,不过其成员是按二进位分配的。

2. 位域的使用

位域的使用和结构成员的使用相同。程序 14.23 是一个使用位域的例子。

【程序 14.23】 位域变量及其指针的使用。

```
#include<stdio.h>
typedef struct bs
{
    unsigned a:1;
    unsigned b:3;
    unsigned c:4;
}BS;
int main()
```

程序设计基础

```
{
    BS bit, * pbit=&bit;
    bit.a=1;                                    //语句①
    bit.b=7;                                    //语句②
    bit.c=14;                                   //语句③
    printf("%d,%d,%d\n",bit.a,bit.b,bit.c);
    pbit->a=0;                                  //语句④
    pbit->b&=3;                                 //语句⑤
    pbit->c|=1;                                 //语句⑥
    printf("%d,%d,%d",pbit->a,pbit->b,pbit->c);
    return 0;
}
```

本例程序的运行结果为：

```
1,7,14
0,3,15
```

本例程序中定义了位域结构类型 BS,它包含三个位域,分别是 a、b 和 c。在 main() 函数中定义了 BS 类型的变量 bit,以及 BS 类型的指针变量 pbit,并令指针变量 pbit 指向位域变量 bit。程序的语句①～语句③分别给变量 bit 的三个位域赋值。注意,所赋值不能超过该位域的存储空间大小。例如,位域 c 的类型是 unsigned 4,表明其用 4 个二进制位存放无符号整数,因此可赋值范围为 0～15。

访问位域变量的方法与结构类型的变量一样,是通过成员运算符来读取位域变量中的每一个位域,例如：

```
bit.a    bit.b    bit.c
```

本例程序的语句④～语句⑥分别用赋值运算符给指针变量 pbit 指向的位域赋值。与结构指针变量一样,指向位域的指针变量可以通过指向运算符"->"来访问其指向的每一个位域,例如：

```
pbit->a    pbit->b    pbit->c
```

注意,本例程序的语句⑤对位域 pbit->b 进行了 &= 运算。&= 是一个复合赋值运算符,该语句相当于：

```
pbit->b = pbit->b & 3;
```

也就是将 pbit->b 与整数 3 进行 & 运算,并将结果赋给 pbit->b。该运算的本质是获取位域 pbit->b 的低 2 位的值。本例中,语句⑤执行前,pbit->b 的值为 111,即无符号整数 7,语句⑤执行后,pbit->b 的值为 011,即无符号整数 3。

第 14 章　相关主题　357

语句⑥对位域 pbit->c 进行了 |＝ 运算。|＝ 是一个复合赋值运算符,该语句相当于:

```
pbit->c = pbit->c | 1;
```

也就是将 pbit->c 与整数 1 进行 | 运算,并将结果赋给 pbit->c。该运算的本质是将位域 pbit->c 的末尾置为 1,语句⑥执行前,pbit->c 的值为 1110,即无符号整数 14,语句⑥执行后,pbit->c 的值为 1111,即无符号整数 15。

14.3.9　案例研究

【例 14.1】　判断学生的喜好和特长问题。

按位运算符非常有趣,虽然在日常的编程工作中使用较少,但在某些问题中使用它们却非常有效。假设某班学生的爱好和特长如表 14.6 所示。

表 14.6　某班学生的爱好和特长表

	摄影	羽毛球	跆拳道	排球	篮球	加入机器人实验室	数学建模获奖	校计算机协会会员
110001	1	0	0	0	1	1	1	0
110002	1	1	0	0	0	0	1	0
110003	0	0	1	1	0	0	0	1

本表中:1 表示"喜欢/是",0 表示"不喜欢/不是"

那么,怎样才能知道某个学生是否具有某个爱好或特长呢? 例如,学号为 110001 的学生是否喜欢篮球? 学号为 110002 的学生是否曾在数学建模获奖?

1. 问题分析

注意到在表 14.6 中,除了学号以外,其余记录的全部是 0、1 的信息,因此,使用位运算可以方便地访问表 14.6。如果用二进制位来表示学生的爱好和特长,则表 14.6 的信息表示为:

```
学生 110001:00000000 10001110(十进制 142 的补码)
学生 110002:00000000 11000010(十进制 194 的补码)
学生 110003:00000000 00110001(十进制 49 的补码)
```

如果想知道学生 110001 是否喜欢篮球,只需看其从右向左的第 4 位是否为 1 即可,如果该位为 1,则该同学喜欢篮球,否则不喜欢。

因此,对应的运算表达式为:142 & 8,其结果为 8,即:

```
0000000010001110 & 0000000000001000→0000000000001000
```

同理,如果想知道学生 110002 是否喜欢篮球,其运算为:194 & 8,其结果为 0,即:

```
00000000 11000010 & 0000000000001000→0000000000000000
```

程序设计基础

该结果表示学生 110002 不喜欢篮球。

按照这种方式,可以用同样的方法对每个学生的其他爱好或特长进行判断。为此,定义爱好或特长的编码如下:

```
#define Photography 128
#define Badminton 64
#define Taekwondo 32
#define BVolleyball 16
#define Basketball 8
#define RobotLabMember 4
#define MathModelingAward 2
#define CompuAssociaMember 1
```

2. 编程实现

【程序 14.24】 用位操作判断学生的爱好和特长。

```
#include<stdio.h>
#define Photography 128
#define Badminton 64
#define Taekwondo 32
#define BVolleyball 16
#define Basketball 8
#define RobotLabMember 4
#define MathModelingAward 2
#define CompuAssociaMember 1
int FavoriteofBadminton(int x)              //判断学生是否喜欢羽毛球
{
    return x&Badminton;                     //语句①
}
int main()
{
    int students[3]={142,196,49};           //语句②
    int i=0;
    while(i<3)
    {
        if(FavoriteofBadminton(students[i]))   //语句③
            printf("The %dth student: Yes!\n",i+1);
        else printf("The %dth student: No!\n",i+1);
        i++;
    }
    return 0;
}
```

3. 案例小结

本例程序模拟了一个判断学生喜好和特长的问题。在 main() 函数中判断了三个学生是否喜欢羽毛球运动,程序运行结果如下:

```
The 1th student: No!
The 2th student: Yes!
The 3th student: No!
```

程序在语句②处用学生特长的二进制码对应的十进制数初始化了数组 students。

程序编写了函数 FavoriteofBadminton(),在语句①处用整数 x 与 64 进行按位 & 运算,表示对学生特长的二进制码,取其从左向右的第 2 个二进制位,如果该位为 1,表示学生"喜欢"羽毛球,否则为"不喜欢"。例如,本例中,学生 110002 的特长二进制码如下:

```
00000000 11000010
```

将其与 64 进行按位 &,即:

```
00000000 11000010 & 0000000001000000 → 0000000001000000
```

计算后得到一个非 0 值,表示学生 110002 喜欢羽毛球运动。

本例程序只列举了判断学生是否喜欢羽毛球的函数。你可以尝试扩展本程序,判断学生是否有其他喜好或特长。

另外,利用位运算,还可以方便地改变学生的特长。例如,以下语句可以将第 i+1 个学生设置为校计算机协会会员:

```
students[i]=students[i] | CompuAssociaMember;
```

14.3.10 位运算小结

位运算是 C 语言的一种特殊运算功能,它是以二进制位为单位进行运算的。位运算符只有逻辑运算和移位运算两类。位运算符可以与赋值符一起组成复合赋值符。如 &=、|=、^=、>>=、<<=等。

利用位运算可以完成汇编语言的某些功能,如置位、位清零、移位等。还可进行数据的压缩存储和并行运算。位域在本质上也是结构类型,不过它的成员按二进制位分配内存。其定义、声明及使用的方式都与结构相同。位域提供了一种手段,使得可在高级语言中实现数据的压缩,节省了存储空间,同时也提高了程序的效率。

14.4 枚举类型

在实际问题中,有些变量的取值总是在有限范围内。例如,一周有七天,一年有十二个月,一年有四季等。我们可以把这些量定义为整型或字符型,例如,用整数 1 表示星期一,用字符'F'表示星期五等,但是这种表示方式不够直观。为此,C语言提供了一种枚举类型。

14.4.1　枚举类型的定义

枚举类型定义的一般形式为:

```
enum 枚举名{ 枚举元素表 };
```

其中,enum 是 C 语言的一个关键字,它专门用于定义枚举类型。在枚举元素表中应列举出所有枚举元素,多个枚举元素之间用逗号分开。注意,枚举类型是一种基本数据类型,而不是一种构造类型,枚举元素不能再分解为任何基本类型。

例如,以下是一个枚举类型的定义:

```
enum weekday{ sun,mou,tue,wed,thu,fri,sat };
```

该枚举类型名为 weekday,其中,大括号中有 7 个字符串,它们被称为枚举元素,这里的枚举元素分别用于表示一周中的七天。注意,枚举元素不是字符常量,也不是字符串常量,不要加单引号或双引号。

对定义的枚举类型,系统给其每个枚举元素一个表示序号的数值,默认情况下,该值从 0 开始,其后每个元素的值为前一元素加 1。例如,在前述定义的枚举类型 weekday 中,元素 sun 值为 0,mon 值为 1,tue 的值为 2,以此类推,sat 的值为 6。

也可以在定义枚举类型时指定第一个枚举元素的值,例如:

```
enum season{spring=1, summer, autumn, winter};
```

这样,枚举元素 spring 的值为 1,summer 的值为 2,autumn 的值为 3,winter 的值为 4。

还可以指定其中间某一个枚举元素的值,例如:

```
enum season {spring, summer=3, autumn, winter};
```

这样,spring 的值为 0,summer 的值为 3,autumn 的值为 4,winter 的值为 5。

14.4.2　枚举变量的定义和使用

与结构类型一样,对枚举类型不能直接使用,必须定义枚举类型的变量。枚举类型的变量称为枚举变量。C 语言定义枚举变量的方法有三种。

1. 先定义枚举类型,再定义变量

例如,以下先定义了枚举类型 weekday,然后定义了枚举变量 a 和 b。注意,用枚举类型定义变量时,类型名的前面必须使用关键字 enum。

```
enum weekday{ sun,mou,tue,wed,thu,fri,sat };
enum weekday a,b;
```

2. 定义枚举类型的同时定义变量

例如,以下在定义枚举类型 weekday 的同时定义了枚举变量 a 和 b。

```
enum weekday{ sun,mou,tue,wed,thu,fri,sat }a,b;
```

3. 不定义枚举类型名,直接定义枚举变量

例如,以下定义了枚举变量 a 和 b,它们的取值范围在所列举的枚举元素表中。这里并没有定义出枚举类型的名字。

```
enum { sun,mou,tue,wed,thu,fri,sat }a,b;
```

枚举变量的使用主要有以下规定:枚举元素是常量,不是变量,不能对枚举元素赋值。

例如,以下三个赋值运算符的左边都是枚举元素,对它们进行赋值是错误的:

```
enum weekday{ sun,mou,tue,wed,thu,fri,sat }a,b;
sun=5;                                          //这里的三个赋值都是错误的
mon=2;
sun=mon;
```

程序 14.25 是一个定义和操作枚举变量的例子。

【**程序 14.25**】 定义和使用枚举变量。

```
#include<stdio.h>
int main()
{
    enum weekday
    { sun,mon,tue,wed,thu,fri,sat } a,b,c;
    a=sun;                              //语句①
    b=mon;                              //语句②
    c=tue;                              //语句③
    printf("%d,%d,%d",a,b,c);
    return 0;
}
```

在本例程序的语句①～语句③中,分别将枚举元素 sun、mon、tue 赋给枚举变量 a、b 和 c,这种赋值是合法的,但是,不能把数值直接赋给枚举变量。

例如,以下赋值是错误的。

```
a=0;
b=1;
```

362 程序设计基础

如果一定要把数值赋给枚举变量,则必须进行强制类型转换。例如:

```
a=(enum weekday)2;
```

以上语句表示将顺序号为 2 的枚举值赋给枚举变量 a,它相当于:

```
a=tue;
```

程序 14.26 是一个定义和使用枚举类型的例子。该程序根据用户输入的颜色号,输出用户喜爱的颜色信息。

【程序 14.26】 用枚举变量输出用户喜爱的颜色。

```c
#include <stdio.h>
int main()
{
    enum color{red=1,green,blue};    //定义枚举类型 color
    enum color favoriteColor;        //定义枚举变量 favoriteColor
    printf("请输入你喜欢的颜色号: (1.Red 2.Green 3.Blue):");
    scanf("%d",&favoriteColor);      //语句①
    switch(favoriteColor)            //语句②
    {
        case red:   printf("你喜欢的颜色是红色.");
                                     //case red:将 favoriteColor 与 1 相比较
                break;
        case green: printf("你喜欢的颜色是绿色.");
                break;
        case blue:  printf("你喜欢的颜色是蓝色.");
                break;
        default:    printf("你究竟喜欢什么颜色呢?");
    }
    return 0;
}
```

本例程序定义了枚举类型 color,将它的第一个枚举元素 red 的值设置为 1,因此 green、blue 的值分别为 2、3。程序接着定义了枚举变量 favoriteColor,并在语句①处向 favoriteColor 输入一个值。注意,虽然 favoriteColor 的取值在{red,green,blue}中,但输入其值时,是输入其枚举元素的序号,也就是输入一个整数。程序将输入的整数分别与 switch 中每个 case 子句后的枚举元素相比较,其本质是与该枚举元素的序号相比较。

本例程序如果从键盘输入 2,则程序的运行结果为:

```
请输入你喜欢的颜色号: (1.Red 2.Green 3.Blue):2
你喜欢的颜色是绿色.
```

第 14 章 相关主题 363

本例程序引入枚举类型,但程序的逻辑并未因此而简化,只是使程序的几个 case 子句表述更为直观。对枚举变量,虽然它的取值范围为若干个枚举元素,但运算时是用其序号值,也就是一个整数来运算的。读者可以试着输出本例程序中的枚举变量 favoriteColor 的值,注意,只能用格式符 "%d" 输出它。

14.5　本 章 小 结

本章介绍了更多 C 语言编程的知识和技术,包括文件、编译预处理、位运算和枚举类型。我们从以下方面来回顾本章:

(1) 文件。主要介绍了文件的基本概念和基本操作,包括文件打开、关闭,文件读写、定位的库函数。

(2) 编译预处理。主要介绍了宏定义、文件包含命令和条件编译的定义及使用。

(3) 位运算。主要介绍了位运算的基本概念,以及六种位运算符,按位与、或、异或、取反、左移和右移运算,还介绍了按位复合赋值运算符。

(4) 枚举类型。主要介绍了枚举类型的定义、枚举变量的定义和使用方法。

本章的内容是 C 语言编程技术的扩展,读者可以根据实际问题的需要选用这些开发技术。

14.6　习　　　题

1. 什么是文本文件?什么是二进制码文件?它们有什么区别?

2. 什么是文件型指针?通过文件指针访问文件有什么好处?

3. 编写程序,从键盘输入一个字符串,将其中的小写字母全部转换成大写字母,然后输出到磁盘文件 file.dat 中保存起来,再从该文件中读取字符串并输出到屏幕上。

4. 有 5 个学生,其数据包括学号、姓名、三门课的成绩。从键盘输入这 5 个学生的数据,计算每个学生的平均成绩,然后将 5 个学生的信息及其平均分存放到磁盘文件 student.dat 中。

5. 创建一个包含下列数据的名称为 employee.dat 的文本文件。

姓　名	学　历	学　号	得　分	出生年月日
Anthony	A.J.	10031	7.82	62/12/18
Burrows	W.K.	10067	9.14	63/6/9
Fain	B.D.	10083	8.79	59/5/18
Janney	P.	10095	10.57	62/9/28
Smith	G.J.	10105	8.50	91/12/20

编写一个程序,读取上述文件中的内容到结构体数组中(自己定义对应的结构体类型),然后显示在屏幕上。

6. 以下成绩表中是 5 个学生 4 门课程的成绩(每行是一个学生的成绩)。编写程序,将下列 5 行数据写入二进制文件 grades.bin 中保存起来,然后在程序中读取每行的 4 个成绩,计算并显示每一个学生的平均分。

90.3	92.7	90.3	99.8
85.3	90.5	87.3	90.8
93.2	88.4	93.8	75.6
82.4	95.6	78.2	90.0
93.5	80.2	92.9	94.4

7. 定义一个带参的宏,求两个整数的余数。通过宏调用,输出求得的结果。

8. 有如下程序:

```
#define N 2
#define M N+1
#define NUM 2 * M+1
int main()
{   int i;
    for(i=1; i<=NUM; i++)
        printf("%d\n",i);
    return 0;
}
```

该程序中的 for 循环执行的次数是_____。

9. 设有类型声明:

```
enum color{red, yellow=4, white, black};
```

则执行语句 printf("%d ",white)的结果是_____。

10. 编写一个函数,对一个 16 位的二进制数取出它的奇数位(即从左边起第 1、3、5、…、15 位)。

11. 编写一个函数,实现给出一个数的原码能得到该数的补码。

附录 A

ASCII 码表

ASCII 值	控制字符	ASCII 值	控制字符	ASCII 值	控制字符	ASCII 值	控制字符
0	NUT	32	（space）	64	@	96	、
1	SOH	33	!	65	A	97	a
2	STX	34	"	66	B	98	b
3	ETX	35	#	67	C	99	c
4	EOT	36	$	68	D	100	d
5	ENQ	37	%	69	E	101	e
6	ACK	38	&.	70	F	102	f
7	BEL	39	,	71	G	103	g
8	BS	40	(	72	H	104	h
9	HT	41	)	73	I	105	i
10	LF	42	*	74	J	106	j
11	VT	43	+	75	K	107	k
12	FF	44	,	76	L	108	l
13	CR	45	—	77	M	109	m
14	SO	46	.	78	N	110	n
15	SI	47	/	79	O	111	o
16	DLE	48	0	80	P	112	p
17	DCI	49	1	81	Q	113	q
18	DC2	50	2	82	R	114	r
19	DC3	51	3	83	S	115	s
20	DC4	52	4	84	T	116	t
21	NAK	53	5	85	U	117	u
22	SYN	54	6	86	V	118	v
23	TB	55	7	87	W	119	w
24	CAN	56	8	88	X	120	x

程序设计基础

续表

ASCII 值	控制字符	ASCII 值	控制字符	ASCII 值	控制字符	ASCII 值	控制字符
25	EM	57	9	89	Y	121	y
26	SUB	58	:	90	Z	122	z
27	ESC	59	;	91	[	123	{
28	FS	60	<	92	\	124	|
29	GS	61	=	93	]	125	}
30	RS	62	>	94	^	126	`
31	US	63	?	95	_	127	DEL

附录 B
C 语言的关键字

C 语言的关键字如下。

auto	break	case	char
const	continue	default	do
double	else	enum	extern
float	for	goto	if
int	long	register	return
short	sizeof	signed	static
struct	switch	typedef	union
unsigned	void	volatile	while

1999 年 12 月 16 日，ISO 推出了 C99 标准，该标准新增了 6 个 C 语言关键字。

(1) inline：用来定义一个类的内联函数，引入它的主要原因是用它代替 C 语言中表达式形式的宏定义。

(2) restrict：只可以用于限定和约束指针，并表明指针是访问一个数据对象的唯一且初始的方式。即所有修改该指针指向内存中内容的操作都必须通过该指针来修改，而不能通过其他途径(其他变量或指针)来修改。这样做的好处是，能帮助编译器进行更好地优化代码，生成更有效率的汇编代码。

(3) _Bool：布尔类型的数据，其值为 0 或 1，主要用来判断条件能否成立的真假。

(4) _Complex：用来表示复数类型。

(5) _Imaginary：用来表示虚数类型。

(6) _Pragma：与♯pragma 指令相同的功能。

2011 年 12 月 8 日，ISO 发布 C 语言的新标准 C11，该标准新增了 7 个 C 语言关键字。

(1) _Alignas：指定某个变量按照其他数据类型对齐。

(2) _Alignof：指定数据类型内存对齐的字节数。

(3) _Atomic：原子类型声明符和限定符。

(4) _Static_assert：声明在编译时有效，它将测试由用户指定且可以转换为布尔值的整数表达式表示的软件断言。如果表达式的计算结果为零(false)，编译器将发出用户指定的消息，并且编译因错误而失败。

（5）_Noreturn：表明调用完成后的函数不返回主调函数，目的是告诉用户和编译器，这个特殊函数不会把控制返回主调程序，用于以免滥用该函数，通知编译器可以优化一些代码。

（6）_Thread_local：它会影响变量的存储周期，被修饰的变量具有线程周期，这些变量在线程开始的时候被生成，在线程结束的时候被销毁。并且每一个线程都拥有一个独立的变量实例。可以和 static 和 extern 关键字联合使用，这将影响变量的链接属性。

（7）_Generic：可以简单地将一组具有不同类型却有相同功能的函数抽象为一个统一的接口。

附录C　运算符表

优先级	运算符	名称或含义	使用形式	结合方向	说明
1	[]	数组下标	数组名[常量表达式]	左到右	无
	()	圆括号	(表达式),函数名(形参列表)		无
	.	成员选择(对象)	对象.成员名		无
	->	成员选择(指针)	对象指针->成员名		无
2	-	负号运算符	-表达式	右到左	单目运算符
	(类型)	强制类型转换	(数据类型)表达式		无
	++	自增运算符	++变量名,变量名++		单目运算符
	--	自减运算符	--变量名,变量名--		单目运算符
	*	取值运算符	*指针变量		单目运算符
	&	取地址运算符	& 变量名		单目运算符
	!	逻辑非运算符	! 表达式		单目运算符
	~	按位取反运算符	~表达式		单目运算符
	sizeof	长度运算符	sizeof(表达式)		无
3	/	除	表达式 / 表达式	左到右	双目运算符
	*	乘	表达式 * 表达式		双目运算符
	%	余数(取模)	整型表达式%整型表达式		双目运算符
4	+	加	表达式+表达式	左到右	双目运算符
	-	减	表达式-表达式		双目运算符
5	<<	左移	变量<<表达式	左到右	双目运算符
	>>	右移	变量>>表达式		双目运算符
6	>	大于	表达式>表达式	左到右	双目运算符
	>=	大于等于	表达式>=表达式		双目运算符
	<	小于	表达式<表达式		双目运算符
	<=	小于等于	表达式<=表达式		双目运算符

续表

优先级	运算符	名称或含义	使 用 形 式	结合方向	说明
7	==	等于	表达式==表达式	左到右	双目运算符
	!=	不等于	表达式!= 表达式		双目运算符
8	&	按位与	表达式 & 表达式	左到右	双目运算符
9	^	按位异或	表达式^表达式	左到右	双目运算符
10	|	按位或	表达式|表达式	左到右	双目运算符
11	&&	逻辑与	表达式 && 表达式	左到右	双目运算符
12	||	逻辑或	表达式||表达式	左到右	双目运算符
13	?:	条件运算符	表达式1? 表达式2：表达式3	右到左	三目运算符
14	=	赋值运算符	变量=表达式	右到左	无
	/=	除后赋值	变量/=表达式		无
	*=	乘后赋值	变量 * =表达式		无
	%=	取模后赋值	变量%=表达式		无
	+=	加后赋值	变量+=表达式		无
	-=	减后赋值	变量-=表达式		无
	<<=	左移后赋值	变量<<=表达式		无
	>>=	右移后赋值	变量>>=表达式		无
	&=	按位与后赋值	变量 &=表达式		无
	^=	按位异或后赋值	变量^=表达式		无
	|=	按位或后赋值	变量|=表达式		无
15	,	逗号运算符	表达式,表达式,…	左到右	无

附录 D
标准 C 语言库

C 系统提供了丰富的系统文件，称为库文件。C 的库文件分为两类，一类是扩展名为.h 的文件，称为头文件。在.h 文件中包含常量定义、类型定义、宏定义、函数原型以及各种编译选择设置等信息。另一类是函数库，包括各种函数的目标代码，供用户在程序中调用。

通常在程序中调用一个库函数时，要在调用前包含该函数原型所在的.h 文件。

D.1 C 语言的头文件

下面列出了 ANSI C 标准的 15 个头文件，以及需要用到这些头文件的库函数类型。

文件名	库函数类型
assert.h	诊断程序
ctype.h	单个字符测试
errno.h	错误检测
float.h	系统定义的浮点型界限
limits.h	系统定义的整数界限
locale.h	区域定义
math.h	数学
stjump.h	非局部的函数调用
signal.h	异常处理和中断信号
stdarg.h	可变长度参数处理
stddef.h	系统常量
stdio.h	输入/输出
stdlib.h	多种共用函数
string.h	字符串处理
time.h	时间和日期函数

程序设计基础

D.2　C 语言的函数库

本节介绍了一部分最常用的 C 语言的库函数,它们分别包含在头文件 stdio.h、math.h、stdlib.h、string.h、ctype.h 中。

D.2.1　输入输出函数

调用字符串函数时,要求在源文件中包含头文件 stdio.h。

函数原型声明	功　　能
int fclose(FILE * fp)	关闭 fp 所指的文件,释放文件缓冲区,出错返回非 0,否则返回 0
int feof(FILE * fp)	检查文件是否结束,遇文件结束返回非 0,否则返回 0
int fgetc(FILE * fp)	从 fp 所指的文件中取得下一个字符,出错返回 EOF,否则返回所读字符
char * fgets(char * buf, int n, FILE * fp)	从 fp 所指的文件中读取一个长度为 n−1 的字符串,将其存入 buf 所指存储区。返回 buf 所指地址,若遇文件结束或出错返回 NULL
FILE * fopen(char * filename, char * mode)	以 mode 指定的方式打开名为 filename 的文件。成功,返回文件指针(文件信息区的起始地址),否则返回 NULL
int fprintf(FILE * fp, char * format, args,...)	把 args 等的值以 format 指定的格式输出到 fp 指定的文件中。返回实际输出的字符数
int fputc(char ch, FILE * fp)	把 ch 中字符输出到 fp 指定的文件中。成功返回该字符,否则返回 EOF
int fputs(char * str, FILE * fp)	把 str 所指字符串输出到 fp 所指文件。成功返回非负整数,否则返回 EOF
int fread(char * pt, unsigned size, unsigned n, FILE * fp)	从 fp 所指文件中读取长度 size 为 n 个数据项存到 pt 所指文件。返回读取的数据项个数
int fscanf(FILE * fp, char * format, args,...)	从 fp 所指的文件中按 format 指定的格式把输入数据存入到 args 等所指的内存中。返回已输入的数据个数,遇文件结束或出错返回 0
int fseek(FILE * fp, long offer, int base)	移动 fp 所指文件的位置指针。成功返回当前位置,否则返回非 0
long ftell(FILE * fp)	求出 fp 所指文件当前的读写位置。成功返回读写位置,出错返回−1L
int fwrite(char * pt, unsigned size, unsigned n, FILE * fp)	把 pt 所指向的 n * size 个字节输入到 fp 所指文件。返回输出的数据项个数
int getc(FILE * fp)	从 fp 所指文件中读取一个字符。返回所读字符,若出错或文件结束返回 EOF
int getchar(void)	从标准输入设备读取下一个字符。返回所读字符,若出错或文件结束返回−1

附录 D 标准 C 语言库   373

续表

函数原型声明	功　能
char * gets(char * s)	从标准设备读取一行字符串放入 s 所指存储区,用'\0'替换读入的换行符。返回 s,出错返回 NULL
int printf(char * format, args,...)	把 args 等的值以 format 指定的格式输出到标准输出设备。返回输出字符的个数
int putc(int ch, FILE * fp)	同 fputc。返回值也同 fputc
int putchar(char ch)	把 ch 输出到标准输出设备。返回输出的字符,若出错则返回 EOF
int puts(char * str)	把 str 所指字符串输出到标准设备,将'\0'转成回车换行符。返回换行符,若出错,返回 EOF
int rename(char * oldname, char * newname)	把 oldname 所指文件名改为 newname 所指文件名。成功返回 0,出错返回 -1
void rewind(FILE * fp)	将文件位置指针置于文件开头
int scanf(char * format, args,...)	从标准输入设备按 format 指定的格式把输入数据存入到 args 等所指的内存中。返回已输入的数据的个数

D.2.2 数学函数

调用数学函数时,要求在源文件中包含头文件 math.h。

函数原型声明	功　能
int abs(int x)	求整数 x 的绝对值
double fabs(double x)	求双精度浮点数 x 的绝对值
double acos(double x)	计算 x 的反余弦 $\cos^{-1}(x)$ 的值
double asin(double x)	计算 x 的反正弦 $\sin^{-1}(x)$ 的值
double atan(double x)	计算 x 的反正切 $\tan^{-1}(x)$ 的值
double sin(double x)	计算 x 的正弦 $\sin(x)$ 的值
double sinh(double x)	计算 x 的双曲正弦 $\sinh(x)$ 的值
double cos(double x)	计算 x 的余弦 $\cos(x)$ 的值
double cosh(double x)	计算 x 的双曲余弦 $\cosh(x)$ 的值
double tan(double x)	计算 x 的正切 $\tan(x)$ 的值
double tanh(double x)	计算 x 的双曲正切 $\tanh(x)$ 的值
double exp(double x)	计算 e^x 的值
double floor(double x)	求不大于双精度实数 x 的最大整数
double fmod(double x,double y)	求 x/y 整除后的双精度余数,用 x 的符号
double log(double x)	计算 $\ln(x)$ 的值

图 书 资 源 支 持

感谢您一直以来对清华版图书的支持和爱护。为了配合本书的使用，本书提供配套的资源，有需求的读者请扫描下方的"书圈"微信公众号二维码，在图书专区下载，也可以拨打电话或发送电子邮件咨询。

如果您在使用本书的过程中遇到了什么问题，或者有相关图书出版计划，也请您发邮件告诉我们，以便我们更好地为您服务。

我们的联系方式：

地　　址：北京市海淀区双清路学研大厦 A 座 714

邮　　编：100084

电　　话：010-83470236　　010-83470237

客服邮箱：2301891038@qq.com

QQ：2301891038（请写明您的单位和姓名）

资源下载：关注公众号"书圈"下载配套资源。

资源下载、样书申请

书　圈

获取最新书目

观看课程直播